이토록 쓸모 있는

전고체전지 이야기

우리가 몰랐던 고체전해질과 전고체전지의 거의 모든 것
이토록
쓸모 있는
전고체전지
이야기
박명구 지음
좋은땅

다가가기 쉽고 흥미로운 과학 이야기

저는 이 책에서 리튬이온배터리의 미래인 전고체전지에 관한 이야기를 하고자 합니다. 제가 지은 이전 책에서는 리튬이온배터리에서 어떤 원리로 전기에너지가 만들어지고, 필요할 때 사용될 수 있는지 상세히 이야기했습니다. 그런데 어쩐지 조금 부족한 느낌이 있었습니다. 그것은 바로 리튬이온배터리의 미래와 연관된 전고체전지 관련 연구가 지금 이 시각에도 지속되고 있기 때문입니다. 리튬이온배터리는 현재처럼 미래에도 여전히 최고의 배터리로서 왕좌를 지킬 수 있을지 궁금해졌습니다.

전고체전지는 간단히 생각하면 리튬이온배터리에 사용되는 액체전해질을 고체전해질로 대체한 것입니다. 글자 그대로만 생각하면 너무 쉽죠? 그런데 실상은 성상이 완전히 다른 두 물질에 대한 기본적인 이해부터 시작해야 합니다. 그래서 쉬울 것 같지만, 막상 과학적으로 깊이 들어가면 어렵게 느낄 수도 있는 내용을 중, 고등학교 과학지식을 바탕으로 충분히 이해할 수 있도록 재미있게 이야기식으로 풀어 나가고자 노력하였습니다. 이 책을 읽고 나면 전고체전지가 무엇인지에 대해 잘 이해할 수 있을 거예요. 그런데 단순히 지식을 넓히는 데서 멈추지 않고 이 책에서 이야기된 과학적이고 지적인 토크를 발판 삼아 심화 학습으로 이어지거나 새롭게 공부하고 싶은 분야를 발견할 수 있기를 바랍니다.

이 책에서는 기회가 될 때마다 사고실험을 시도하고 있습니다. 또한 사고실험에 도움이 되도록 다양한 그림 자료도 함께 만들어 보았습니다. 사고실험은 다양한 상황을 가정하고 과학적인 법칙을 바탕으로 결과를 예측해 보는 것이죠. 실제로 실험을 진행하려면 적절한 실험실을 구하여 실험 도구와 재료를 준비해야 하고, 필요한 경우 전문가 집단의 도움까지 요구되는 경우가 있어 쉽지 않지만, 상상으로 하는 사고실험은 우선 비용이 들지 않습니다. 시도하기가 훨씬 수월하죠. 그래서 이 책은 자연스럽게 상상력을 자극하는 많은 질문과 함께 다양한 사고실험 그리고 결과에 대한 토의 등 지적인 활동으로 채워져 있습니다.

현재 최고인 리튬이온배터리 그리고 새롭게 떠오르는 전고체전지 이두 배터리에 대한 미래를 정확히 예측하는 것이 쉬운 일은 아닙니다. 이책에서는 이 두 배터리의 미래에 대한 다양한 전문가 의견을 소개하기 위해 지면을 할애하기보다는 과학적인 내용에 집중하여 이야기하였습니다. 전고체전지를 긍정적으로 보는 전문가의 의견이 맞을지 아니면 회의적인 시각으로 바라보는 전문가의 의견이 맞을지는 확실히 알 수 없지만 어느 쪽으로 미래가 열리든 이 책에서 이야기된 내용은 충분한 가이드가 될 것으로 생각합니다. 더불어 전고체전지에 관해 관심이 있는 독자분들께서는 새롭게 떠오르는 하나의 기술 혹은 제품이 상용화되는 과정에 관심을 두고 지켜보는 계기가 되었으면 좋겠습니다.

박명구

차례

리튬이온배터리의 미래를 변화시킬 핵심 전략, 고체전해질!

필자는 개인적으로 거의 모든 구기 종목을 좋아합니다. 물론 축구 경기도 무척 좋아하죠. 특히 2002년에 열린 월드컵은 아직도 생생히 기억합니다. 우리나라 국가대표팀은 본선 전에 치러진 유럽 팀들과의 평가전에서 '0:5'로 한 번도 아니고 두 번이나 져서 크나큰 실망감과 걱정을 안겨 주었지만 결국 본선에서는 4강이라는 대기록을 세우며 온 국민에게 잊지 못할 기쁨을 안겨 주었죠.[1] 축구는 단체 경기이기 때문에 감독의 전략과 전술이 중요하고 동시에 선수들이 필드에서 맡은 역할을 제대로 잘 해낼 수 있는 실행력도 중요합니다. 강팀은 전략과 전술 그리고 실행력에서 앞서가고 이를 승리로써 증명한다고 생각합니다. **전고체전지(ASSB, All Solid State Battery)**[1]에 관한 책인데 왜 서두에 축구 이야기를 하는지 의문이 들 수도 있을 겁니다. 그 이유에 대해서는 곧 설명하겠습니다.

---

1) 전고체전지(電池)와 전고체배터리(Battery)는 같은 뜻이며, 이 책에서는 일관되게 전고체전지로 표기함.

리튬이온배터리는 축구팀이다?!

필자는 보통 **리튬이온배터리(Li-ion Battery)**를 '축구팀'에 비유합니다. 왜냐하면 리튬이온배터리를 구성하는 각 핵심 재료가 역할을 충실히 할 때 전기에너지가 잘 만들어지기 때문입니다. 리튬이온배터리는 다수의, 가장 기본적인 단위인, '리튬이온 전기화학셀'로 만들어집니다. 그러니까 필요한 **전압[V]**과 **용량[Ah]**(전기에너지의 양)에 따라 여러 개의 리튬이온 전기화학셀을 직렬 혹은 병렬로 연결한 후 포장한 것이 리튬이온배터리입니다.

리튬이온 전기화학셀은 4가지 핵심 물질로 구성됩니다. 다음 그림을 참조하세요. 즉 '① **산화 물질**[2], ② **환원 물질**[3], ③ **액체전해질**, ④ **분리막**'이죠. 리튬이온배터리는 이 4가지의 물질이 모여 조화롭게 작동해야 오랫동안, 안전하게, 전기에너지를 저장(**충전**)하고 필요시 공급(**방전**)하는 역할을 제대로 수행할 수 있습니다. 그래서 리튬이온배터리를 각기 다른 능력과 특성을 갖춘 선수들이 모인 축구팀에 비유한 것입니다.

리튬이온 전기화학셀에는 여러 종류의 물질이 모여 있고, 이들이 서로 작용하면서 다양한 과학 법칙에 따라 전기에너지를 만들어 내기 때문에 상당히 흥미롭지만, 이해하기가 쉬운 대상은 아닙니다. 물리, 화학의 가장 기본적인 에너지 개념부터 차근차근 돌아봐야 하지요. 혹시나 리튬이온 전기화학셀에서 전기에너지가 생산되고 저장되는 원리에 대하여 상세

---

2)   충전 시 산화되는 물질을 음극이라 한다. 그림에서 음극으로 사용된 물질(음극재)은 흑연이다.

3)   충전 시 환원되는 물질을 양극이라 한다. 그림에서 양극으로 사용된 물질(양극재)은 리튬 코발트 산화물이다.

한 설명이 필요한 독자는 필자가 이전에 지은 《이토록 쓸모 있는 리튬이
온배터리 이야기》나 다른 연관 서적의 참고를 부탁드립니다.[4]

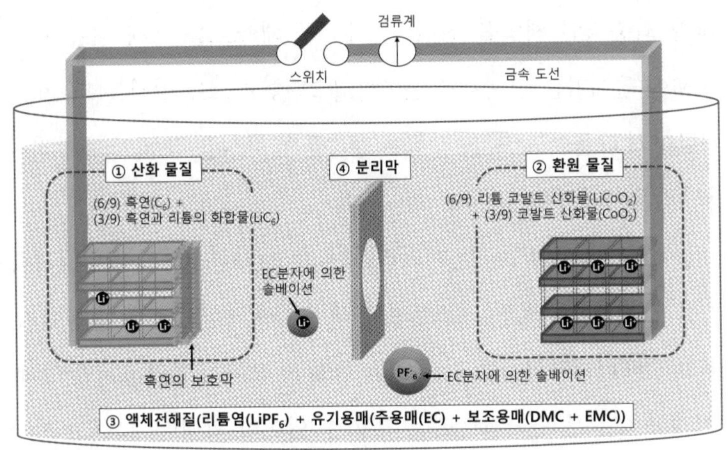

리튬이온배터리의 기본 단위인 리튬이온 전기화학셀 및 이를 구성하는 4가지 핵심 물질.
리튬이온 전기화학셀을 구성하는 4가지의 핵심물질 중 액체전해질은 유일한 액체입니다.

리튬이온배터리의 전압(단위: [V])과 용량(단위: [Ah])은 사용되는 산
화, 환원 물질에 의해 결정됩니다. 따라서 산화, 환원 물질은 가장 핵심적
인 측면을 담당하기 때문에 골을 넣어야만 하는 투톱 공격진과 같죠. 한
편, 액체전해질은 공격진인 산화, 환원 물질 사이에서 리튬이온의 이동이
잘 일어나도록 뒷받침해야 합니다. 중원에서 볼 배급을 해 주는 미드필더
진과 유사합니다. 마지막으로 분리막은 이름에서 알 수 있듯이 산화, 환
원 물질의 접촉을 방지하여 화재를 막는 안전에 대한 최종적인 책임을 진

----

4)   이 책에서는 리튬이온배터리 관련 기본 개념의 상세 설명은 생략한다. 다만 전고체전지는 리튬
      이온배터리의 기본 개념과 직접 연관되므로 생소한 독자는 관련 자료를 살펴볼 것을 권한다.

물질입니다. 골키퍼를 포함한 최종 수비진이라고 할 수 있죠.

그런데 리튬이온배터리의 각 물질이 선수라면 감독은 누구일까요? 사실 축구팀의 사령탑인 감독은 필드에서 직접 뛰지 않지만, 팀의 승패에 대한 최종적인 책임을 집니다. 다양한 테스트를 통해 최종 로스터(Roster)에 들어가는 선수들을 선발하고 그 중 베스트 일레븐(11)을 기용한 사람이기 때문이죠. 물론 감독은 선수들의 특성을 잘 파악해야 적절한 포지션에 배치할 수 있습니다.

이러한 의미에서 리튬이온배터리라는 축구팀의 감독은 배터리과학자라고 생각합니다. 다양한 테스트를 통해 4가지 핵심 물질을 선정했기 때문입니다. 배터리과학자는 각 물질의 특성을 상세히 파악하고 있어야 하고, 선정한 이유를 과학적으로 설명할 수 있어야 합니다. 그리고 선정된 각 물질을 모아 조립한 리튬이온배터리가 예상한 성능을 발휘하는지 검증해야 합니다. 만일 팀의 승리를 위해 아직 기량이 부족한 선수가 있거나 더 나은 팀이 되기 위해 꼭 기용해야만 하는 선수가 있다면 당연히 교체 카드를 활용할 수 있습니다.

리튬이온배터리 팀, 최대 위기를 맞다!

필자가 이 책을 집필하고 있는 동안에도 **전기차(EV, Electric Vehicle)**의 화재, 좀 더 정확히는 전기차에 장착된 **리튬이온배터리 팩**의 화재가 보도 매체를 통해 하루에도 여러 번 전파되고 있습니다.[2] 완전히 충전된 전기차의 지하 주차장 출입을 제한한다는 아파트 단지도 생겨나고 있는 심각한 상황입니다. 전기차가 리튬이온배터리팩의 화재 발생 가능성 때문에 소비자에게 외면받는 것은 결국 화석연료를 사용하는 전통의 강호 내연기관 팀과의 경기에서 패하는 것과 유사하다고 생각합니다. 신생팀인 리튬이온배터리 팀에 절체절명의 위기가 닥친 상황입니다. 이 난관을 극복하기 위한 감독, 즉 배터리과학자의 새로운 전략이 필요한 시점입니다.

리튬이온배터리 팀에 닥친 위기의 본질

구체적인 전략을 이야기하기 전에 훌륭한 지도자라면 '전기차 화재'라는 위기 상황의 근본 원인을 제대로 파악해야겠죠? 이를 위해 전기차에서 화재가 발생한다는 것은 어떤 의미인지 간략히 정리해 보겠습니다. 리튬이온배터리 팩의 화재는 그 내부에 있는 수많은 리튬이온배터리 중 하나에서 산화 물질과 환원 물질 사이의 직접적인(물리적인) 접촉으로부터 시작됩니다. 어떤 이유[5]로든 두 물질 사이에 접촉이 일어나면 전자와 리튬이온이 급격히 이동하면서 상당히 큰 줄열(Joule Heat)이 발생합니다.

이후 환원 물질(예, **리튬 코발트 산화물($LiCoO_2$)**)이 열분해 되어 구성 성분인 산소가 빠져나오면서 산소 기체가 발생합니다. 그리고 액체인 유기용매는 기화되어, 가연성 기체로서, 리튬이온배터리 내부를 가득 채웁니다. 그러면 밀봉된 리튬이온배터리 내부에 화재 발생의 3요소인 '① 열, ② 가연성 물질, ③ 산소'가 모두 존재하게 됩니다. 결국 해당 리튬이온배터리에서는 화염이 분출되면서 화재가 발생하죠.

리튬이온배터리의 내부에서 산화, 환원 물질의 물리적인 접촉으로 줄

---

5) 제조 불량에 의한 금속 이물질 존재, 사고 시 충격으로 인한 외부 물질의 침입 등 다양하다.

열이 발생하고 이후 화재 발생까지 일련의 화학반응이 연쇄적으로 일어나는 것을 '**열폭주(Thermal Runaway)**'라 합니다. 열폭주는 용어에서도 암시하듯 한번 시작되면 막을 수 없으므로 붙여진 이름입니다. 그런데 만약 하나의 리튬이온배터리에서 발생한 열폭주 및 화재가 해당 리튬이온배터리에만 국한된다면, 즉 해당 배터리만 타고 끝난다면, 이렇게 큰 위기가 되지 않았을 것입니다.

문제는 리튬이온배터리 팩 안에 있는, **폼팩터(Form Factor)**[6]에 따라 수백 개에서, 많게는 수천 개의 리튬이온배터리들이 오랜 시간 동안 하나씩 하나씩 차례로 열폭주가 옮겨 가는 방식으로 다 타서 전기차가 전소되기까지 불이 꺼지지 않는다는 것입니다. 이것이 리튬이온배터리 팀이 마주하게 된 위기의 본질입니다.

그렇다면 왜 최종 수비진인 분리막은 화재를 막아내는 역할을 못 하는 것일까요? 사실 평상시 분리막은 산화, 환원 물질의 접촉을 충분히 잘 막아냅니다. 수비진의 역할을 이상 없이 잘 수행하죠. 하지만 다공성 고분자(예, PE(Polyethylene))인 분리막은, 비록 그 표면이 세라믹 입자로 코팅되어 있어도, 고온에서는 그 자체가 열분해 되기 때문에 산화, 환원 물질의 접촉으로 인해 이미 큰 줄열이 발생한 상황에서는 속수무책이죠.

교체 카드 전략

위기의 본질을 파악하였으니, 전략에 대해 고민해 봅시다. 이 책을 읽

---

[6] 리튬이온배터리의 겉모양 및 포장재료와 연관된 용어임. 대표적으로 파우치(Pouch), 각형(Prismatic), 원통형(Cylindrical)이 있다.

는 독자께서는 어떤 전략이 떠오르시나요? 이 질문을 들으니 '**백만 불짜리 질문**(Million-dollar Question)[3]'이라는 관용구가 절로 떠오르죠? 중요하지만 너무나도 어려운 질문이란 뜻인데 만일 상업적으로 성공할 수 있는 전략을 제시한다면 글자 그대로 큰돈을 벌 수도 있을 것입니다. 그만큼 실행할 수 있는 구체화된 전략을 만들기가 쉽지만은 않다는 방증이기도 합니다.

사실 감독에 따라 매우 다양한 전략이 선택될 수 있겠죠. 그렇지만 이 책에서는 전략적 선택지가 될 수 있는 다양한 항목에 대해 두루 이야기하기보다 최근에 관심을 많이 받는 '교체 카드' 전략에 관해 이야기하려 합니다.

그렇다면 리튬이온배터리를 구성하는 4가지의 핵심 물질 중 어떤 물질을 교체하려고 할까요? 네, 그렇습니다. 여러분도 보도 매체를 접해서 이미 짐작했겠지만, 액체전해질을 **고체전해질**로 교체하려는 전략[4]입니다! 상용화 이후 지금까지 중용된 기존 미드필더진의 전격적인 교체입니다. 내연기관 팀과의 승부를 위해 꺼내 든 필승 카드라 할 수 있죠. 그런데 왜 하필 수비진인 분리막이 아닌 미드필더진인 액체전해질의 교체 전략을 사용할까요?

여기에는 숨겨진 비밀이 있습니다. 이를 이해하기 위해 액체전해질을 좀 더 자세히 들여다보겠습니다. 액체전해질의 구성 성분을 보면 크게 3가지 물질 즉 '① 리튬염, ② 유기용매, ③ 소량의 첨가제'입니다. 이 중 유기용매는 리튬염을 해리시켜 원활한 산화, 환원 반응을 위한 리튬이온 소스(Source)를 만들고, 리튬이온의 이동 통로를 제공해 줄 뿐만 아니라 **흑**

연(C_6)[7] 표면에 보호막을 만들어 내구성을 높여 주는 매우 중요한 역할을 맡고 있습니다.

그런데 문제는 앞서 간략히 살펴본 열폭주 과정에서 액체전해질의 주요 구성 물질 중 하나인 유기용매가 열에 기화되어 가연성 물질(화재의 3요소 중 하나)이 되는 것인데 교체 카드 전략은 바로 이점에 착안한 것입니다. 즉 열폭주 과정에서 가연성 물질로 작용하는 유기용매를 제거하여 화재를 원천적으로 차단하는 전략이죠. 이는 결국 액체전해질을 대체한다는 의미와 같은 것입니다.

정리하면, 미드필더진인 액체전해질을 고체전해질로 대체한다면 액체전해질을 구성하는 주요 성분 중 하나인 유기용매도 함께 제거됩니다. 이것이 감독의 핵심 전략입니다. 게다가 고체전해질이 교체 선수로 투입된다면 산화, 환원 물질의 접촉도 자연스럽게 방지되므로 분리막도 더 이상 필요 없게 됩니다. 결국 수비진인 분리막도 리튬이온배터리 팀에서 빠지게 되는 것이죠. 고체전해질은 미드필더진과 최종 수비진 두 가지 역할을 할 수 있는 '멀티 플레이어'이기 때문에 가능한 전략입니다.

고체전해질 선수, 그는 누구인가?

앞서 감독은 선수의 특성을 정확히 파악하여 최강의 팀을 만드는 책임을 진다고 했습니다. '액체전해질 선수'를 '고체전해질 선수'로 교체하는 전략은 리튬이온배터리 팀 팬들의 지지를 더욱 끌어올려 현재 자동차 동

---

7) 흑연의 원소 기호는 탄소와 같은 C이지만, 음극인 흑연에서 탄소 6개와 리튬 1개가 반응하므로 탄소 6개를 한 묶음으로 보아 'C_6'로 표기함.

　이토록 쓸모 있는 **전고체전지 이야기**

력원의 대부분을 차지하는 내연기관 팀과의 경기에서 승리하는 것에 있습니다.

하지만 '**전해질**'이라는 용어 자체부터 매우 생소하여 액체전해질은 물론 고체전해질 선수의 실체를 이해하기가 쉽지 않습니다. 이 두 선수의 특징을 정확히 알아야 교체했을 때 팀플레이 중 나타나는 문제점도 파악할 수 있습니다.

그래서 필자는 현재 주전 선수로 뛰고 있는 액체전해질과 주요 교체 선수 후보로 등장한 고체전해질은 무엇인지 중·고등학교에서 배우는 과학 지식을 바탕으로 충분히 이해할 수 있도록 이야기식으로 독자들에게 전달하고자 합니다. 전체적으로 전해질의 기본 개념에서 시작하여 리튬이온이 움직일 수 있는 다양한 환경 즉 **진공(Vacuum), 공기(Air), 액화기체 (Liquified Gas), 액체(Liquid), 고체(Solid)**의 특징 및 해당 전해질의 특성을 **사고실험(Thought Experiment)**[8]을 통해 살펴볼 예정입니다. 전해질의 기본 개념을 충실히 잘 이해하는 것이 바로 전고체전지를 이해하는 첫걸음이기 때문입니다.

이것만은 꼭 기억하자

바로 사고실험을 한번 해 봅시다. 앞의 리튬이온배터리 그림에서 액체전해질을 고체전해질로 교체하면 리튬이온배터리의 4가지 핵심 재료 중 유일한 액체인 액체전해질이 고체인 고체전해질로 바뀌게 됩니다. 예를

---

8) 실험에 필요한 재료, 장치, 조건 등을 가정한 후 관련 이론을 바탕으로 일어날 현상을 머릿속에서 상상해 보는 것.

들어 액체전해질을 세라믹전해질로 교체한 리튬이온배터리는 182쪽 그림을 참고하세요. 그러면 이제 리튬이온배터리를 구성하는 물질은 모두 고체로 되죠. 즉 '**리튬이온전고체전지(Li-ion ASSB)**'가 되는 것입니다. 따라서 충전 혹은 방전하는 동안 리튬이온은 액체전해질(물질)이 아닌 고체전해질(물질) 안에서 움직이고, **고체-액체 계면(Interface)**이 아닌 **고체-고체 계면**을 통과합니다.

이제 액체만큼 리튬이온이 잘 움직일 수 있는 고체를 찾아 적용하기만 하면 될 것 같은데요. 이렇게 상상해 보니 아주 간단한 작업일 것 같습니다. 정말 그럴까요? 실제로 배터리과학자들은 오래전부터 큰 노력을 해왔고, 상온(RT, Room Temperature)에서 액체전해질의 **이온전도도**에 버금가는 고체 물질을 발견하였습니다. 본문에서 이를 상세히 살펴볼 예정입니다만, 그러면 전고체전지를 생산하기 위한 준비는 거의 된 것일까요?

사실 아직 상업적인 생산 수준까지 도달하지 못했습니다. 전기차에 전고체전지 팩을 장착하여 테스트하는 **실차 적용 테스트** 계획[5]이나 실행[6] 소식이 언론을 통해 간간이 발표되고는 있죠. 매우 고무적인 일이지만 굴지의 글로벌 자동차 회사들이 언론에 이미 제시했던 생산 시점(SOP, Start of Production) 대비 많이 지연되었습니다.[7] 이로 인해 전고체전지의 상업화 자체에 대한 회의론이 있는 것도 사실이에요.[8]

그렇다면 무엇이 가장 큰 걸림돌일까요? 예를 하나 들어볼게요. 리튬이온전고체전지가 충·방전을 하는 동안 산화, 환원 물질의 내부로 리튬이온이 들어가거나 나올[9] 때 부피 변화가 생기는데, 액체전해질이었더라면

---

9)　이를 층간삽입(Intercalation) 반응이라 한다.

전혀 신경 쓰지 않아도 되는, '고체(산화 혹은 환원 물질)-고체(고체전해질) 계면'에서 접촉 상태를 유지하기가 불가능한 상황이 발생합니다.[10] 이를 해결하기 위해 전고체전지를 외부에서 적절한 압력으로 눌러 주죠.

이처럼 고체전해질을 생산하여, 전고체전지를 조립하고, 충·방전하는 전체 과정에서 고체전해질이 접촉하는 다양한 물질(예, 고체전해질 입자 생산 후 공기 중의 수분, 리튬이온전고체전지 조립 후 산화 혹은 환원 물질)과의 계면에서 발생하는 돌발적인 문제[11]들이 상업화 수준까지 나아가는 것을 가로막는 주요 걸림돌입니다. 하지만 이러한 걸림돌은 전고체전지 연구자들의 노력으로 하나씩 하나씩 극복되는 중이죠.

즉 액체전해질을 고체전해질로 대체하면 '① 고체전해질 자체의 이온전도도 향상'과 더불어 '② 계면 현상 극복'이 상업 생산을 위한 두 가지 핵심 사항이므로, 이를 잘 기억하면 이후 본문 내용을 이해하는 데 큰 도움이 될 것입니다.

앞서 전략 관련 다양한 선택지를 두루 살펴보지 않는다고 이야기한 것처럼 배터리연구자들이 지금까지 수행한 다양한 연구를 단순히 나열하기보다는 전해질 관련 가장 기초적인 과학 개념을 사고실험과 더불어 쉽게 설명하여 독자들이 앞으로 전고체전지 관련해 어떤 주제를 만나더라도 이 책의 내용을 기반으로 이해할 수 있는 응용력을 갖도록 하였습니다.

---

10) '고체(산화 혹은 환원 물질)-액체(액체전해질) 계면'의 경우 접촉 상태는 자연스럽게 유지된다.
11) 예를 들어 접촉하는 물질과의 화학반응이나 계면에서 접촉면의 분리.

01 전해질의 뜻을 알아보자

'전해질(Electrolyte)'이라는 용어는 전자기유도 현상을 발견한 과학자 마이클 패러데이(Michael Faraday)가 전해질의 전기분해를 연구하면서 처음 사용하였습니다. 또한 양이온(Cation), 음이온(Anion), 전극(Electrode), 양극(Cathode), 음극(Anode) 등의 용어는 물론 고체전해질(Solid Electrolyte)[12][1] 이란 용어도 패러데이가 최초로 사용하였죠.[2] 최근에 리튬이온배터리나 전기차 관련 서적 혹은 언론 매체에서 액체전해질(Liquid Electrolyte), 고체전해질(Solid Electrolyte) 등 다양한 용어가 자주 나오는데 특히 다른 과학 용어와 달리 전해질 관련 용어는 혼동되는 경우가 유독 많습니다. 여기서는 전해질의 원래 뜻과 함께 최근에 사용되는 다양한 전해질 관련 용어를 알기 쉽게 정리해 보았습니다.

여러분의 일과는 어떻게 시작되나요? 보통의 청소년들이라면 아침에 일어나 가방을 챙기고, 식사한 후 등교하겠죠? 눈을 뜨면 바로 일어나 부지런히 등교 준비를 하는 사람도 있겠지만 간혹 너무 일어나기 싫어서 어떻게든 잠자리에 조금이라도 더 있으려고 하는 사람도 있지요. 목적지인 학교까지 걸어가기도 하고, 전철이나 버스, 자가용 혹은 자전거를 이용합

---

12) 패러데이가 발견한 고체전해질은 황화은(Ag_2S)과 납불화물(PbF_2)이다. 고온에서 은이온(Ag^+)이나 납이온(Pb^{2+})이 황화은이나 납불화물 안에서 매우 잘 이동함.

니다. 일상생활을 돌아보면 우리들은 어딘가 목적지를 향해 이동하는 경우가 많다는 것을 알 수 있습니다.

연휴에 유명한 관광지나 놀이동산, 백화점이나 아웃렛 등에 가려고 하면 그 한 지점을 향해 너무나 많은 자동차가 한꺼번에 몰리기 때문에 이동하고자 해도 움직이지 못하고 그대로 한참 동안을 멈춰 선 적도 있을 것입니다. 반면 학교에 현장체험학습서를 제출한 후 휴가를 낸 부모님과 함께 유명 박물관을 방문하는 경우 평일이라 비교적 한산하여, 같은 방향으로 가는 사람들이 적어, 막힘없이 잘 이동할 수 있었던 경험도 있을 것입니다.

이러한 일상생활의 경험으로부터 우리는 이동이 잘 되려면 2가지 조건이 필요하다는 것을 알 수 있습니다. 첫째는 어떤 곳을 가려고 하는 마음의 의지입니다. 이를 다른 말로 '마음의 힘'이라고 표현하겠습니다. 물리 수업에서 들어보았겠지만 힘은 어떤 물체에 영향력을 끼쳐 멈춰 있던 물체가 운동하게 하거나 운동하던 물체를 멈추게 할 수 있으므로 마음의 의지를 마음의 힘에 비유해 보았습니다. 그런데 마음의 힘이 크다고 항상 쉽게 목적지에 도달할 수 있을까요? 그렇지 않습니다. 이동할 때 주변 환경에 의한 영향도 무척 중요합니다.

어떤 물체가 주어진 환경 안에서 움직인다는 것

물체가 움직일 때 받는 **주변 환경으로부터 오는 저항**에 대하여 잠시 생각해 봅시다. 특정한 목적지로 이동할 때 한꺼번에 많은 인파가 몰리면 마음의 힘이 아무리 커도 쉽게 이동할 수 없습니다. 나의 움직임을 중심으로 하여 인파는 주변 환경으로 보았습니다. 또 다른 예로 도로가 좁아지면 어떤가요? 하필 도로의 한쪽 라인을 막고 보수 공사가 한창이거나 교통사고로 인해 교통 통제가 있는 경우 쉽게 움직일 수 없게 됩니다. 즉 주변 환경에 따라 이동의 용이성이 변하게 됩니다. 이를 '주변 환경에서 오는 저항'으로 비유해 보았습니다.

'마음의 힘'과 '환경의 저항' 중 어느 것이 상대적으로 큰가에 따라 목적지까지 빨리 혹은 좀 더 늦게 도착하거나, 때론 도착하지 못할 수도 있습니다. 즉 '마음의 힘'과 '환경의 저항' 두 가지 변수에 따라 빨리 혹은 천천히 이동하거나 아예 정지하기도 하는 것이죠.

정리하면 '① 어떤 물체를 움직이게 하는 힘'과 '② 물체가 움직일 때 받는 환경으로부터 오는 저항'은 앞으로 이야기할 전고체전지의 핵심 물질인 고체전해질을 포함한 모든 종류의 전해질을 이해하기 위한 가장 중요한 기초입니다. 이 두 가지를 잘 기억해 두세요. 만일 동일한 힘을 받는 경우라면 상대적으로 환경의 저항이 더욱 중요하겠죠?

이 책의 내용은 주로 리튬이온이 특정 물질(예, 물, 유기용매, 고분자, 세라믹) 안에서 움직이는 것과 밀접하게 관련이 있습니다. 그래서 가장 기초적인 전해질의 뜻을 설명하기 전 이러한 '전체적인 개념'을 먼저 이야기하고 싶었습니다. 이 책을 읽으면서 독자 여러분이 특정 물질(예, 용매) 안에 있는 리튬이온이고, 이동 중 느끼는 어려움은 특정 물질로부터 오는 저항이라고 상상해 보면 좋겠습니다.

전해질의 원래 뜻을 알아보자

전해질[3]은 원래 '물에 **해리(Dissociation)**[13][4]되는 물질 자체'를 부르는 용어로써 크게 **산(Acid)**[5], **염기(Base)**[6][7], **염(Salt)**으로 구분됩니다. 다음 그림을 참조하세요. 과학자 아레니우스(Svante August Arrhenius)에 따르면 산은 물에 해리되어 수소이온(H^+)이 발생하는 물질(예, 염산(HCl), 암모니아(NH_3)이고, 염기는 물에 해리되어 수산화이온(OH^-)이 발생하는 물질(예, 수산화나트륨($NaOH$))입니다.[14] 참고로 산은 pH가 7보다 작고, 염기는 pH가 7보다 큽니다. 중성인 물의 pH는 7이죠.[15][8]

한편, 상온에서 고체는 물론 액체나 기체 상태로도 존재하는 산이나 염기와 달리, 염은 상온에서 보통 고체이며 구성되는 이온의 종류로써 산이나 염기와 구별됩니다.[9] 즉 염은 **양이온**인 금속이온과 **음이온**인 비금속이온이 정전기력(인력)에 의해 결합한 화합물(예, 소금($NaCl$))입니다.

이처럼 전해질의 원래 뜻은 기체, 액체 혹은 고체와 같은 물질의 성상(물질의 성질과 상태)과 상관없이 '물에 해리되어 양이온과 음이온으로 분리되는 물질 그 자체'입니다. 그리고 전해질이 물에 해리된 '전해질 수용액' 안에 있는 양이온과 음이온은 예를 들어 배터리에 연결된 금속의 두 **전극** 사이에서 **전기장**으로부터 힘을 받아 움직일 수 있습니다.

---

13) 해리 반응은 화합물(예, 염, 분자)이 더 작은 성분(예, 이온, 원자, 라디칼)으로 분리되는 것임.

14) 과학자 아레니우스 이후 산과 염기의 정의는 점차 확장된다. 브뢴스테드-라우리의 산과 염기는 수소이온(H^+)을 주거나 받는 물질로, 루이스의 산과 염기는 전자쌍을 받거나 주는 물질로 정의된다. 이 책에서는 아레니우스의 산과 염기 정의로 충분하다.

15) pH는 산의 강도를 나타내는 인자로 수소이온의 몰농도에 음의 상용로그를 취함(pH = $-\log[H^+]$).

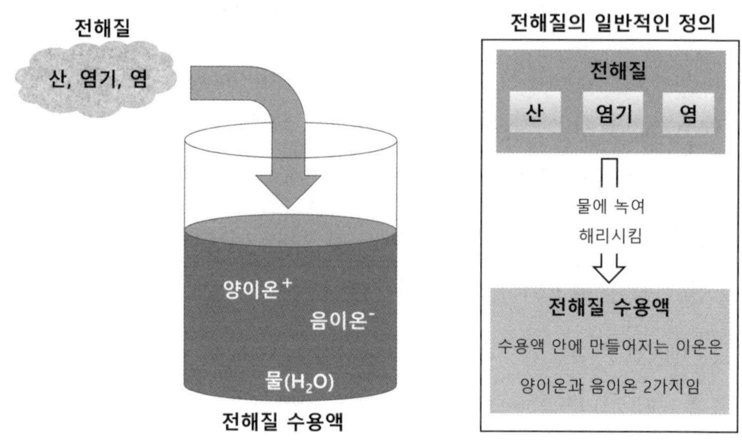

전해질에는 산, 염기, 염이 있습니다. 전해질은 물에 해리되어 양이온과 음이온이 만들어지는 물질입니다.

헷갈리는 전해질 관련 용어를 정리해 보자

앞서 전해질이란 물에 해리되어 양·음이온을 만드는 다양한 성상을 가진 물질 자체임을 알았습니다. 그런데 '액체전해질'이나 '고체전해질' 등 전해질 앞에 '특정 용어'를 붙여 사용하는 예도 많은데요. 이렇게 되면 조금 전에 살펴본 전해질의 원래 뜻과는 다른 의미일 수 있습니다. 이런 경우는 우선 각 용어가 사용된 문맥을 잘 보아야 합니다.

사실 과학자 페러데이가 전해질을 연구하던 시기에 전해질은 당연히 '물'에 해리되어 양이온과 음이온이 만들어졌기 때문에 굳이 '전해질 수용액'을 특정 용어로 지정하여 부르지 않았죠. 즉 '전해질 수용액'을 '액체전해질'이라는 '다른 용어'로 부르지 않은 것이죠. 전해질을 선택하면 나머지 과정은 당연히 물에 녹이는 것이므로 전해질에만 주목하면 되었겠죠?

하지만 오랜 기간 전해질 관련 사용되는 용어가 더욱 많아지고 다양화
되면서 혼동되는 경우가 자주 있어 이를 정리할 필요가 있습니다. 그리고
용매에 양이온과 음이온으로 해리되는 '전해질 자체'보다는 '해리된 이온
이 존재하는 환경(용매)'에 초점이 맞춰지는 경우가 더 많아졌습니다.

예를 들어 흔히 듣게 되는 '액체전해질'과 '고체전해질(고분자전해질, 세
라믹전해질)'의 뜻을 문맥에 맞게 아래 그림과 같이 정리해 보았습니다.

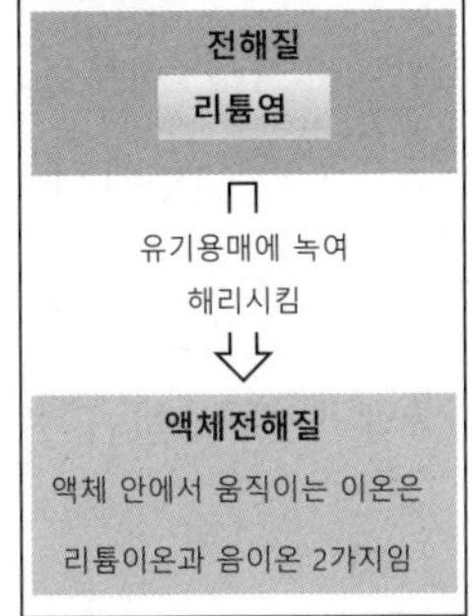

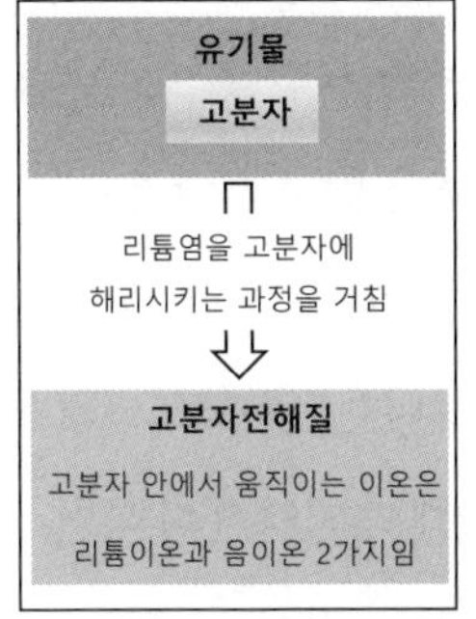

리튬이온배터리에 사용되는 액체전해질 그리고 전고체전지에 사용되는 고체전해질(고
분자전해질, 세라믹전해질)의 의미를 문맥에 따라 정리했습니다.

리튬이온배터리에 사용되는 액체전해질은 전해질인 리튬염(예, $LiPF_6$)을
유기용매에 해리시켜 양이온(Li^+)과 음이온(PF_6^-)을 만든 '리튬염 전해질 용
액'입니다. 즉 여기서 액체전해질은 전해질의 원래 뜻처럼 '액체인 물질로
써 물에 녹아 이온으로 해리되는 물질'이 아니므로 주의해야 합니다.

리튬이온배터리를 생산하는 회사는 일정한 크기의 금속 컨테이너에 주
입된 '리튬염 전해질 용액'을 납품받는데 이를 보통 '액체전해질'이라 부
릅니다. 즉 전해질(예, $LiPF_6$)과 이를 녹이는 유기용매(예, EC)를 따로 납

품받지 않는 것이죠. 그래서 '리튬염 전해질 용액'을 생산하는 회사에서도 관습적으로 '액체전해질'이라 부릅니다. 그렇다면 동일한 문맥으로 전해질의 일반적인 정의를 정리한 25쪽 그림의 하단에 표시한 '전해질 중 하나가 물에 녹아 이온으로 해리된 전해질 수용액'도 '액체전해질'로 부를 수 있죠.

고체전해질은 심지어 리튬이온과 다른 음이온을 포함하는 고체상태의 유기물[16]인 고분자(예, PEO(Polyethylene Oxide)) 혹은 리튬이온을 포함하는 무기물[17][10]인 세라믹(예, 산화물(Oxide), 황화물(Sulfide))입니다. 고분자전해질은 외부에서 공급해 준 두 종류의 이온(예, Li^+, PF_6^-)이, 세라믹전해질의 경우 내부에 원래부터 있는 한 종류의 이온(예, Li^+)이 이동합니다. 그래서 배터리과학자는 '이온이 움직이는 환경'에 주목하여 '고분자전해질' 혹은 '세라믹전해질'로 부릅니다. 즉 고체전해질은 '용매에 녹아 해리되어 이온으로 분리되는 고체상태의 전해질'이 아닌 점을 주의하세요.

리튬이온배터리를 생산하는 회사는 예를 들어 '고분자 안에 움직일 수 있는 리튬이온이 있는 물질'을 납품받아 전고체전지의 조립 단계에서 사용하며 이를 고분자전해질로 부릅니다. 즉 고분자전해질은 일종의 제품[18]입니다. 그래서 '고분자 안에 움직일 수 있는 리튬이온이 있는 물질'을 생산하는 회사에서도 관습적으로 고분자전해질이라 부릅니다. 이 책에서는 전해질, 액체전해질, 고체전해질을 위의 그림에서 구분한 것과 같은 의

---

16) 유기물은 탄소를 포함한 여러 원소로 이루어진 화합물 중 특히 탄소와 수소의 결합을 갖는 화합물이다.

17) 무기물은 탄소를 제외한 여러 원소로 이루어진 화합물이다.

18) 고분자의 종류, 두께, 이온전도도 등 배터리회사에서 요청한 규격에 맞게 생산함.

미로 일관되게 사용합니다.

리튬이온배터리나 전기차 관련 서적 혹은 보도 매체를 볼 때 용매에 녹아 해리되어 이온을 만드는 물질인 '전해질'에 대한 내용인지, 아니면 '전해질을 특정 용매(예, 물 혹은 유기용매)에 해리시켜 만든 전해질 용액(예, 액체전해질)'인지, '고체이지만 움직일 수 있는 리튬이온이 내부에 존재하는 물질(예, 고체전해질)'인지, 문맥을 통해 구분하면 뜻이 명확해질 것입니다.

 **태양계 탐사선 보이저는 진공인 우주공간을 아직 비행 중이다**

1977년 미국항공우주국(NASA, National Aeronautics and Space Administration)은 태양계 탐사를 목적으로 한 보이저 1(Voyager 1), 보이저 2(Voyager 2) 탐사선을 실은 로켓을 발사합니다.[1] 보이저 1과 2 탐사선은 태양계 탐사 임무를 마친 후 지금은 별과 별 사이의 공간인 인터스텔라(Interstellar, 성간)[2] 지역을 비행하고 있습니다. 2025년 7월 17일 현재 보이저 1 탐사선은 지구와 24,975,936,524[km] 떨어져 있습니다. 지구에서 쏜 빛이 도달하는데 23시간 8분 30초가 소요됩니다.[3] 보이저 2 탐사선은 지구와 20,861,897,733[km] 떨어져 있고, 지구에서 쏜 빛이 도달하는데 19시간 19분 47초가 소요됩니다.[4] 보이저 1과 2 탐사선의 최대 출력은 오늘날 휴대폰 충전기의 출력인 150[W] 정도인데 최근 전력을 아끼기 위해 탐사선에 장착된 우주선(Cosmic Ray) 실험장비를 'Off' 하였습니다.[5] 무엇보다 보이저 1과 2 탐사선이 이렇게 오랫동안(2025년 7월 17일 기준 48년 동안) 아주 작은 동력으로 계속 비행할 수 있는 것은 우주공간이라는 환경에서 오는 저항이 거의 없기 때문입니다.

전해질을 알아가기 위해 큰 물체가 주어진 환경에서 움직이는 것, 예를 들면 우주선이 **우주공간**을 날아가거나, 비행기가 **공기 중**을 날아가거나, 사람이 **물속**에서 잠수하거나 하는 것에 대해 생각해 봅시다. 그리고 주어진 환경에서 리튬이온이 움직이는 것으로 생각을 점차 확장해 나가면 좋을 것 같습니다. 그 첫걸음으로 영화 속에 비친 우주공간 즉 **진공**의 특징과 그 안에서 움직이는 물체의 움직임에 관해 알아보고, 이어서 **진공전해질**도 사고실험으로 한번 만들어 봅시다.

영화를 통해 본 우주공간의 특징

독자 중에 혹시 샌드라 블록과 조지 클루니가 주연한 영화 〈그래비티(Gravity)〉[6]를 본 적 있으신가요? 영화에서는 국제우주정거장(ISS, International Space Station)[7]과 중국의 천궁우주정거장(TSS, Tiangong Space Station)[8]이 나오는데, 이들 우주정거장의 높이는 지상으로부터 평균 248마일입니다. 킬로미터로 환산하면 평균 $400[km]$이죠.

우주공간과 지구의 대기[19][9]를 구분하는 눈에 보이는 경계선은 없지만 과학자들은 보통 지상으로부터 50마일($80.5[km]$) 이상의 높이에 있는 공간을 우주공간이라 합니다. 우주정거장은 우주공간과 대기를 구분하는 기준 높이보다 훨씬 높은 곳에 있으니 당연히 우주공간에 있는 것이죠.

우주공간의 특징 중 가장 두드러진 것은 공기(Air)가 없다는 것입니다. 사실 공기 분자뿐 아니라 그 어떤 물질도 없는 상태입니다. 이처럼 특정 공간에 물질이 없는 상태를 진공(Vacuum)이라 합니다. 우주공간은 진공 상태죠.

진공의 정도 즉 진공도를 나타내는 단위로 가장 많이 사용되는 것은 1643년 최초의 기압계(Barometer)인 '수은을 채운 유리관 기압계'를 발명

---

19) 대기는 지구를 둘러싼 공기(산소, 질소 등 구성 성분 전체)를 뜻한다.

한 이탈리아 과학자 토리첼리(Evangelista Torricelli)[10] 이름의 앞 4글자로 만든 [Torr]입니다. 그러면 우주의 진공도는 얼마나 될까요? 과학자들이 측정한 바에 따르면 우주의 진공도는 $10^{-17}[Torr]$ 수준입니다.[11]

좀 더 구체적으로 살펴보면 태양계의 우주공간에는 부피 $1[cm^3]$ 당 5개의 원자가 있고, 인터스텔라(Interstellar, 성간)[20][12]에는 $1[cm^3]$ 당 1개의 원자가 있습니다. 갤럭시(Galaxy, 은하)[21][13] 사이에는 $1[cm^3]$ 당 원자가 0.01개로 더욱 적어집니다.[14] 우주공간은 완벽한 진공은 아니지만 이 정도 수준이라면 '거의 완벽에 가까운 진공'이죠.

우주비행사는 왜 우주공간에 둥둥 떠 있는 걸까?

허블 망원경을 수리하기 위해 우주왕복선에서 나와 허블 망원경으로 서서히 다가가는 우주비행사를 떠올려 보세요. 우주의 새까만 심연을 배경으로 하얀색 우주복과 헬멧을 쓰고 둥둥 떠 있습니다. 그런데 우주비행사는 진공인 우주공간에서 어떻게 둥둥 떠 있을까요? 그 비밀은 바로 우주비행사나 우주왕복선 모두 빠른 속도로 지구 주변의 궤도를 따라 회전하는 것에 있습니다.

우주정거장은 지구를 하루에 16바퀴 회전하고 있는데 속도로 환산하면 무려 $8[km \cdot s^{-1}]$입니다. 우주왕복선은 조금 느린 $7.68[km \cdot s^{-1}]$로 지구 주위를 회전합니다.[15] 그러니까 우주왕복선 밖으로 나와 우주유영을 하는 우주비행사도 동일한 속도로 지구 주위를 회전하고 있는 것입니다.

20) 별과 별 사이의 공간을 의미한다.
21) 약 10억 개의 별과 입자 등이 중력에 의해 묶여 있는 것으로 타원, 나선, 불규칙 은하 등이 있다.

그러면 빠르게 회전할 때 발생하는 원심력(F_1, 아래 식(1) 참조)이 지구가 당기는 중력(F_2, 아래 식(2) 참조)을 상쇄하여($F_1 + F_2 = 0$) 우주비행사가 받는 **알짜힘(Net Force)**이 영(Zero, 0)인 상태[16]가 됩니다. 이것이 우주비행사가 우주공간에 둥둥 떠 있는 이유입니다. 아래 식(1)은 원형인 지구 주위 궤도를 따라 회전운동 하는 물체에 작용하는 원심력을 표현한 수식입니다.[17]

$$F_1 = \frac{m \times v^2}{r} \quad \cdots (1)$$

F_1은 궤도를 따라 회전운동 하는 물체에 작용하는 원심력 [N]

m은 물체의 질량 [kg]

r은 궤도에 있는 물체에서 지구중심까지의 거리 [m]

v는 궤도에서 물체가 회전하는 속도 [$m \cdot s^2$]

아래 식(2)는 물체에 작용하는, 지구 중심으로 향하는, 중력을 표현한 수식입니다.

$$F_2 = m \times g \quad \cdots (2)$$

F_2는 지구 중심으로 향하는 중력 [N]

m은 물체의 질량 [kg]

g는 중력가속도(9.8 [$m \cdot s^2$])

그런데 만일 우주비행사가 우주왕복선에서 나와 우주유영을 하면서 리튬이온 하나를 꺼내 놓았다고 가정해 봅시다. 리튬이온은 우주비행사와 같은 속도로 지구 주위를 빠르게 회전하고 있습니다. 리튬이온은 어떻게 될까요? 우주비행사와 마찬가지로 진공인 우주공간에 혼자 있게 된 리튬이온은 원심력을 받아 중력이 상쇄되어 우주공간에 둥둥 떠 있게 됩니다. 앞으로 어떤 종류의 전해질을 만나든 리튬이온이 주어진 환경에서 둥둥 떠 있을 때 어떤 힘이 작용하여 중력을 상쇄시키는지 잘 생각해 보세요.

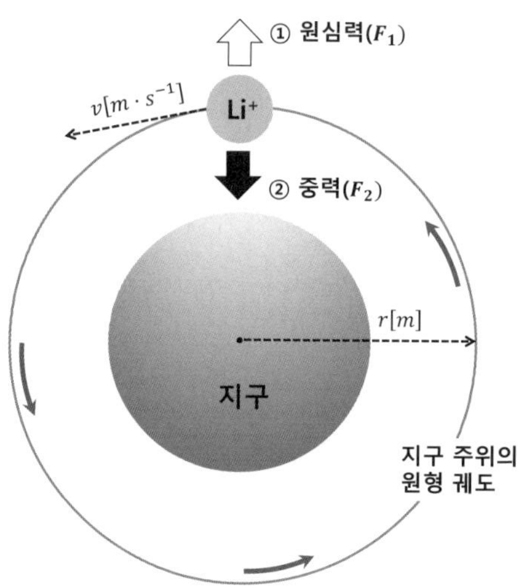

우주비행사가 우주유영을 하면서 꺼내놓은 리튬이온이 원형인 지구 주위 궤도를 빠르게 회전할 때 받는 원심력은 중력을 상쇄합니다. 알짜힘이 영(Zero, 0)인 리튬이온은 진공 중에 둥둥 뜹니다.

우주공간에서 물체가 움직일 때 받는 저항은 얼마나 될까?

우주비행사, 우주왕복선은 물론 행성이나 혜성 등 다양한 물체가 우주공간에서 움직일 때 환경으로부터 받는 저항은 어느 정도일까요? 너무 쉬운가요? 네, 맞습니다. 우주공간에서 운동하는 물체는 물질(원자, 분자)이 거의 없는 '거의 완벽한 진공' 속을 이동하는 것이므로 저항을 거의 받지 않습니다.[18]

예를 들어 허블우주망원경을 수리하기 위해 우주유영을 하던 우주비행사 방향으로 갑자기 날아온 우주 쓰레기(Space Junk)[19]들이 우주왕복선을 파괴하여 파편이 사방으로 흩어지는 사고를 가정해 보겠습니다.[20] 만일 이러한 사고가 일어난다면 우주비행사나 파편은 깊은 우주의 심연으로 끝없이 운동하는 상황이 될 수도 있습니다. 우주공간은 이동하는 물체에 대해 저항이 거의 없기 때문이죠.[21]

진공전해질을 상상으로 만들어 보자

진공이라는 환경을 통해 유추해 보면 '환경으로부터 오는 저항'은 움직이는 물체 주위를 둘러싸고 있는 '원자나 분자'와 부딪히면서 발생한다는 것을 알 수 있습니다. 그렇다면 진공전해질을 만들 수만 있다면 리튬이온이 움직일 때 저항이 매우 작아 리튬이온배터리의 성능 향상을 기대할 수 있겠죠?

리튬이온이 전극 사이에서 전기장의 힘을 받아 진공전해질 안에서 이동할 때 뒤에서 살펴볼 액체전해질이나 고체전해질 안에서 움직일 때보다 훨씬 더 빠를 것 같습니다. 달리 말하면 **이온전도도**[22]는 최고로 높은 수치가 측정될 것으로 예상할 수 있습니다. 당연히 리튬이온배터리의 출력 특성이나 충전 속도의 개선에 무척 큰 도움이 될 것으로 예상됩니다.

그런데 진공전해질이 실제 구현되려면 우주비행사의 경우와 마찬가지로 리튬이온에 작용하는 모든 힘이 상쇄되어야겠지요? 이것은 리튬이온이 배터리 케이스(Case)라는 3차원 공간에서 둥둥 떠 있어야 하기 때문입니다.

진공전해질을 만들기 위해 필요한 기술은 무엇일까?

리튬이온배터리는 우주공간뿐 아니라 주로 공기로 가득 찬 지상에서 사용되는 제품이므로 진공전해질을 만들기 위해 우선 배터리 케이스 안을 진공으로 만드는 진공기술(Vacuum Technology)이 필요합니다.

오늘날 LCD(Liquid Crystal Display) 혹은 OLED(Organic Light Emitting Display) TV를 접한 청소년들은 상상하기 힘들겠지만, 처음 나온 TV는 음극선관(CRT, Cathode Ray Tube)[23][22]을 디스플레이로 사용하였습니다. 음극선관의 내부는 공기를 빼낸 진공상태입니다. 진공도는 $7.5 \times 10^{-5}[Torr]$ 입니다.[23]

또한 신소재 합성이나 입자물리학과 같은 최첨단 연구에 사용되는 설비로써 입자가속기[24](싱크로트론 소스(Synchrotron Source))가 있습니다.[25] 혹시 관심 있는 독자는 과학 관련 언론 매체에서 들어 보았을 수도 있습니다. 싱크로트론 소스의 내부 진공도는 상당히 큰 $10^{-10}[Torr]$ 수준입니다.[26]

---

22) 이온이 주어진 환경에서 움직이는 속도와 연관된 인자임. 뒤에서 상세히 설명 예정.
23) 19세기 후반에 발명되어 20세기 후반까지 사용된 디스플레이(Display) 기술이다.

이처럼 음극선관이나 입자가속기에 기본적으로 진공 기술이 사용됩니다. 그리고 진공이 만들어진 음극선관이나 입자가속기 안에 필요한 전하를 띤 입자인 전자나 이온이 만들어지도록 하는 소스(Source)와 연관된 장치, 만들어진 전자나 이온이 진공 중에서 중력을 이기고 둥둥 떠서 빠르게 움직이도록 힘을 가하는 장치가 사용됩니다.

이제 음극선관 TV나 입자가속기에 사용된 기술을 리튬이온배터리를 위한 진공전해질을 만드는 데 적용한다고 가정해 봅시다. 그리고 이를 상상으로 하나씩 적용해 봅시다. 튼튼한 배터리 케이스에 우선 고진공을 만들기 위해 진공 장비를 연결하여 공기, **수증기** 등 배터리 케이스 안의 모든 물질을 뽑아냅니다. 이어서 리튬이온 소스에서 발생한 리튬이온을 내부로 주입합니다. 아래 그림을 참조하세요.

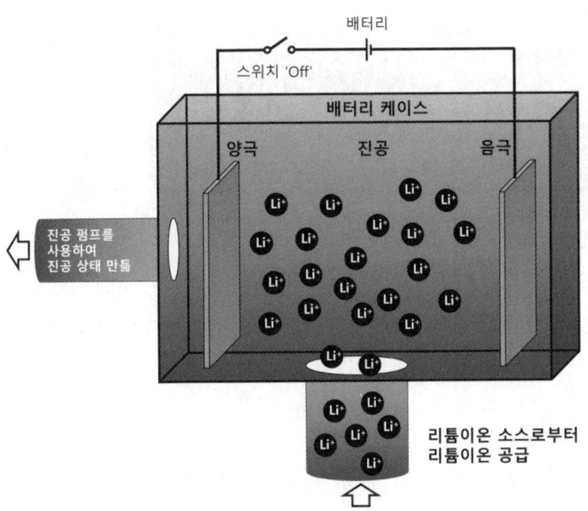

진공 기술을 사용하여 배터리 케이스 안을 진공으로 만들고, 리튬이온을 발생시키는 기술을 사용하여 리튬이온을 배터리 케이스 안으로 공급한 후 밀봉합니다.

만일 리튬이온배터리가 앞서 본 것처럼 지구 주위를 빠르게 공전하는 우주정거장이나 우주왕복선 안에 있으면 '원심력'이 '중력'을 상쇄하지만, 지상에 정지해 있거나 움직이는 전기차에 장착되면 원심력이 없거나 매우 작으므로 그에 맞춰 중력 상쇄 장치를 항상 가동하여 '중력을 상쇄하는 힘'을 발생시켜야 합니다. 아래 그림을 참조하세요. 리튬이온처럼 눈에 보지 않을 정도로 작고 가벼운 물질도 진공 중에서는 중력에 의해 볼링공과 동일한 속도로 낙하하기 때문에 꼭 필요한 장치입니다.

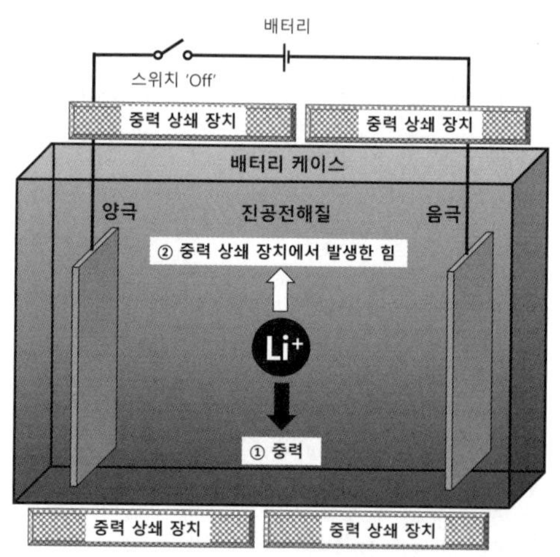

진공전해질 안에 있는 리튬이온 한 개에 집중해서 보면 리튬이온은 중력 상쇄 장치에서 발생한 힘으로 인해 중력이 상쇄되어 둥둥 뜹니다. 중력 상쇄 장치는 전극 사이에서 받는 전기장과 달리 독립적으로 항상 가동합니다.

정리하면 진공전해질을 만들기 위해 기본적으로 필요한 기술은 아래와 같이 대략 3가지입니다.

- 고진공(High Vacuum)을 만들어 주는 기술.

- 이온을 발생시켜 주는 기술.[27]

- 이온을 둥둥 뜨도록 중력을 상쇄하는 '중력 상쇄 장치' 기술.

　필요한 것으로 생각되는 기술을 모아 한 단계 한 단계 사고실험으로 진공전해질을 만들었으니, 이제 리튬이온을 전극 사이에서 움직여봅시다. 전극과 배터리에 연결된 스위치를 'ON' 합니다. 그러면 진공인 배터리 케이스 안에 둥둥 떠 있는 리튬이온이 전극 사이에 있다가 음극 방향으로 움직입니다. 아래 그림을 참조하세요. 그런데 진공전해질을 리튬이온배터리의 대량 생산에 적용한다고 생각해 봅시다. 과연 가능할까요? 바로 다음에서 생각해 봅시다.

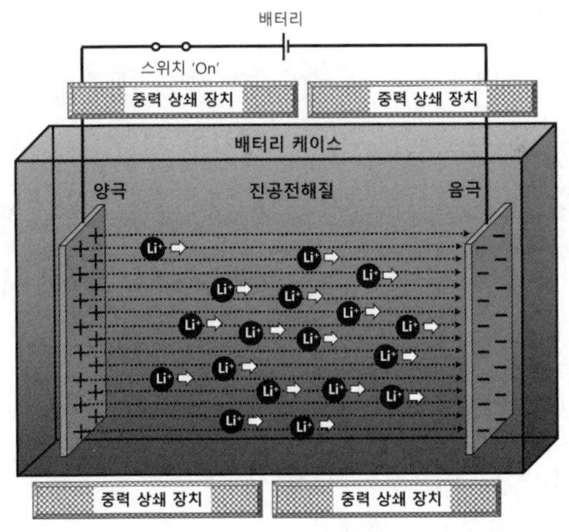

배터리와 전극 사이의 스위치를 'On'하면 음극 방향으로 리튬이온이 움직입니다.

진공전해질을 사고실험으로 만들어 보고 얻은 교훈

방금 우리는 마음으로 상상해 보는 사고실험을 통해 진공전해질을 만들어 보았습니다. 실제 현실에서 만들 수 있다면 현재 리튬이온배터리에 사용되는 액체전해질을 대체할 수 있겠죠. 이온전도도의 증가로 인한 성능 측면에서의 장점과 함께 화재의 근원인 유기용매가 없어 화재 안전성도 아주 큰 폭으로 증가하리라 예상됩니다. 그런데 왜 배터리과학자들이 진공전해질을 만들려고 노력한다는 뉴스를 아직 접하지 못하였을까요?

진공전해질이 가능하다는 것을 실증하기 위해 각 분야의 우수한 과학자를 모아 많은 자금을 투자하는 프로젝트를 추진한다면 샘플로 한, 두 개 정도는 만들 수 있을 것 같습니다. 그런데 앞서 본 기본적으로 필요한 기술 3가지만 보더라도 어째 조금 부정적인 생각이 들죠? 그렇습니다. 만일 하나만 있어도 되는 엄청난 큰 가치를 지니는 예술품이라면 몰라도 많은 사람이 일상생활에서 손쉽게 사용할 수 있는 범용 리튬이온배터리에 적용하기에는 비용 측면에서 큰 무리가 있어 보입니다.

예를 들어 미국의 전기차 회사 T사는 자사의 생산라인에서 현재 4680 리튬이온배터리[24)(28)]를 하루에 126,050개를 생산합니다. [(29)] 엄청난 숫자이죠. 진공전해질을 T사에 납품하여 리튬이온배터리를 하루에 126,050개를 생산하기에는 '어렵지 않을까?'하는 생각이 강하게 듭니다.

혹시 이 책을 읽는 독자 중 좋은 아이디어가 벌써 떠오르는 분이 있나요? 리튬이온배터리를 더욱 혁신적으로 변화시킬 수 있는 흥미로운 아이디어가 떠오른다면 '① 아이디어(Idea) 단계'에 머무르지 말고 '② 실증

---

24) 지름 46[*cm*], 높이 80[*cm*]의 원통형 리튬이온배터리이다.

(Demonstration) 단계'에서 '③ 대량 생산(Mass Production) 단계'까지 사고실험을 통해 스스로 한번 평가해 보세요. 과학적인 호기심과 더불어 사업가적인 소양(Entrepreneurship)[30]까지 갖춘다면 아마도 인류의 미래를 변화시킬 훌륭한 기술을 바탕으로 한 Startup 창업자가 독자 중에 나올 수도 있겠네요.

 이 책에서 말하는 환경으로부터 오는 저항은 결국 눈에 보이는 우주선, 비행기, 사람이나 아주 아주 작은 이온, 원자, 분자 등 움직이는 물체가 무엇이든 해당 물체를 제외한 이를 둘러싼 원자나 분자로부터 오는 저항이라는 의미입니다. 여러분 자신이 리튬이온이라고 한번 상상해 보세요. 움직이는 동안 주변의 원자나 분자로부터 어떤 저항을 받을까를 생각하면서 이 책을 읽다 보면 전해질 대한 이해가 그리 어렵지만은 않을 거예요.

03 상상으로 만들어 본 공기전해질

 **대기압이 있다는 것을 언제 알게 되었을까?**

역사적으로 아프리카 지역에서 초기 인류의 이동이 시작된 것은 약 2백만 년 전입니다.[1] 호주에 사람이 살기 시작한 것은 6만 년 전이고, 북미와 남미 대륙에 사람이 살기 시작한 것은 3만 년 전입니다. 최초의 문명은 1만 2천 년 전에 발생합니다.[2] 진화를 거듭한 인류지만 대기압이 있다는 것을 알아채지 못하였고, 앞서 본 것처럼 1643년에서야 이탈리아의 과학자 토리첼리의 '수은을 채운 유리관 기압계' 실험을 통해 알게 됩니다. 그러니까 인류 역사에서 약 2백만 년이 흐른 뒤 대기압이 있다는 것을 발견한 것입니다. 어찌 보면 사람이 태어나서 죽을 때까지 한시라도 대기압을 받지 않는 순간이 없었기 때문에 너무나도 당연했을 것입니다. 하지만 과학을 사랑하는 이 책의 독자는 무엇이든 당연하게 여기는 자세는 지양하고 주변의 사소한 일이라도 호기심을 갖고 관찰하는 자세를 가지면 좋겠습니다.

이번에는 지상에서 움직이거나 하늘을 나는 물체 주위에 항상 존재하면서 주변 환경이 되어 주는 대기(Atmosphere) 혹은 공기(Air)[25]에 대해 생각해 보겠습니다. 대기는 진공인 우주공간과는 완전히 다른 공간입니다. 대기 안에는 공기를 구성하는 기체 분자가 셀 수 없을 만큼 많이 존재

---

25) 이 책에서 대기와 공기는 같은 의미로 사용된다. 공기는 대기 안에 있는 기체 원자와 분자 모두를 총칭하여 이르는 말이다.

하고 있죠. 이제부터 대기와 관련된 다양한 측면을 알아가면서 과연 대기라는, 이 공간에서 리튬이온이 적절히 퍼져 둥둥 떠 있고 또 전기장의 영향을 받아 움직일 수 있게 하는 것이 가능할까 하는 것에 대해 생각해 봅시다. 우주공간에서 이제는 우리의 일상이 이루어지는 지구의 대기 안으로 들어가 볼까요?

대기의 다양한 특징에 대해 알아보자

대기는 어느 정도 높이까지 뻗어 있을까?

솜사탕처럼 하얀 뭉게구름은 파란 하늘과 어울려 가을 하늘을 아름답게 만들어 줍니다. 아름다운 가을 하늘을 보면서 문득 '대기(Atmosphere)는 하늘 위 어느 높이까지 뻗어 있을까?' 하는 생각을 해 본 적이 있나요? 일단 대기의 범위부터 알아봅시다. 지구과학 수업에서 배운 내용을 떠올려 보세요.

대기는 하늘 위로 올라갈수록 낮아지는 온도를 기준으로 5개 층(범위)으로 구분합니다.[3] ① 대류권(Troposphere), ② 성층권(Stratosphere), ③ 중간권(Mesosphere), ④ 열권(Thermosphere), ⑤ 외기권(Exosphere)입니다. 이 중 인류의 활동은 주로 대류권 안에서 이루어집니다. 대류권의 높이는 적도를 기준으로 17~18[km]이죠.

그런데 보통 대기라 하면 대류권에서 중간권 사이, 지상에서 대략 80.5[km] 높이[26]까지의 공간을 의미합니다.[4] 우리나라 남성의 평균 키가

---

26) 우주공간이 시작되는 높이이기도 하다.

대략 175[cm]이므로[5] 대기는 사람 키의 약 4만 6천 배 정도 높은 곳까지 뻗어 있네요. 그러니까 사람을 포함한 지구의 생명체는 높이 80.5[km]인 대기(공기)의 바닥에서 살아가고 있는 셈입니다.

이렇게 공기가 해수면으로부터 상당히 높은 곳까지 쌓여 있기 때문에 **대기압**이 발생합니다. 온도가 15[$°C$]일 때 지구의 해수면에서 측정한 대기압은 1[atm]인데,[6] 제곱센티미터 당 무게로 환산하면 1.03[$kg \cdot cm^{-2}$]입니다. 이를 성인 남자의 어깨 면적을 누르는 무게로 환산해 보면 대략 432.6[kg]입니다. 실로 엄청난 무게이죠.

한편, 고도가 높아질수록 공기를 구성하는 원자나 분자 개수가 줄어들어 밀도와 온도가 떨어지고, 대기압도 낮아집니다.[7] 예를 들어 에베레스트산 (Mt. Everest[8], 높이 8.85[km]) 정상에서의 대기압은 약 1/3[atm]입니다.[9]

공기는 무엇으로 구성되어 있을까?

수증기가 포함되지 않은 건조한 공기를 구성하는 대표적인 성분 3가지는 질소(N_2, 약 78[%]), 산소(O_2, 약 21[%]), 아르곤(Ar, 약 0.93[%])입니다. 공기의 성분은 대부분 질소와 산소, 아르곤인 것을 알 수 있습니다. 그 외 *ppm*(*parts per million*) 단위의 극소량으로 존재하는 이산화탄소(CO_2), 네온(Ne), 헬륨(He), 메탄(CH_4), 크립톤(Kr), 수소(H_2), 아산화질소(NO), 제논(Xe), 오존(O_3), 아이오딘(I_2), 일산화탄소(CO), 암모니아(NH_3)의 12가지 성분이 있습니다.[10] 아래의 그림을 참고 하세요.

그런데 수증기(H_2O)는 공기의 성분에 정식으로 포함되지 않습니다. 왜 그럴까요? 지구에 상당히 많은 양이 있는 물은 대부분 액체로 존재하고 있으며, 얼음으로 일부 존재하는데 공기 중에 수증기로 존재하는 양은 전체 물 중 0.1[%][11]입니다. 그마저도 물의 증발 및 응축 사이클[12]과 지역에 따라 그 양이 달라집니다. 과학자들이 수증기를 대기의 성분에 포함하지 않는 이유입니다.

그러나, 뒤에서 상세히 살펴보겠지만 수증기는 예를 들어 세라믹전해질의 생산 및 보관, 그리고 전고체전지 생산 관련 큰 문제점으로 작용하고 있습니다. 따라서 대기의 성분에는 포함되지 않지만, 대기 중에 있는 '수증기'는 항상 고려해야 합니다.

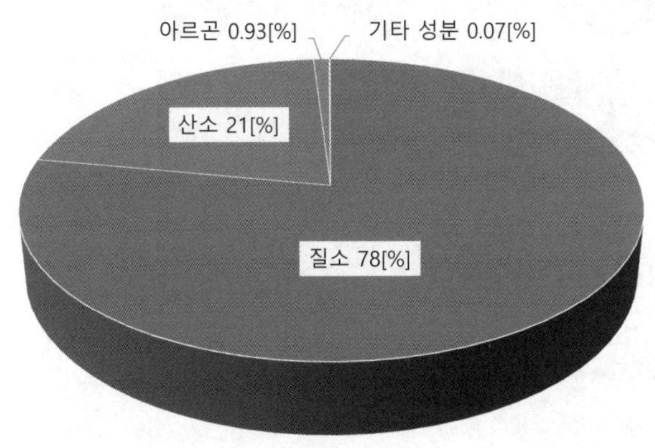

공기는 질소, 산소, 아르곤이 대부분을 차지하고, 그 외 극소량의 12가지 기체(기타 성분)로 구성됩니다.

공기 분자는 극성일까?

공기 안에서 물체가 움직일 때 받는 저항을 이해하기 위해 살펴보아야 할 중요한 점은 얼마나 많은 종류의 기체 분자가 **부분전하**(δ^+, δ^-)를 갖는 **극성분자(Polar Molecule)**인가 하는 것입니다. 왜 그런가는 곧 설명하겠습니다.

공기 중에 있는 총 15개의 기체를 극성(Polarity) 기준으로 분류하면 불활성 기체(Inert Gas)를 포함하여 무극성 기체가 11개이고, 극성 기체는 4개입니다. 아래 그림을 참조하세요. 불활성 기체와 무극성 기체가 전체 공기 성분 중 무려 99.93[%]를 차지하므로 공기는 전체적으로 무극성이라 해도 과언이 아닙니다!

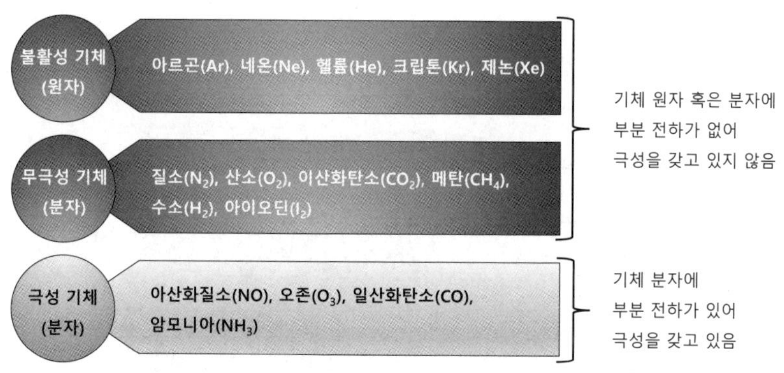

공기를 구성하는 기체의 극성에 따른 분류.

공기 분자의 인력은 어느 정도일까?

조금 전에 본 기체 원자 혹은 분자의 극성은 공기 안에서 움직이는 물체에 작용하는 저항과 밀접히 연관됩니다. 왜 그럴까요? 만일 어떤 기체 분자에 부분전하가 있으면 다른 분자에 있는 부분전하와 잡아당기거나 미는 **분자 간 상호작용(Molecular Interaction)**을 하게 됩니다.

특히 하나의 분자에 있는 양의 부분전하(δ^+)와 다른 하나의 분자에 있는 음의 부분전하(δ)는 서로 당기게 됩니다. 그러면 분자들이 모이고 뭉치면서 네트워크[27]가 형성됩니다. 물체가 움직이면서 이 네크워크를 뚫고 지나가야 하므로 저항을 느끼게 되는 것입니다.

그런데 공기를 구성하는 기체는 대부분 **무극성**이라 부분전하가 없습니다. 그렇다면 공기 분자 간 인력이 전혀 없을까요? 그렇지는 않습니다. 무극성 기체라 해도 원자나 분자 사이에 인력이 작용하긴 합니다. '**반데르발스 힘**(van der Waals Force)' 혹은 '**런던 분산력**(London Dispersion Force)'으로 불리는 아주아주 작은 인력이 작용하죠. 매우 약한 네크워크가 만들어지는 이유입니다.

반데르발스 힘이나 런던 분산력 관련 아마 화학 수업 시간에 들어본 적이 있을 거예요. 분자나 원자 간에 작용하는 가장 작은 인력입니다. 예를 들어 수소분자(H_2) 사이에는 $0.06[kJ \cdot mol^{-1}]$, 산소분자(O_2) 사이에는 $0.44[kJ \cdot mol^{-1}]$의 런던 분산력이 작용합니다. 무극성분자 사이에 작용하는 인력은 워낙 작아 중력이 없었다면 공기는 모두 우주로 흩어졌을 정도입니다. [13] 반데르발스 힘과 런던 분산력 관련 상세 내용은 책의 후반 부에 있는 보충 설명 1을 참고하세요.

공기 안에서 움직이는 물체가 느끼는 저항력은 얼마나 될까?

만일 어떤 친구가 축구 경기 후에 '오늘은 다른 날에 비해 공기에 의한 **저항력**(Drag)[28]이 너무 커서 잘 달릴 수가 없었어.'라고 경기에 패한 원인

---

27) 예를 들어 부분전하가 있는 물분자에 의한 네트워크는 이 책의 후반부에 있는 보충 설명 7 참고.

28) 공기나 물과 같은 유체 내에서 움직이는 물체가 유체의 저항으로 인해 받는 힘을 저항력(Drag)이라 한다. 줄여서 보통 항력이라 하는 경우가 많지만, 이 책에서는 일관되게 저항력이

이 공기에 의한 저항력 때문이라고 말한다면 어떻게 들릴까요? 아마 말도 안 되는 변명이라고 생각하겠죠. 그렇습니다. 사람들은 공기에 대해 평소에 아예 의식도 못 할 때가 대부분입니다.

그만큼 무극성인 공기 분자들의 네트워크로부터 받는 저항력은 태풍이나 토네이도(Tornado)와 같이 바람이 강하게 부는 상황을 제외하면 작은 편입니다.[14] 참고로 사람이 넘어지는 바람의 속도는 대략 $64{\sim}72[km \cdot h^{-1}]$이죠.

영국의 과학자 스트럿(John William Strutt)[15]은 풍동(Wind Tunnel)[29][16]을 사용하여 물체가 공기 안에 놓여 있을 때 받는 저항력과 연관된 인자들을 찾는 연구를 합니다. 그리고 연구 결과를 아래의 식(3)과 같이 제안합니다.[17] 다양한 모양의 물체가 공기 중에서 운동할 때 받는 저항력을 체계적으로 비교할 수 있는 길을 연 것이죠.

식(3)을 살펴보면 공기 중에서 운동하는 물체의 저항력은, 공기의 밀도가 변하지 않는 경우, 물체의 앞면적(A), 속도(u), 저항력계수(C_d)[30][18]에 영향을 받습니다. 속도와 저항력 계수가 같다면 저항력은 물체의 앞면적에 비례하네요. 그냥 달릴 때보다 우산을 앞으로 펼쳐 들고 달릴 때가 더 힘든 이유입니다.

라 표기한다.

29) 풍동은 영국의 과학자 프랭크 웬햄(Frank H. Wenham)이 1871년 최초로 발명함. 이후 항공기, 고속열차, 자동차의 고속 주행 중 저항력을 줄이기 위한 연구에 활용됨.

30) 물체의 3차원 모양과 연관됨. 예를 들면 구(0.47), 반구(0.42), 직육면체(1.05)이다. 저항력 계수가 작을수록 저항력도 비례하여 작아진다.

$$F_d = \frac{1}{2} \times A \times \rho \times u^2 \times C_d \quad \cdots (3)$$

F_d는 공기 속을 움직이는 물체가 받는 저항력 (*Drag*) [*N*]

ρ는 공기의 밀도 [$kg \cdot m^{-3}$]

u는 공기(혹은 물체)의 속도 [$m \cdot s^{-1}$]

C_d는 저항력 계수(단위 없음): 풍동에서 실험적으로 계산됨

A는 공기가 닿는 물체의 앞면적 [m^2]

저항력이 작으면 유리한 대상에는 비행기, 고속열차, 그리고 육상선수 등이 있겠죠? 비행기, 고속열차의 경우 연비가 향상되고, 육상선수의 경우 받는 메달의 색깔이 바뀔 수도 있습니다. 야구공이 받는 저항력의 중요성 관련 미국에서 벌어진 야구 경기의 승패를 갈라놓은 사례를 이 책의 후반부에 있는 보충 설명 2에 소개하였으니 참고하세요.

그런데 저항력이 작으면 유리한 대상에는 물론 '리튬이온'도 포함됩니다. 리튬이온이 공기 안에서 빠르게 움직일 수 있다면 잠시 후 상상으로 만들어 볼 공기전해질의 큰 장점이 될 거예요. 지금까지 물체가 움직여야 하는 공기의 이모저모를 살펴보았으니 사고실험으로 **공기전해질**을 만들어 봅시다.

공기전해질을 상상으로 만들어 보자

앞서 진공전해질을 상상으로 만들어 보면서 가장 먼저 부딪힌 어려움은 중력을 상쇄하고 리튬이온을 공중에 띄우는 것이었습니다. 공기 중에

서는 이러한 어려움 없이 리튬이온이 자연스럽게 둥둥 뜰까요? 리튬이온
이 구름처럼 둥둥 떠 있다고 한번 상상해 봅시다. 아래 그림을 참고하세
요. 그리고 자연에서 실제 이온이 발생하는지, 발생한 이온은 공기 중에
떠 있는지도 간략히 알아봅시다.

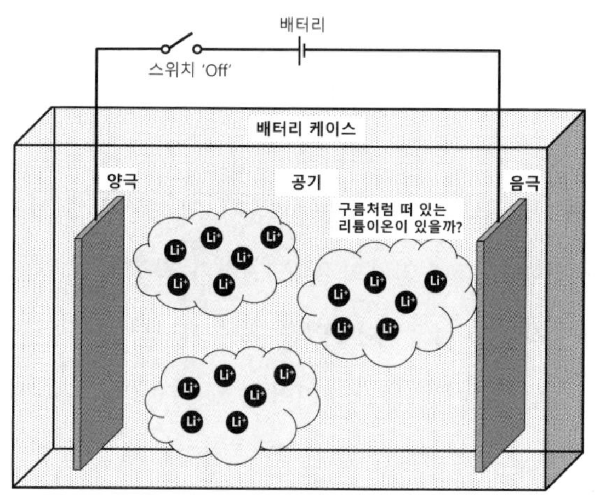

리튬이온이 구름처럼 떠 있는 공기전해질을 만드는 것은 가능할까요?

공기 중에 자연적으로 떠 있는 이온이 있을까?

결론부터 말하면 공기 중에 자연적으로 만들어지는 이온이 있긴 있습
니다.[19] 과학자들은 이미 약 100년 전에 자연에 음이온이 있다는 것을 발
견합니다. 그렇다면 공기 중에 있는 이온은 어떻게 만들어진 걸까요?

공기 중의 이온은 대부분 기체 원자나 분자에 있는 전자를 외부에서 날
아온 입자(예, 알파입자(He^{2+}))가 쳐내 만들어집니다. 그런데 이때 외부에
서 날아 온 입자라 해서 모두 원자나 분자를 이온으로 만들 수 있는 것은

아닙니다. 각 원자 혹은 분자는 전자를 잃는 '최소 에너지'가 있는데 이를 원자 혹은 분자의 '**이온화에너지**'라 합니다.

외부에서 날아 온 입자는 적어도 이온화에너지 이상의 운동에너지를 갖고 있으면서 전자와 충돌해야 합니다. 그래야 전자를 원자 밖으로 튀어 나가게 할 수 있죠. 아래 그림을 참조하세요. 수소 원자의 이온화에너지는 13.6[eV][31][20]입니다.

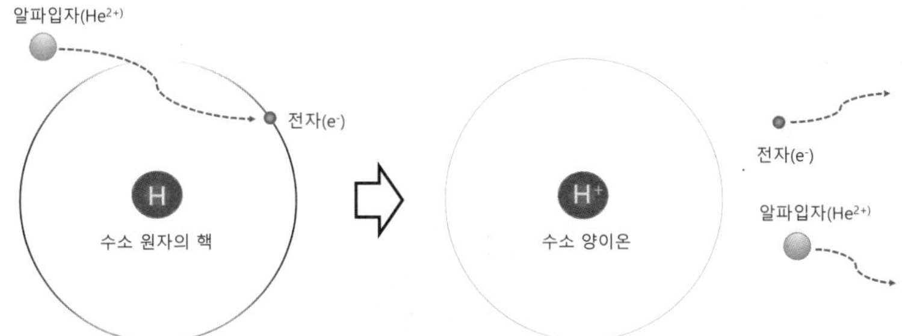

수소 원자의 이온화에너지 이상의 운동에너지를 갖는 외부에서 날아온 알파입자(He²⁺)가 핵 주위에 있던 전자와 충돌하여 쳐냅니다. 수소원자는 전자를 잃고 양이온(H⁺)이 됩니다. 수소원자(H)의 이온화에너지는 13.6[eV]입니다.

그럼, 전자를 쳐내는 입자는 어디서 오는 것일까요? 대표적인 것으로 우라늄(Uranium), 토륨(Thorium) 혹은 라듐(Radium)의 동위 원소[32]나 라돈(Radon)[33]과 같은 방사성 물질(Radioactive Materials)[21]이 있는데,

---

31) 수소원자 한 개의 이온화에너지를 [J]로 표현하면 2.18×10^{-18}[J]이다.

32) 동위 원소는 양성자의 개수는 같고, 중성자의 개수가 다른 원소이다. 방사성 동위 원소 중 중성자의 개수에 따라 불안정한 방사성 동위 원소가 있는데 바로 이 동위 원소의 핵이 붕괴하는 것이다.

33) 라듐 동위 원소의 핵이 붕괴할 때 기체 상태로 나오는 방사성 물질이 라돈(Radon)이다.

이들 방사성 물질의 핵이 붕괴할 때 나오는 알파입자(*a-particle*, He^{2+}), 베타입자(*β-particle*, e$^-$), 중성자, 혹은 감마선(*γ-ray*)[22]에 의해 자연에 있는 이온의 80[%] 정도가 발생합니다.

나머지 20[%]의 이온 중 대부분은 우주에서 지구로 들어오는 우주선(Cosmic Ray)에 의해 발생합니다.[23] 우주선은 태양이나 외부 천체로부터 오는 각종 전하를 띤 입자들(예를 들어 양성자(H$^+$), 알파입자(He^{2+}) 베타입자(e$^-$))의 흐름을 말합니다. 그 외 아주 소량의 이온이 자외선, 번개, 광전효과(Photoelectric Effect)[34][24], 레너드 효과(Lenard Effect)[35]에 의해 발생합니다. 아래 그림을 참조하세요.

공기 중의 원자나 분자가 전자를 잃고 이온이 되는 다양한 원인.[25]

---

34) 특정 주파수(혹은 파장)의 빛을 금속에 비추면 금속으로부터 전자가 튀어나오는 현상.

35) 물분자가 충격을 받아 이온화(H$^+$, OH$^-$)되는 현상으로 파도치는 바닷가나 폭포수에서 관찰됨. 과학자 레너드(Philipp Lenard)가 발견하였으며, 이를 발견한 레너드의 이름을 따라 레너드 효과라 한다.

자연적으로 발생한 이온은 수명이 있다?

과학자들이 관찰한 결과에 의하면 자연적으로 발생한 이온은 보통 공기 중에 있는 수증기(H_2O)에 둘러싸인[36] 후 밀도가 증가하여 지면으로 서서히 떨어집니다. 이후 지면에 접촉하여 전자를 받거나 잃어 원래 상태로 돌아오죠. 이처럼 공기 중에 있는 기체가 이온화된 후 이온으로 존재하는 시간을 **수명(Lifetime)**이라 하는데 보통 60초입니다. 자연에 있는 이온의 수명이 짧아 '하루살이'도 안 되는 '일 분 살이'로 불러야 할 것 같습니다.[26] 이 점도 잠시 후 공기전해질을 상상으로 만들 때 고려해야 할 것 같습니다.

자연적으로 발생하는 리튬 이온 기체가 있을까?

우리가 관심 있는 것은 자연적으로 발생하는 리튬이온이 있는지입니다. 이를 잠시 살펴봅시다. 만일 자연에서 발생하는 이온과 동일한 방식으로 리튬이온이 만들어지려면, 우선 리튬(Li)이 기체로 공기 중에 있어야 가능합니다. 만약 자연에 리튬 기체가 있다면, 충분한 운동에너지를 갖는 입자에 부딪혀 리튬이온으로 되는 것이죠.

그렇다면 리튬은 자연에 어떤 상태로 있을까요? 안타깝게도 자연에 존재하는 리튬은 순수한 기체 상태가 아닌 광석으로 있거나, 리튬염으로 물에 녹아 있습니다.[37][27] 따라서 자연적으로 리튬 기체가 공기 중에 있을 가능성은 없죠. 즉 구름처럼 자연스럽게 공중에 둥둥 떠 있는 리튬 기체는 없습니다. 자연에 있는 리튬 관련 이 책의 후반부에 있는 보충 설명 3

---

36) 이온이 수증기에 둘러싸이는 것을 수화(Hydration)라 한다. 뒤에서 상세 설명 예정.

37) 리튬염(예, LiCl)이, 마치 소금(NaCl)이 바닷물에 녹아 있듯이, 녹아 있는 것이다.

을 참고하세요. 따라서 일단 리튬이온을 발생시키는 기술을 포함하여 다양한 기술이 적용되어야 공기전해질을 만들 수 있을 것 같습니다.

공기전해질을 만들기 위해 필요한 기술은?

앞서 진공전해질을 만드는 사고실험에서 얻은 교훈 중 하나는 리튬이온을 진공 중에 둥둥 뜨게 하는 기술을 적용해야 한다는 것이었는데 이는 실제 경제적인 측면에서 실행이 쉽지 않다는 것이었습니다. 그러면 공기 중에 리튬이온을 둥둥 띄우는 것은 쉬울까요?

우리는 보통 가벼운 물체가 무거운 물체보다 떠오를 가능성이 크다고 생각합니다. 그런데 무게만 비교하면 될까요? 이에 대해 잠시 생각해 봅시다. 리튬은 공기를 구성하는 기체보다 무거울까요? 1$[mol]$ 기준으로 관련 데이터를 한번 살펴보겠습니다.

리튬 금속의 무게는 $6.94[g \cdot mol^{-1}]$[28]이고 공기 분자의 평균 무게는 $28.96[g \cdot mol^{-1}]$[29]입니다. 즉 리튬 보다 공기가 더 무겁습니다! 그러면 왜 리튬 금속은 공기 중에 있을 때 공기의 **부력**을 받아 뜨지 못할까요?

비밀은 바로 리튬 금속의 **밀도**에 있습니다. 리튬 금속의 밀도는 $534[kg \cdot m^{-3}]$[30]로서 공기밀도 대비 약 413배 큽니다. 즉 공기 중에서 부력에 의해 뜨는지 알기 위해서는 밀도를 기준으로 보아야 합니다.

즉 단순히 '원자 하나의 무게'가 아니라 이들이 얼마나 조밀하게 모여 있는지를 알려 주는 '밀도'가 중요하죠. 그렇다면 (금속결합을 하며) 조밀하게 모여 있는 리튬원자가 아닌 따로따로 떨어진 리튬 기체는 공기 중에 가볍게 뜰 수 있는 것이죠. 밀도 및 부력 관련 이 책의 후반부에 있는 보충 설명 4를 참고하세요.

따라서 진공에서 공기로 리튬이온이 움직이는 환경은 바뀌었지만, 여전히 리튬이온 소스를 만드는 장치가 필요합니다. 예를 들어 우선 리튬 금속을 가열하여 증발시켜 인공적으로 리튬 기체를 만듭니다.[31] 이후 이온화 장치를 적용하여 리튬의 이온화에너지 이상의 운동에너지를 갖는 입자를 날려 보내 충돌시킨 후 만들어진 리튬이온을 배터리 케이스 안으로 들여보냅니다. 아래 그림을 참조 하세요.

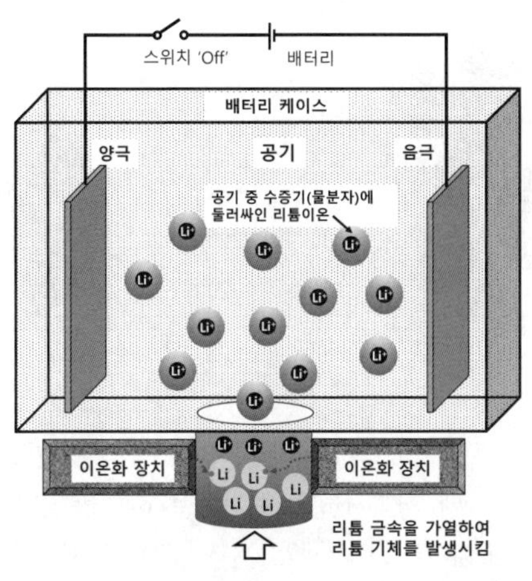

리튬 금속을 가열하여 기화시킨 후 이온화 장치를 사용하여 리튬이온을 만들었습니다. 리튬이온은 공기 중의 수분에 곧 둘러싸입니다.[38]

공기중의 수증기에 둘러싸이는 리튬이온

그런데 앞의 그림에서 리튬이온 소스에서 만들어져 공기로 가득 찬 배터리 케이스로 들어온 리튬이온은 공기 안의 수증기로 곧 둘러싸입니

---

38) 다음 페이지의 그림 참조.

다. [39) 이를 **수화(Hydration)** 혹은 **솔베이션(Solvation)**이라 합니다. 앞서 본 자연에 존재하는 이온과 마찬가지로 양의 전하를 띠는 리튬이온은 단독으로 있지 못하고, 공기 중에 존재하는 극성분자인 물분자 즉 수증기(H_2O)와 상호작용을 하는 것이죠. 리튬이온의 수화 혹은 솔베이션 개념은 뒤에서 볼 액체전해질에서도 중요하게 사용되므로 잘 기억해 두세요. 아래 그림을 참조하세요.

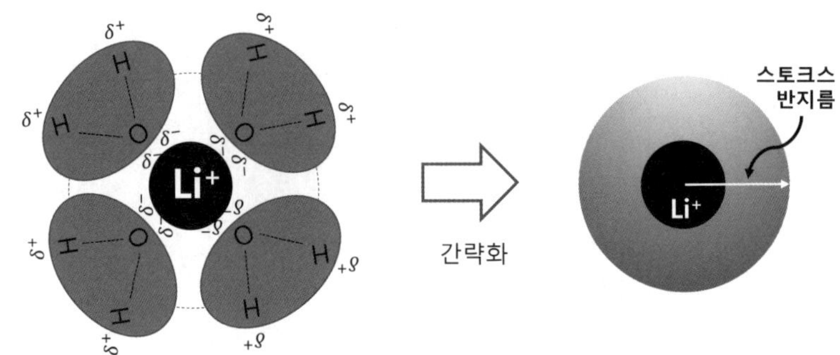

양이온인 리튬이온의 반지름은 0.09[nm][32)]이고, 부분전하(δ^+, δ^-)를 갖는 물분자의 반지름은 13.75[nm][33)]입니다. 과학자들이 분석한 결과에 따르면 리튬이온은 보통 4개의 물분자에 둘러싸여 솔베이션됩니다.[34)] '물분자 4개에 의해 솔베이션된 리튬이온'의 반지름을 특히 스토크스 반지름(Stokes Radius)이라 하는데 19.1[nm]입니다.[35)]

리튬이온이 물분자에 둘러싸이는 것은 리튬이온 혼자 있다가 여럿이 모이는, 하나의 모둠(Group)이 되는 것과 비슷합니다. 그리고 겉에 둘러싼 물분자를 '껍질(Shell)'이라 부릅니다. 마치 리튬이온의 보호막 같죠?

그런데 솔베이션된 리튬이온은 리튬 금속 수준의 밀도는 아니더라도

---

39) 드라이룸(Dry Room)이나 글로브박스(Golvebox) 내의 수분이 제거된 공기가 아닌 수분이 존재하는 자연 상태의 공기를 가정하였다.

'리튬이온과 물분자가 상당히 가깝게 뭉친 모둠'이어서 리튬이온 혼자 있을 때와 비교하여 밀도가 증가합니다. 따라서 공기보다 밀도가 커진 솔베이션된 리튬이온은 중력을 상쇄할 만큼 공기의 부력을 충분히 받지 못해 결국 공기 중에서 서서히 가라앉죠. 자연에 존재하는 이온의 수명과 비슷하리라 예상됩니다.

앞서 진공전해질을 사고실험으로 만들 때 중력 상쇄 장치를 항상 가동해야 했습니다. 공기전해질도 마찬가지로 수증기로 솔베이션된 리튬이온을 지속적으로 둥둥 뜨게 하려면 부족한 부력을 보충하는 중력 상쇄 장치를 항상 가동해야 할 것 같습니다. 아래 그림을 참조하세요.

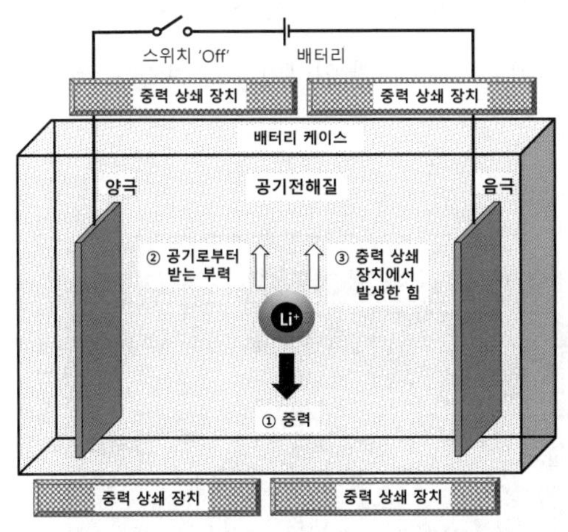

중력 상쇄 장치는 수증기로 둘러싸인 리튬이온이 공기 중에서 받는 (중력보다 작은) 부족한 부력을 보충하여 중력을 상쇄하여 둥둥 뜨게 합니다. 여기서는 공기전해질 내의 물분자에 솔베이션된 리튬이온 하나를 집중해서 보았습니다.

정리하면 공기전해질을 만들기 위해 기본적으로 필요한 기술은 아래와 같이 2가지입니다. 진공전해질과 비교하여 '진공을 만들어 주는 기술'은 더 이상 필요 없지만 여전히 앞서 고려하였던 2가지 기술이 필요한 것을 알 수 있습니다.

- 리튬이온을 발생시켜 주는 기술.[36]
- 부족한 부력을 보충하는 '중력 상쇄 장치' 기술.

공기전해질을 만드는데 필요한 기술을 모아 한 단계 한 단계 사고실험으로 공기전해질을 만들었으니, 이제 수증기에 솔베이션된 리튬이온을 전극 사이에서 상상으로 움직여 봅시다. 전극과 배터리에 연결된 스위치를 'ON' 합니다. 그러면 배터리 케이스 안에 둥둥 떠 있는 수증기에 솔베이션된 리튬이온이 전극 사이에 있다가 음극 방향으로 움직입니다. 아래

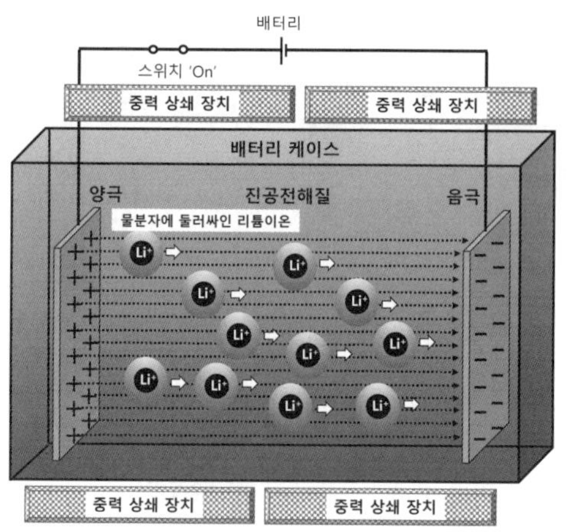

전극과 배터리 사이의 스위치가 'On' 되어, 물분자에 둘러싸인 리튬이온은 음극 방향으로 움직입니다.

그림을 참조하세요. 그런데 공기전해질을 리튬이온배터리를 대량 생산할 때도 적용한다고 생각해 봅시다. 이번에는 과연 가능할까요? 바로 다음에서 생각해 봅시다.

공기전해질을 상상으로 만들어 보고 얻은 교훈

조금 전 우리는 사고실험을 통해 공기전해질을 만들어 그 안에 있는 솔베이션된 리튬이온을 전극 사이에서 움직여 보았습니다. 실제 만들 수 있다면 리튬이온배터리에 사용되는 액체전해질을 대체할 수도 있겠죠.

그렇게 되면 리튬이온배터리의 화재 발생 근본 원인인 유기용매는 없어지고, 솔베이션된 리튬이온이 움직일 때 '극성을 띠는 유기용매 분자의 네트워크에 의한 저항력[40]' 대비 매우 작은 '무극성 공기 분자 네트워크에 의한 저항력'을 받게 됩니다. 즉 화재 안전성은 크게 향상되고, 이온전도도 또한 증가하리라 예상됩니다. 그런데 왜 과학자들이 공기전해질을 테스트하고 있다는 뉴스를 아직 듣지 못하였을까요?

앞서 진공전해질을 실제 만들고자 할 때 부딪히게 되는 어려움과 거의 비슷한 상황이기 때문입니다. 공기전해질이 구현된 리튬이온배터리 샘플을 한, 두 개 정도만 만들려고 하더라도 많은 인력과 엄청난 비용이 들게 되리라 쉽게 예상됩니다. 대량으로 생산되는 리튬이온배터리에 적용하기에는 일단 비용적인 측면에서 상당히 부정적인 생각이 들죠.

결국 진공전해질에 이어 공기전해질도 복잡한 기술적인 문제는 차치하고라도 경제적인 문제 때문에 실현 가능성이 없어 보입니다. 물론 이러한

---

40) 액체전해질의 경우 리튬염을 유기용매에 해리시키므로 유기용매 분자에 솔베이션된 리튬이온은 유기용매 분자의 네트워크를 뚫고 이동해야 한다.

문제점을 예상치 못한 방법으로 극복하고 진공전해질이나 공기전해질을 실현할 수 있는 획기적인 방법을 누군가는 발견할 수 있겠지만 아직은 없는 것이 사실입니다.

 **부력은 누가 처음 발견하였을까?**

기원전 246년에 물속에 있는 물체에 부력이 작용한다는 것을 처음 발견한 과학자는 아르키메데스(Archimedes)입니다.[1] 물 안에 있는 물체에 작용하는 '물의 부력'은 물체가 차지하는 부피$[m^3]$를 채운 물의 무게$[kg]$ 만큼 중력의 반대 방향으로 작용합니다.[2] 부피는 물에 잠긴 물체의 부피이지만, 무게는 그 부피를 채운 물의 무게입니다. 즉 물에 잠긴 물체의 부피당 물의 무게이죠. 그렇다면 단위는 $[kg \cdot m^3]$인데 이것은 곧 밀도의 단위와 같다는 것을 알 수 있습니다. 따라서 물체의 밀도와 물의 밀도를 비교해도 물체가 부력을 받아 물에 뜰지, 가라앉을지를 알 수 있습니다. 그리고 부력의 원리는 액체는 물론 기체인 공기 안에 있는 물체에도 같이 적용되죠. 부력은 무척 오래되고 친숙한 과학 원리로써 눈에 보이는 큰 물체뿐 아니라 예를 들어 리튬이온, 특히 물이나 유기용매와 같은 극성분자에 둘러싸인 리튬이온이 주어진 환경 안에서 중력을 이기고 둥둥 뜰 수 있을지, 없을지를 결정하는 핵심적인 지표입니다.

앞서 공기전해질을 상상으로 만들어 보면서 느낀 주요 단점 중 하나가 공기가 갖는 낮은 밀도(해수면에서 공기의 밀도는 $1.225[kg \cdot m^3]$[3]임)라는 것입니다. 즉 공기의 밀도가 낮아 '리튬이온과 이를 둘러싼 물분자 모둠(수화 혹은 물분자로 솔베이션된 리튬이온)'을 밀어 올릴 수 있는 수준의 부력을 제공하지 못하죠. 그리고 공기의 밀도가 낮은 이유는 대부분의 공기 분자가 무극성이기 때문임도 알았습니다. 바로 이점이 중력을 상쇄하기 위해 부족한 부력을 공급하는 중력 상쇄 장치가 필요한 이유였습니다.

액화기체 안에서는 중력이 상쇄된다!

이처럼 공기의 낮은 밀도를 극복하기 위해 예를 들어 질소나 산소를 기체가 아닌 액화시킨 액화기체(Liquefied Gas)[41] 상태로 사용하면 어떨까요? 실제 배터리과학자들은 기체 상태로는 부력이 부족하다는 단점을 해결하고자(낮은 밀도 문제를 해결하고자) **액화기체전해질(LGE, Liquified Gas Electrolyte)**을 제안합니다.

액화질소(Liquefied N_2)[42][4]나 액화산소(Liquefied O_2)[43]는 액체이므로 밀도가 확연히 증가합니다. 액화질소와 액화산소의 밀도는 물의 최대 밀도(섭씨 4도에서 1,000[$kg \cdot m^3$])와 유사합니다. 따라서 솔베이션된 리튬이온이 액화질소나 액화산소 안에서는 충분한 부력을 받아 둥둥 뜨리라 예상됩니다.

그런데 질소와 산소의 끓는점이 각각 영하 섭씨 183도 혹은 196도인 점을 생각해 보면 보통 상온에서 사용되는 리튬이온배터리에 적용하기에는 액화되는 온도가 너무나 낮다는 것이 문제입니다. 기체를 액화하여 밀도를 올려 부력을 충분히 만들어 주고자 하는 배터리과학자의 아이디어는 상당히 참신하지만, 액화되는 온도가 극저온이라는 문제에 부딪혀 시도도 해 보지 못하고 바로 실패할까요?

---

[41] 질소와 산소는 무극성 기체지만 저온에서 반데르발스 힘(매우 약한 인력)이 작용하여 액화된다.

[42] 액화질소의 끓는점은 -196[℃], 밀도는 807[$kg \cdot m^3$]이다.

[43] 액화산소의 끓는점은 -183[℃], 밀도는 1,141[$kg \cdot m^3$]이다.

액화기체전해질은 누가 처음 제안했을까?

'기체를 액화시켜 밀도를 높이는 액화기체전해질' 아이디어를 실행할 수 있도록 적절한 기체를 찾고자 노력한 과학자가 있습니다. 액화기체전해질 연구를 최초로 과학 논문에 발표한 러스톰지(Cyrus S. Rustomji)이죠.[5]

사실 실생활에서도 쉽게 만나볼 수 있는 액화 기체가 있습니다. 바로 야외에서 삼겹살을 구워 먹을 때 많이 사용하는 부탄(C_4H_{10})[6] 가스입니다. 다음 그림을 참조하세요. 부탄가스의 금속 용기 안에는 '액화된' 부탄가스가 있습니다. 부탄가스 용기를 쥐고 흔들어 보면 액체인 부탄이 출렁거리며 움직이는 것을 느낄 수 있죠.

부탄가스가 상온에서 액체로 있는 이유는 '상온에서 2.4[*atm*]의 압력'으로 주입하였기 때문입니다.[44][7] 기체가 액화되기 위해서는 '온도'가 중요하지만 '압력'도 중요한 것이죠. 액화기체전해질을 처음으로 제안한 과학자 러스톰지도 혹시 부탄가스로 삼겹살을 구워 먹다 착안한 것은 아닐까요?

필자의 농담입니다만, 이렇게 상온에서 쉽게 액화되는 부탄가스를 보니 '액화 부탄을 액화기체전해질로 사용하면 어떨까?'하고 생각할 수도 있습니다. 그러나 쉽게 불이 붙는 인화성 기체인 부탄을 리튬이온배터리에 사용하면 안전성에 나쁜 영향을 미치겠죠?[45][8] 과학자 러스톰지는 어떤 기체를 사용했는지 알아봅시다.

---

44) 부탄가스의 끓는점은 -1[℃]로 상대적으로 높아 상온에서 작은 압력(2.4[*atm*])으로도 액화된다.
45) 부탄의 인화점(기화되어 불이 붙을 수 있는 상태가 되는 온도)는 -187.8[℃]이다.

실생활에서 사용되는 부탄가스는 사실 '액화'된 부탄가스입니다. 금속 용기 안에 부탄가스가 상온에서 대기압보다 다소 큰 2.4[atm]으로 주입되어 액화되어 있습니다. 그림에 있는 자의 단위는 [cm]입니다.

최초의 액화기체전해질로써 어떤 기체가 사용됐을까?

과학자 러스톰지는 액체질소나 액체산소 등 다양한 액화기체의 끓는점이 1[atm]에서 측정된 것에 주목하였습니다. 그리고 온도를 낮추는 대신 압력을 높이는 방법을 선택합니다. 그는 다양한 기체를 대상으로 압력을 높이면서 특정 기체가 액화된 상태를 유지하는 최고 온도를 찾습니다. 이 온도를 **임계온도(Critical Temperature)**라 합니다. 임계온도 이상에서는 압력을 아무리 높여도 액체가 되지 못하죠. 그리고 임계온도에서의 압력을 **임계압력(Critical Pressure)**이라 합니다.[46]

이러한 연구 노력을 통해 찾은 기체가 바로 **플루오로메테인(FM, Fluoromethane)**[47][9]입니다. 플루오로메테인은 극성분자로 분류되지만,

---

46) 앞서 본 부탄의 임계온도는 152[℃]이고 임계압력은 37.5[atm]이다.

47) 메테인(CH_4) 기체에서 수소원자 하나가 불소원자로 치환된 분자구조(CH_3F)를 갖는다. 프레온 41(Freon 41) 등으로도 불리고 냉장고 냉매로 사용된다.

극성의 세기가 약해[48](10) 상온에서 기체입니다. 끓는점은 -78.4[°C]입니다. 임계온도는 45[°C]이고, 임계압력은 62[atm]인데(11) 상온에서 액화되는 압력은 37.5[atm]입니다.(12)

즉 플루오로메테인을 62[atm]의 압력으로 압축하면 최대 45[°C]까지 액체상태를 유지하는 것입니다. 물론 대기압(1[atm])보다 62배 큰 압력이긴 하지만 액화되는 최대 온도만 본다면 충분히 리튬이온배터리에 적용할 수 있습니다. 게다가 인화점은 -20[°C]이며, 앞서 본 부탄과 비교하여 9.4배 높습니다.

무엇보다 액화플루오로메테인이 리튬이온배터리에 적용되었을 때 (액체전해질을 사용하였을 때 만들어지는 **흑연의 보호막** 대비) **새로운 흑연의 보호막**도 안정적으로 잘 형성됩니다. 이처럼 '흑연의 보호막이 잘 생성되는 특징'이 액화플루오로메테인이 사용된 결정적인 이유입니다.

또한 못으로 찌르는 안전성 테스트(Nail Penetration Test)(13)에서 액화되었던 플루오로메테인이 기화되어 순식간에 빠져나가면서 화재가 일어나지 않는다는 것이 확인(14)되었죠. 이후 액화플루오로메테인을 적용한 액화기체전해질 연구가 활발히 진행되고 있는데, 특히 음극으로 리튬금속을 사용하는 **리튬금속전지(LMB, Li Metal Battery)**[49]용으로 연구가 활발히 진행 중입니다.

---

48) 무극성분자 사이에서 볼 수 있는 반데르발스 힘 수준의 약한 인력을 보인다. 플르오로메테인의 상대 유전율(Relative Permittivity)은 9.7이다. 참고로 물은 81, EC는 89.8이다.

49) 리튬이온배터리에서 흑연 대신 리튬 금속을 음극으로 사용한 배터리.

액화기체전해질을 만들어 보자

액화기체전해질을 만들기 위해 기체를 고압으로 압축하여 액화할 수 있는 장치가 꼭 필요하겠죠? 기체를 압축하여 액화시키는 기술이 핵심인 것입니다. 아래 그림을 참조하세요.

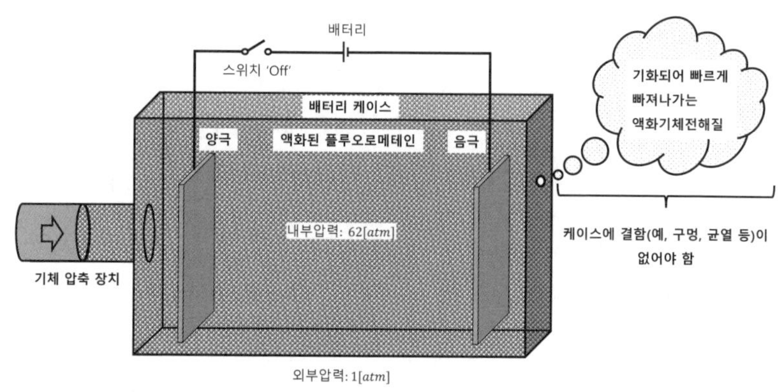

배터리 케이스 내부로 플루오로메테인(FM, Fluoromethane) 기체를 불어 넣으면서 내부 압력이 62[atm]에 도달하도록 압축합니다.

또한 리튬이온배터리가 정상적으로 작동하는 동안에는 액화플루오로메테인 전해질이 휘발되어 급격히 빠져나가면 절대로 안 됩니다. 따라서 배터리 케이스가 높은 증기압을 견딜 수 있도록 결함(예, 구멍, 균열 등) 없는 케이스 제조 및 최종 조립 시 견고한 실링이 형성되는 기술이 필요하겠죠? 따라서 액화기체전해질을 리튬이온배터리에 적용하려면 아래와 같이 3가지 기술이 필요해 보입니다.

- 기체를 고압으로 압축하여 액화시키는 기술.

- 결함 없는 케이스 제조 기술.

- 최종 조립 시 견고한 실링 형성 기술.

그런데 약한 극성을 띠는 플루오로메테인은 액화되더라도 물이나 에 틸렌 카보네이트(Ethylene Carbonate)[15] 같은 용매와 비교하여 리튬염을 잘 녹이지 못합니다.[50][16] 즉 용매에 녹는 용질(예, 리튬염)의 양[g]인 **용해도(Solubility[$g \cdot ml^{-1}$][17])**가 매우 작은 것이죠.

이러한 단점을 보완하기 위해 액화된 플루오로메테인과 함께 소량의 유기 용매(예, AC(Acetonitrile), THF(Tetrahydrofuran), DME(Dimethoxymethane)) 를 섞어줍니다. AC, THF, DME처럼 함께 사용하는 용매를 보조 용매 혹은 공용매(Co-solvent)라 부릅니다.[18] 보조 용매는 리튬염(예, LiFSI[51][19])에 대한 용해도가 상대적으로 커서 액화플루오로메테인의 부족한 점을 메꿔 주는 것이죠.

리튬염(예, LiFSI)은 보통 보조 용매(예, AC)에 의해 녹아 해리되고, 솔 베이션됩니다. 주목해야 할 점은 솔베이션된 리튬이온이 액화플루오로메 테인 안에 둥둥 떠 있기 때문에 진공전해질 혹은 공기전해질에서 꼭 필요 했던 ① 리튬이온을 만들어 공급하는 리튬이온 소스 장치와 ② 중력 상쇄 장치는 더 이상 필요 없습니다!

---

50) 용매 분자의 극성 크기에 따라 리튬염을 녹이는 능력을 나타내는 지표로서 '상대유전율 (Relative Permittivity)'이 있다. 상대유전율이 클수록 리튬염을 잘 녹인다. 63쪽 각주 48 참고.
51) 정식 명칭은 리튬비스(플루오로술포닐)이미드(Lithium Bis(fluorosulfonyl)imide)이다.

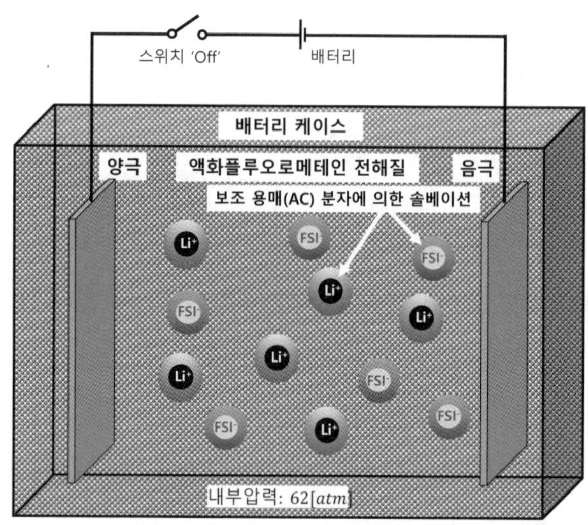

액화된 플루오로메테인(FM, Fluoromethane)을 용매로, AC(Acetonitrile)를 보조 용매로, 리튬비스(플루오로술포닐)이미드(LiFSI)를 리튬염으로 사용한 액화기체전해질입니다. 리튬염은 양이온인 Li^+와 음이온인 FSI^-로 해리된 후 보조 용매(AC)에 의해 솔베이션됩니다.

액화플루오로메테인 전해질에 있는 이온을 움직여 보자

액화플루오로메테인과 AC, LiFSI로 액화기체전해질을 사고실험으로 만들었으니 이제 AC로 솔베이션된 Li^+ 이온과 FSI^- 이온을 전극 사이에서 상상으로 한번 움직여 봅시다. 전극과 배터리에 연결된 스위치를 'ON' 합니다. 그러면 AC로 솔베이션된 양이온인 Li^+ 이온과 음이온인 FSI^- 이온이 전극 사이에 있다가 음극과 양극 방향으로 움직입니다. 다음 그림을 참조하세요.

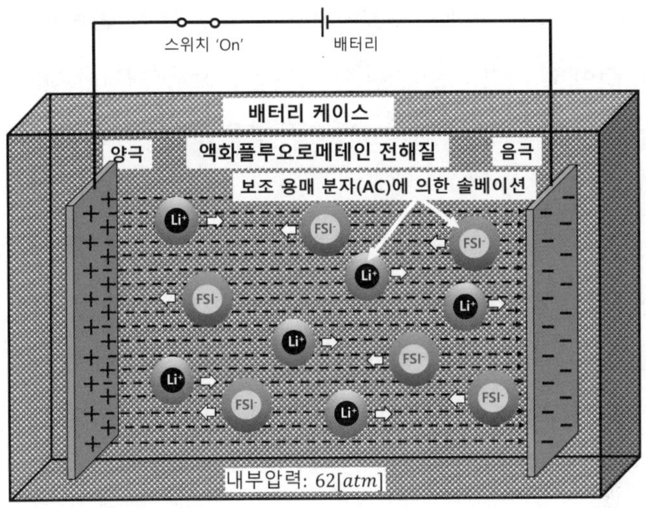

액화플루오로메테인 전해질 안에서 AC 분자로 솔베이션된 양이온인 Li^+와 음이온인 FSI^-는 각각 음극과 양극 방향으로 움직입니다. 액화플루오로메테인은 분자 간 작용하는 인력이 매우 약해 솔베이션된 Li^+와 FSI^-가 비교적 쉽게 움직일 수 있습니다.

액화기체전해질을 리튬이온배터리에 적용해 보자

리튬이온이 리튬이온배터리 안에서 이동할 때 지나는 환경(물질)을 알면 저항을 얼마나 받는지 정성적으로 짐작할 수 있기 때문에 이를 살펴보는 것은 배터리의 전체적인 성능을 이해하는 데 상당히 중요합니다. 여기서는 액화플루오로메테인 전해질을 적용한 리튬이온배터리의 충전 과정 동안 리튬이온은 어떤 종류의 환경을 지나는지 알아보겠습니다. 액체전해질을 사용한 리튬이온배터리 사례는 99쪽의 그림을 참고하세요.

리튬이온배터리의 4대 부품 중 양극재($LiCoO_2$), 음극재(C_6), 분리막은 동일하고, 액체전해질 대신 액화플루오로메테인 전해질을 배터리 케이스 안에 넣고 조립한 것으로 가정하였습니다. 다음 그림을 참조하세요. 즉 다른 조건은 같고 '액체전해질'만 '액화플루오로메테인 전해질'로 바뀐 것이죠. 다만 최초 충전 시 액화플루오로메테인이 전자를 받아 환원 분해되어 '새로운 흑연의 보호막'이 만들어집니다. 이 점은 잘 기억해 두세요.

액화플루오로메테인 전해질을 사용한 리튬이온배터리에서 충전이 일어나는 동안 리튬이온이 이동할 때 지나가는 환경(물질)을 순서대로 정리하면 아래와 같습니다. 분리막의 경우 고체이지만 기공이 크고 연결되어 있으므로 액화플루오로메테인 전해질 즉 액체를 지나는 것으로 가정하여 생략하였습니다.

① 리튬 코발트 산화물 → ② **액화플루오로메테인 전해질** → ③ **새로운 흑연의 보호막(SEI)** → ④ 흑연

리튬이온이 지나는 환경(물질)의 성상을 중심으로 정리하면 다음과 같습니다.

① 고체 → ② **액체** → ③ **고체** → ④ 고체

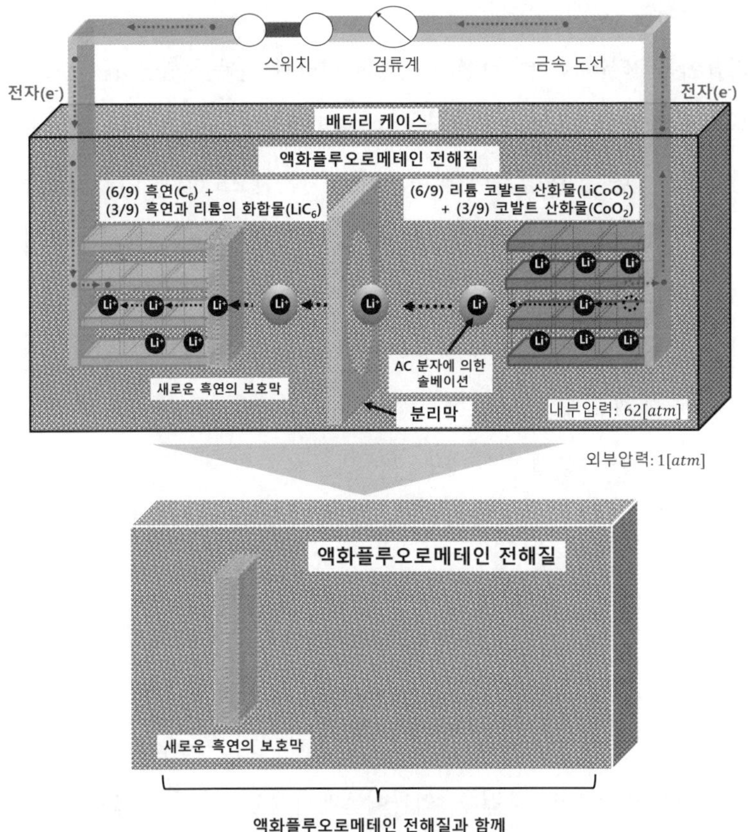

액화플루오로메테인 전해질이 액체전해질을 대체한 리튬이온배터리입니다.[52] 리튬이온배터리의 충전 과정에서 전자와 리튬이온의 움직임을 나타냈습니다. 액화플루오로메테인 전해질이 적용되어 새로운 흑연의 보호막도 만들어지므로 두 가지 재료(액화플루오로메테인 전해질, 새로운 흑연의 보호막)를 항상 '쌍'으로 고려해야 합니다.

---

52) 현재 그림에서는 AC 분자에 의한 솔베이션으로 표현함. 보조 용매의 종류와 양에 따라 액화플루오로메테인과 함께 둘러싸거나, 리튬이온의 경우 단독으로 존재하는 경우도 있음.

액체전해질 vs. 액화기체전해질

리튬이온배터리가 작동하면서 필요한 전압과 전류를 생산하는 것은 전자의 원활한 흐름과 더불어 특히 리튬이온 이동의 용이성이 관건이 됩니다. 리튬이온 이동의 용이성은 뒤에서 살펴볼 '이온전도도(Ionic Conductivity)'라는 지표로 나타낼 수 있습니다. 앞서 본 리튬이온의 움직임에서 통과해야 하는 환경의 저항이 작아야(이온전도도가 커야) 유리한 것이죠.

만일 기존의 액체전해질을 사용하는 특정 리튬이온배터리를 기준으로 삼는 경우 액체전해질을 새로운 액화플루오로메테인 전해질로 대체하였을 때 두 가지를 고려해야 합니다.

첫째, 가장 기본적인 '액체전해질 이온전도도 vs. 액화플루오로메테인 전해질 이온전도도'입니다. 리튬이온 움직임의 용이성이 액체전해질에 버금가거나 더욱 우수해야 대체 물질로써 사용될 가능성이 있겠죠?

둘째, '흑연의 보호막 이온전도도 vs. 새로운 흑연의 보호막 이온전도도'입니다. 흑연의 보호막은 실제 리튬이온배터리를 조립한 후 최초 충전 시에 만들어지므로 조립 후 리튬이온배터리의 성능을 측정해야 대체 물질이 배터리에 미치는 전체적인 영향을 알 수 있죠. 이를 실증 테스트(Demonstration Test)라 합니다. 액화플루오로메테인 전해질 자체의 이온전도도를 측정하는 것이 '예선'이라고 하면, 실증 테스트 단계부터는 새로운 흑연의 보호막도 포함되므로 '본선'이죠.

실제 리튬이온배터리가 작동하는 동안에 리튬이온이 움직이면서 받는 저항은 액체전해질 자체 보다 흑연의 보호막에서 더욱 클 확률이 높습니다. 이것은 리튬이온이 그 환경(물질)을 지날 때 이온전도도가 더욱 작을 확률이 높다는 것과 같은 뜻이죠. 그래서 액화플루오로메테인 전해질을 적용할 때, 액화플루오로메테인 전해질 자체에만 집중하지 말고, 새로운 흑연의 보호막도 최초 충전 시 만들어지므로 두 가지 물질을 항상 '쌍'으로 고려해야 하는 것입니다.

그런데 새로운 후보 물질의 경우 아직 '흑연의 보호막 이온전도도[53] vs. 새로운 흑연의 보호막 이온전도도'를 바로 비교할 수 있을 정도의 데이터가 충분히 확보되지 않은 경우가 많고 살펴볼 내용이 복잡하여 이 책의 범위를 넘어섭니다. 따라서 이 책에서는 예선으로 볼 수 있는 '물질 자체의 이온전도도 비교'를 중심으로 이야기하고 있습니다.

다만 리튬이온배터리의 액체전해질을 대체하는 물질을 관련 서적이나 보도 매체에서 만날 때 지금 이야기한 '예선', '본선' 개념을 갖고 있으면 관련 내용을 파악해 나가는 중요한 단초가 될 수 있으므로 이를 잘 기억하면 좋겠습니다.

액체전해질의 이온전도도 vs. 액화기체전해질의 이온전도도

리튬이온배터리에 사용되는 액체전해질과 액화플루오로메테인 전해질의 이온전도도 비교를 위해, 조금 전에 이야기한 리튬이온이 얼마나 잘 움직이는지를 나타내 주는 지표, 즉 이온전도도 수치를 기준으로 사용합니다. 여기에 덧붙여 **리튬이온 이동수(Transport Number)**[54][20] 수치도 보조적으로 사용합니다(103, 104쪽 참고). 이온전도도 측정 방법은 89쪽 그림을 참고하세요.

이온전도도가 액체전해질과 이를 대체하려는 물질을 비교하는 핵심적

---

53) 예를 들어 흑연의 보호막 이온전도도는 10^{-6}~$10^{-4}[S \cdot cm^{-1}]$ 범위임.

54) 이동수는 영어로 'Transperence Number'로 쓰기도 하며 같은 의미임.

인 특성이기는 하지만 액체전해질이나 액화기체전해질 안에는 우리가 원하는 리튬이온만 있는 것은 아닙니다. 예를 들면 음이온도 존재하죠. 따라서 보조적인 기준으로 리튬이온 이동수(Transport Number)를 사용하여 측정된 이온전도도에서 리튬이온이 차지하는 비를 파악해 보는 것도 중요합니다. 아래 도표를 참조하세요.

액체전해질과 액화기체전해질의 이온전도도와 리튬이온 이동수 비교[21]

	이온전도도 $[S \cdot cm^{-1}]$	리튬이온 이동수 (t_{Li+})	측정온도 [℃]
액체전해질	1.0×10^{-2}	0.2~0.4	25
액화플루오로메테인전해질	3.9×10^{-3}	0.79	25

액체전해질의 상온 이온전도도는 보통 $1 \times 10^{-2}[S \cdot cm^{-1}]$입니다. 이에 대비하여 이전 연구자들의 실험 결과를 보면 액화플루오로메테인 전해질의 리튬염(예, LiFSI) 용해도는 액체전해질과 비교하여 1/2수준이지만(리튬염은 잘 녹지 않지만), 상온 이온전도도는 $3.9 \times 10^{-3}[S \cdot cm^{-1}]$입니다. 게다가 리튬이온 이동수는 약 2배 이상 우수하여 둘 사이의 '리튬이온' 이온전도도 차이는 더욱 줄어들죠. 이제 보조 지표로 리튬이온 이동수를 사용하는 이유를 알 수 있겠죠?

플루오로메테인이 높은 압력에 의해 액체가 되더라도 분자 상호 간 인력이 약해 보조 용매에 솔베이션된 Li^+ 이온과 FSI^- 이온이 비교적 쉽게 움직일 수 있습니다. 이온전도도 측면에서 굉장히 유리하죠. 그만큼 리튬이온이 움직일 때 환경으로부터 오는 저항이 작은 것입니다.

한편, 높은 리튬이온 이동수(0.79)는 음이온(FSI^-)에 비해 양이온인 리튬이온이 솔베이션이 잘 안되고 단독으로 움직일 확률이 훨씬 높기 때문으로 나타나고 있습니다. 솔베이션이 잘 안된다면 리튬이온의 반지름이 매우 작아 음이온보다 빠르게 움직일 수 있죠. 이에 따라 측정된 이온전도도에 대한 리튬이온의 기여도가 음이온 대비 상당히 커지는 것입니다.

액화기체전해질의 향후 연구 방향

액화기체전해질의 연구는 다른 전해질에 없는 액화기체전해질만의 장점을 더욱 발전시키는 방향으로 이루어지리라 예상됩니다. 앞서 본 액화기체전해질의 장점을 정리하면 아래와 같이 대략 3가지입니다.

- 첫째, 이온전도도의 향상: 분자 간 인력이 매우 약한 기체가 사용되므로 높은 압력을 받아 액체가 되더라도 결합 에너지가 작습니다. 그래서 보조 용매에 의해 솔베이션된 리튬이온이 움직일 때 '약한 인력으로 만들어진 네트워크'를 지나가게 되죠. 액체전해질과 비교하여 저항력이 상대적으로 작습니다.
- 둘째, 안전성의 획기적인 개선: 예를 들어 외부 충격으로 양극과 음극물질 사이의 접촉 즉 내부단락이 발생하면 현재 리튬이온배터리에서는 열폭주에 의해 화재로 진행될 가능성이 큽니다. 그러나 액화기체전해질을 사용한 리튬이온배터리는 외부 충격 때문에 배터리 케이스에 발생한 균열이나 미세한 구멍을 통해 액화기체전해질이 순식간에

기화[55])되어 사라집니다.[56]) 그러면서 열을 식혀주어 온도를 낮추는 역할도 합니다. 이는 현재 사용되고 있는 액체전해질을 대체하려는 고체전해질과 마찬가지로 화재 안전성에 큰 도움이 되리라 예상됩니다.

- 셋째, 매우 낮은 온도에서 우수한 이온전도도 유지: 보통 리튬이온배터리에 요구되는 작동온도 범위는 -60~30[℃]입니다.[22] 저온에서의 작동 범위가 생각보다 꽤 넓습니다. 그런데 저온이 될수록 기체를 압축하는 데 필요한 압력도 낮아지므로 액화기체전해질의 제조 관점에서는 유리합니다. 특히 작동온도 범위 하한치에 가까운 매우 낮은 온도에서 사용되는 리튬이온배터리에 적용하면 좋을 것 같은 후보 물질인 것입니다.

이러한 장점에도 불구하고 아직 연구실 안에서만 수행되는 '연구 초기 단계'이기 때문에 액화기체전해질 분야는 앞으로 미국 Startup인 S사[23]나 대학의 연구 노력을 좀 더 지켜보아야 합니다. 기본적으로 리튬이온배터리에 사용되는 액체전해질을 대체하여 조립되었을 때 이전과 비교하여 동일 수준 이상으로 안정적인 성능 발휘가 가능하다는 것이 충분한 실험 데이터가 쌓여 입증되어야 하죠.

무엇보다 액화기체전해질은 대량 생산을 위해 필요한 '① 기체를 액화하는 기술'과 '② 결함이 없는 배터리 케이스 제조' 그리고 '③ 견고한 실링 형성 기술'의 적용이 가져올 리튬이온배터리의 전체적인 제조 비용 상승도 함께 고려되어야 합니다.

---

55) 액화플루오로메테인전해질의 증기압(Vapor Pressure)은 25[℃]에서 3.8[MPa](37.5[atm]) 수준이다.

56) 일정 충격 이상에서 배터리케이스가 자동으로 열리게 하는 기계적인 메커니즘 도입도 가능함.

 **액체전해질은 골디락스 수프이다**

영어 표현 중에 '골디락스 수프(Goldilocks' Soup)'가 있습니다. 뜨겁지도 않고, 차지도 않아 먹기에 적절한 수프처럼 어떤 것이 아주 적당하다는 것을 비유할 때 골디락스 수프라 하죠. 극성분자인 물이나 유기용매는 액체전해질을 만들기에 크지도 작지도 않은 아주 적절한 크기의 인력(예, 수소결합: 보충 설명 5 참고)을 갖고 있으면서 다양한 염을 자연스럽게 녹여 이온을 만들어 줍니다. 물분자나 유기용매 분자에 둘러싸여 솔베이션된 양이온과 음이온은 주변의 물분자나 유기용매 분자로부터 받는 부력에 의해 중력이 상쇄됩니다. 솔베이션된 양이온과 음이온은 물이나 유기용매 안에 둥둥 떠 있는 상태가 되죠.[57] 게다가 염이 물이나 유기용매에 녹는 것은 자발적인 반응[58]입니다. 값싼 물이나 유기용매를 가지고 염을 녹이는 간단한 과정을 거쳐 만든 액체전해질은 원하는 종류의 이온이 전극 사이에서 움직일 수 있도록 하는 '골디락스 수프'죠. 이점이 오늘날 최강의 배터리인 리튬이온배터리를 비롯한 대부분의 배터리에 액체전해질이 사용되고 있는 이유입니다.

지구에 있는 물은 크게 염수(Salt Water)와 담수(Fresh Water)로 나눌 수 있습니다. 최초의 생명체가 탄생했던 바닷물은 염수로서 현재 지표면의

---

57)　물의 밀도가 '물분자로 둘러싸인 이온' 모둠의 밀도보다 커 중력이 상쇄되고 모둠은 뜬다.

58)　자발적인 반응은 깁스 자유에너지(Gibb's Free Energy)가 감소($\Delta G < 0$)하는 반응이다.

70[%] 이상을 덮고 있죠. 바닷물의 96.5[%]는 물분자이고, 2.5[%]는 녹아 있는 여러 종류의 염(Salt)입니다. 염은 해리되어 이온 상태로 존재하는데 대부분 나트륨이온(Na^+)과 염소이온(Cl^-)입니다.[1] 바로 소금(NaCl)이죠. 나머지 1[%]는 소량의 유기물 및 무기물 입자 그리고 녹은 공기 분자입니다.

지상에 있는 호수나 강의 담수와 지하에 있는 담수인 지하수는 지속적인 강우로 인해 그 안에 있는 염의 농도가 매우 낮습니다. 담수는 99.95[%]의 물과 0.05[%]의 염을 포함하고 있습니다.[2]

앞서 본 공기는 15종류의 기체가 모여 구성되지만, 자연에 있는 염수나 담수는 녹아 있는 염을 제외하면 '분자 안에 부분전하(δ^+, δ^-)를 갖는 극성분자[3]'인 물분자 한 가지로만 구성됩니다. 물분자와 물분자가 뭉쳐 만들어지는 네트워크에 대한 상세한 내용은 보충 설명 5, 6, 7을 참고하세요. 이제 풍부하고 값싼 물로 액체전해질을 한번 만들어 볼까요?

액체전해질을 만들어 보자

염을 물에 녹인 액체전해질은 생활 속에서도 얼마든지 손쉽게 만들 수 있습니다. 흔히 볼 수 있는 용매인 물에 녹아 이온으로 해리되는 전해질을 사용하면 되죠. 어떤 염이 있을까요? 흰색 입자인 **소금(NaCl)**, 파란색 입자인 **황산구리($CuSO_4$)**[4], 흰색 입자인 **육불화인산리튬($LiPF_6$)**[5] 등이 있습니다.

이러한 염은 모두 물에 녹아 양이온과 음이온으로 해리됩니다. 이렇게 물에 해리된 전해질 수용액을 액체전해질이라 부르죠. 육불화인산리튬은 리튬이온배터리의 액체전해질을 만들 때 가장 많이 선택되는 염인데 물이 아닌 유기용매에 해리시킨다는 차이가 있습니다.[59][6] 그러면 염이 물에 녹는 과정을 한번 살펴봅시다.

염이 물에 녹는 과정

액체전해질을 만드는 과정은 예를 들어 황산구리염을 물에 녹여 황산구리 수용액을 만드는 과정입니다. 아마 화학 수업 시간에 만들어 본 경험이 있을 것 같습니다. 아래 화학반응식(4)를 참조하세요. 화학반응식(4)는 황산구리염 안에 이온결합으로 강하게 붙어 있던 양이온(Cu^{2+})과 음이온(SO_4^{2-})이 물 안에서 따로 떨어져 자유롭게 되었다는 것을 알려 주고 있습니다. 그런데 왜 황산구리염을 단지 물에 넣기만 했는데 아주 자연스럽게 녹는 것일까요? 염이 물을 만나면 대체 무슨 일이 일어나는 것일까요? 이에 대해 간략히 알아봅시다.

$$CuSO_4 \rightarrow Cu^{2+} + SO_4^{2-} \cdots (4)$$

고체인 황산구리염을 필요한 양만큼 준비하여 물이 들어 있는 비커에 넣습니다. 다음 그림을 참조하세요. 황산구리염 입자가 물에 닿으면 이때부터 화학반응이 시작되죠. 부분전하(δ^+, δ^-)를 갖는 극성분자인 물은 황산구리염 표면[60]에 있는 양전하(Cu^{2+})와 음전하(SO_4^{2-}) 위치로 빠르게 모여

---

59) 물은 염을 잘 녹이는 용매이지만 낮은 분해전압(1.23[V] vs. Li/Li$^+$)으로 인하여 리튬이온배터리에는 사용되지 못한다.

60) 입자 내부에 있는 이온은 이웃한 이온과의 결합을 사방으로 완성하지만, 표면의 이온은 바깥 방향으로 결합이 완성되지 못하여 정전기적 인력이 강하다. 즉 황산구리 염의 표면에너지가 높아 물분자를 잘 잡아당긴다.

듭니다. 이렇게 황산구리염의 녹는 과정이 시작됩니다.

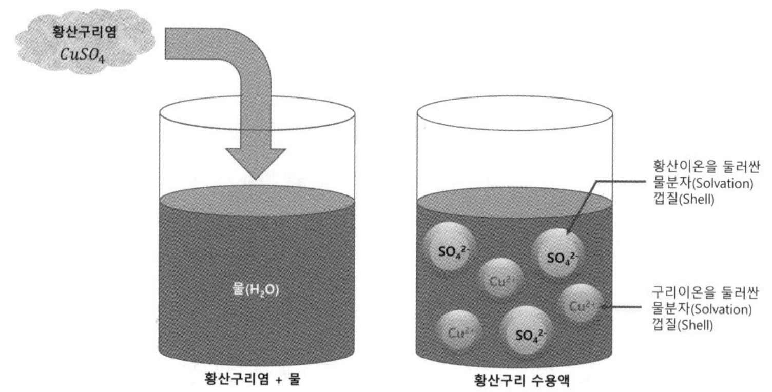

황산구리염을 물이 준비된 비커에 넣어 봅시다. 이렇게 단순히 황산구리염을 용매인 물에 넣는 것만으로 쉽게 황산구리 수용액(액체전해질)을 만들 수 있습니다.

황산구리의 표면에 있는 양이온인 구리이온(Cu^{2+})과 물분자 중 음의 부분전하(δ^-)를 갖는 산소가 서로 잡아당깁니다. 마찬가지로 표면에 있는 음이온인 황산이온(SO_4^{2-})과 물분자 중 양의 부분전하(δ^+)를 띠는 수소가 서로 잡아당깁니다. 결국 물분자는 황산구리 염의 표면에 있는 양이온인 구리이온과 음이온인 황산이온을 떼어낸 후 곧바로 둘러쌉니다. 다음 그림을 참조하세요.

과학자들의 연구 결과를 조금 더 구체적으로 들여다보면 구리이온 하나가 황산구리염 입자의 표면에서 떨어져 나오면 물분자 4~6개가 곧바로 둘러싸고[7], 황산이온이 떨어져 나오면 10~12개의 물분자가 곧바로 둘러쌉니다. [61][8] 이렇게 물과 같은 극성 용매 분자가 이온화합물인 염의 양이

---

61) 이온을 둘러싸는 물분자의 수를 '배위수(Coordination Number)'라 한다. 예컨대 물분자 4개

온과 음이온을 하나씩 떼 낸 후 둘러싸는 것을 '솔베이션(Solvation)' 혹은 '수화(Hydration)[62])'라 합니다.

솔베이션된 후에는 이온이 물분자와 함께 마치 하나의 모둠이 된 것처럼 움직이죠. 또한 양이온이나 음이온의 관점으로 볼 때 이를 둘러싼 물분자는 마치 이온을 보호하는 껍질(Shell)의 역할을 하기도 합니다. 물분자는 전자가 흐르지 못하는 부도체이므로 물분자로 둘러싸여 모둠으로서 물안에 있으면 전자가 내부로 들어오거나 나가지 못해 이온 상태가 잘 보존됩니다.

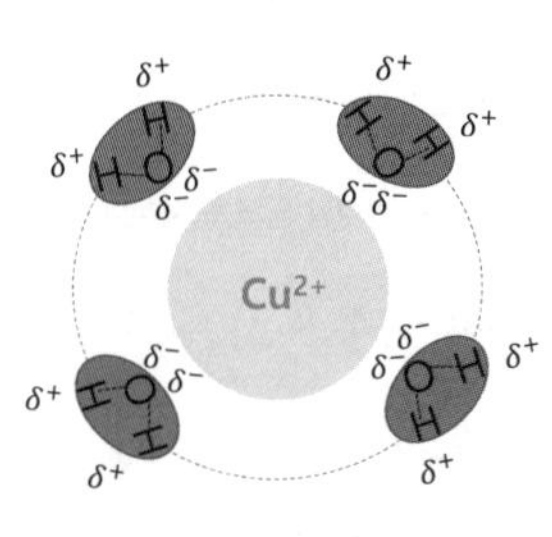

4 ~ 6개의 물분자가 둘러쌈	10 ~ 12개의 물분자가 둘러쌈

극성분자인 물분자는 황산구리염을 구성하는, 이온결합으로 결합한, 구리이온(Cu^{2+})과 황산이온(SO_4^{2-})을 떼어낸 후 둘러쌈(솔베이션, Solvation). 겉에 둘러싼 물 분자들은 이온을 보호하는 껍질(Shell)처럼 볼 수 있습니다.

가 둘러싸면 배위수는 4이다.
62) 수화(Hydration)라는 용어는 물분자가 이온을 둘러싸는 경우에만 사용함.

산과 염기를 물에 녹인 액체전해질을 사용할 수 있을까?

전해질인 산이나 염기를 물에 녹인 액체전해질도 쉽게 만들 수 있고, 물이 용매이기 때문에, 화재 안전성이 우수하여 이미 여러 종류의 배터리에 사용되고 있습니다. [63] 예를 들어 납 축전지(Lead-Acid Battery)에는 무색, 무취의 액체인 황산(H_2SO_4)[9]을 물에 녹인 액체전해질이 사용되고[10], 니켈 카드뮴(Ni-Cd) 배터리에는 흰색의 작은 펠렛 모양 고체인 수산화칼륨(Potassium Hydroxide, KOH)[11]을 물에 해리시킨 액체전해질[64]이 사용됩니다. [12]

그렇지만 산이나 염기로 만든 액체전해질은 **부식성**이 강하기 때문에[13] 납 축전지나 니켈 카드뮴 배터리와 달리 리튬이온배터리에는 사용되지 않습니다. 특히 산은 리튬이온배터리를 구성하는 핵심 재료인 양극재(리튬산화물)의 금속 성분을 녹일 수 있습니다. [14] 아예 처음부터 제외되죠.

리튬이온이 포함된 염기 중, 흰색 입자인, 수산화리튬(Lithium Hydroxide, LiOH)[65][15]이나, 회색 입자인, 수소화리튬(Lithium Hydride, LiH)[66][16] 같은 전해질을 물에 해리시킨 염기성 수용액도 안타깝지만 사용할 수 없습니다. 염기가 물에 녹아 발생하는 OH^- 이온은 양극재의 집전체로 사용되는 알루미늄을 부식시킵니다. [17] 그래서 염을 녹인 수용액도 액체전해질로 사용하기에 적합하지 않은 것이죠.

---

63) 산과 염기에 대한 간략한 설명은 23쪽 및 각주 14 참고.

64) 영어로 'Alkaline Electrolyte'이라 함.

65) LiOH는 물에 해리시키면 'LiOH → Li^+ + OH^-'의 반응이 일어나므로 염기임. 즉 OH^- 이온이 발생함.

66) LiH는 물에 해리시키면 'LiH → Li^+ + H^-', 'H^- + H_2O → H_2 + OH^-'의 두 반응이 순차적으로 일어나므로 염기임. 즉 OH^- 이온이 발생함.

정리하면 산, 염기, 염 3가지 전해질 모두 물이나 유기용매 등 적절한 용매에 해리시켜 다양한 배터리에 사용되고 있습니다. 다만 리튬이온배터리에 사용되는 액체전해질은 산, 염기, 염의 3가지 전해질 중 오직 '염(리튬염)'을 '유기용매'에 해리시켜 만든다는 점은 잘 기억해 두세요. 그런데 혹시 알고 있나요? 염을 물이나 유기용매에 해리시키지 않아도 양이온과 음이온으로 해리된 액체로 만들 수 있습니다. 어떻게 하면 될까요? 다음에서 알아봅시다.

녹은 염도 액체전해질일까?

염을 물에 녹여 해리시키지 않고 직접 가열하면 어떻게 될까요? 예를 들어 소금($NaCl$)을 녹는점 이상으로 가열하면 액체가 됩니다.[18] 실제로 충분히 많은 양의 소금을 모아 불꽃이 나오는 토치(Torch)로 가열하면 녹는점인 801[°C]에서 녹아 액체가 되죠.

액체가 된 소금 안에서 나트륨이온과 염소이온은 해리되어[67] 자유롭게 둥둥 떠 있으면서 외부에서 전극을 넣어 배터리에 연결하면 음극과 양극 방향으로 움직입니다. **녹은 염(Molten Salt)**도 액체전해질인 것입니다! 이처럼 염을 물과 같은 용매에 녹여 해리시키지 않아도 양이온과 음이온으로 해리된 액체로 만들 수 있습니다.

그렇다면 리튬이온배터리의 액체전해질 제조에 가장 많이 사용되는 육불화인산리튬염($LiPF_6$)도 가열하여 녹인 후 액체전해질로 사용할 수 있을

---

67) 용매 분자가 없으므로 솔베이션된 상태가 아닌 각각의 이온 상태로 따로따로 존재함.

까요? 물론 가열하여 녹이면 액체가 되므로 액체전해질로 사용할 수 있습니다. 단, 육불화인산리튬염의 녹는점은 200[℃]이므로 리튬이온배터리 내부 온도를 항상 200[℃] 이상으로 유지해야 합니다.

녹는점이 소금(NaCl)에 비해 훨씬 낮지만, 열원(Heat Source)을 설치해야 하는 등 기술적으로 고려해야 할 것들이 많아지고 비용도 증가합니다. 그리고 무엇보다 리튬이온배터리를 구성하는 다른 물질이 고온에 노출되고 이에 따라 열분해되는 경우도 발생하므로 이 방법은 적절하지 않습니다.

사실 가열하여 고온에서 녹인 염은 원자로의 냉매[19], 비철금속인 알루미늄의 열처리[20] 등 다양한 산업 분야에서 이미 사용되고 있습니다.[21] 그러나 이 책에서 관심을 두는 리튬이온배터리처럼 상온에서 작동하는 배터리의 액체전해질로 사용하기에는 적합하지 않죠.

그런데 낮은 온도 즉 상온에서 처음부터 녹아 있는 염이 있다면 어떨까요? 이러한 염이 이른바 **'상온이온성액체(RTIL, Room Temperature Ionic Liquid)**[68][22]'입니다. 그러나 높은 **점도**와 낮은 이온전도도 및 낮은 리튬이온 이동수(Transport Number)[69] 때문에 대량 생산되는 리튬이온배터리에는 아직 적용되지 못하고 있습니다. 연구가 진행 중인 물질이죠. RTIL 관련 상세 내용은 이 책 후반부의 보충 설명 8을 참고하세요.

여기서 알 수 있는 중요한 점은 리튬이온배터리 산업에서 중요하게 보는 액체전해질의 특성이 크게 3가지라는 것입니다. 첫째, 점도, 둘째, 이온전도도, 셋째, 리튬이온 이동수입니다. 이 3가지 특성에 대해서 간략히 알아보겠습니다.

---

68) 보통 녹는점이 100[℃] 이하의 염을 의미한다.
69) 측정된 이온전도도 중 리튬이온 이온전도도가 차지하는 비이다. 뒤에서 설명 예정.

점도의 의미를 알아보자

학교 운동장에서 즉 공기 중에서 하는 축구가 아니라 무더운 여름에 계곡이나 수영장, 혹은 바닷가에서 허리 높이 정도로 물이 차는 곳에서 공놀이하며 뛰어놀던 것을 떠올려 보세요. 허리까지 차오른 물에서 뛰려고 하면 저항력이 커서 빨리 움직이기가 쉽지 않죠. 이때는 물의 저항력 때문에 실력 발휘를 못 했다는 것이 어느 정도 변명이 될 수 있습니다. 그런데 알고 있었나요? 물의 저항력과 직접적으로 연관된 특성이 바로 점도(Viscosity)라는 사실입니다. 지금부터 이전 과학자들의 점도 관련 연구를 잠시 들여다볼까요?

과학자 푸아죄유의 점도 연구

프랑스의 과학자 푸아죄유(Jean Leonard Marie Poiseuill)[23]는 혈액이 각각의 다른 지름을 갖는 혈관을 따라 흐르는 현상을 연구하였는데 점도(Viscosity)라는 용어를 처음 사용하였습니다.[24] 푸아죄유는 다양한 지름의 유리관에 혈액을 넣고 동일한 힘으로 흘려보낼 때 흐르는 속도(u)가 각기 다르다는 것을 발견합니다. 그리고 실험 결과를 정리하여 점도(μ)[25]를 포함한 식(5)[26]를 제안합니다. 식(5)를 보면 다른 조건이 동일할 때 혈액이 유리관 안을 흐르는 속도는 혈액의 점도에 반비례($u \propto \mu^{-1}$)하는 것을 알 수 있습니다.[70][27] 즉 점도가 크면 저항이 커서 혈액이 잘 흐르지 못하는 것입니다.

---

70) 정상인과 비교하여 당뇨 환자의 혈액에 있는 포도당(글루코스, Glucose)의 농도는 높다. 포도당 농도가 높은 혈액은 점도가 크고 끈적하다. 점도가 큰 혈액은 혈관 안에서 흐를 때 저항이 크므로 당뇨는 고혈압 발생 원인 중 하나이다.

$$u = \left(\frac{\pi \times r^4}{8 \times \mu} \right) \times \left(-\frac{\Delta p}{\Delta x} \right) \quad \cdots (5)$$

u는 혈액의 속도 $[m \cdot s^{-1}]$

r은 혈관을 대신하여 사용한 유리관의 반지름 $[m]$

μ는 혈액의 점도 $[Pa \cdot s]$

$-\dfrac{\Delta p}{\Delta x}$는 유리관 길이 방향($x$)으로 혈액 압력 변화의 기울기

'－'는 혈액압력 변화가 감소된다는 의미임

혹시 빨대에 약간의 물을 넣고 불어서 움직여 본 적이 있나요? 빨대에 들어 있는 약간의 물을 불어서 움직이는 것은 힘이 조금 들지만 그래도 할 만합니다. 그러면 빨대에 약간의 꿀을 넣고 불어서 움직여 본 적도 있나요? 아마 약간의 꿀을 빨대에 넣고 불어서 움직이려면 얼굴이 새빨개지도록 힘차게 불어야 할 것 같습니다. 그래도 잘 움직이지 않죠. 왜 그럴까요? 꿀은 '분자 간 인력이 커' 점도가 크고(저항력이 크고), 물은 꿀보다 점도가 낮기(저항력이 작기) 때문입니다. 아래 그림을 참조하세요.

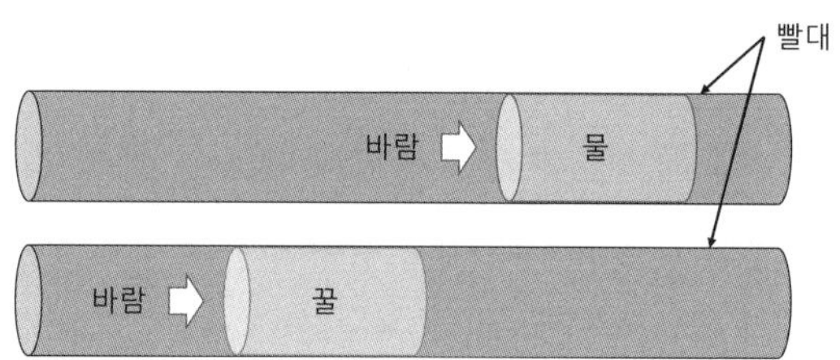

빨대 안에 동일 부피의 물과 꿀을 넣고 입으로 바람을 불어서 움직여 봅시다. 물보다 점도가 높은 꿀의 경우 빨대를 불어 '바람의 힘'으로 움직이기 매우 어렵습니다.

과학자 스토크스의 점도 연구

아이리시(Irish)의 과학자 스토크스(George Stokes)는 여러 종류의 유체를 같은 크기의 용기에 담은 후 일정한 반지름(r)을 갖는 구형의 물체를 떨어뜨리는 실험을 합니다. 아래 그림을 참조하세요.

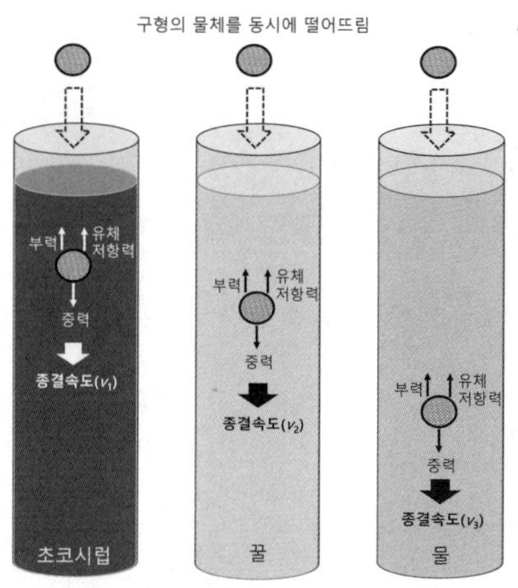

다양한 유체 속으로 구형의 물체를 떨어뜨리면 시간이 지나면서 속도가 일정해집니다. 이를 종결속도라 합니다. 종결속도는 유체의 점도를 비교하는 주요 지표인데 종결속도가 점도에 반비례하기 때문입니다. 종결속도가 크면($v_1 < v_2 < v_3$) 점도가 작습니다($\mu_1 > \mu_2 > \mu_3$). 초코시럽에 떨어진 구형의 물체가 가장 늦게 바닥에 닿습니다.

구형의 물체가 중력을 받아 아래로 떨어질 때 처음 속도가 가장 크고, 점차 속도가 감소하다가, 어느 순간 일정한 속도(v)에 도달하죠. 이를 **종결 속도(Terminal Velocity)**라 합니다. 과학자 스토크스는 '중력'과 '구형의 물체에 작용하는 부력과 구형의 물체가 받는 유체 저항력의 합'이 평형을 이루는 시점에 종결 속도에 도달한다는 것을 발견합니다.

이후 추가 실험을 통해 구형의 물체가 유체 안에서 중력을 받으면서 떨어질 때 느끼는 유체의 저항력을 최종적으로 아래의 식(6)과 같이 정리하여 제안합니다.[28] 식(6)은 스토크스 법칙(Stokes' Law)[71][29]으로 알려져 있는데 구형의 물체가 받는 유체 저항력(F_d)은 점도(μ), 구형 물체의 반지름(r), 움직이는 속도(v)에 비례하는 것을 알 수 있습니다.[30] 다른 조건이 동일하면 유체 저항력은 점도에 비례($F_d \propto \mu$)하는 것이죠.

$$F_d = 6 \times \pi \times \mu \times r \times v \quad \cdots (6)$$

F_d는 구형의 물체가 움직일 때 느끼는 유체의 저항력(*Drag*) [*N*]

π는 원주율 (약 3.14)

μ는 점도 (*Viscosity*) [*Pa · s*]

r은 구형 물체의 반지름 [*m*]

v는 구형 물체의 속도 [m · s^{-1}]

앞의 실험에서 독자 여러분이 떨어뜨리는 구가 된다고 상상해 보세요. 즉 다이빙할 때 느낌을 떠올려 보세요. 물속에서 움직이는 것이 쉽지만은 않죠? 마찬가지로 물분자로 솔베이션된 리튬이온이 물 안에서 움직일 때도 동일한 저항력을 받습니다. 이처럼 과학자 스토크스도, 독자적인 실험으로, 저항력과 점도의 관계를 제시한 것입니다.

---

71) 유체의 흐름을 연구한 두 명의 과학자 나비에(Claude-Louis Navier)와 스토크스가 제안한 편미분방정식 '나비에-스토크스 방정식(Navier-Stokes Equation)'의 해를 구해도 스토크스 법칙(식(6))이 얻어진다.

과학자 포아죄유와 스토크스가 점도 관련 각기 다른 지표(속도, 저항력)를 중심으로 수식을 제안하였지만, 각 식에서 점도의 의미는 동일하죠. 한편, 과학자 뉴턴(Issac Newton)도 점도에 관해 독자적으로 연구하였으며, 전단력(τ)과 점도(μ)가 포함된 수식을 제안하였습니다. 이 책의 후반부에 있는 보충 설명 9를 참고하세요.

숫자로 본 액체전해질의 점도

리튬이온배터리에 사용되는 액체전해질의 점도는 이를 생산하는 회사에서는 중요한 관리 포인트 중 하나입니다. 각 액체전해질 제품의 점도를 측정하여 기준값에 부합하는지 확인해야 하는 것이죠.

하나의 예로서 주요 유기용매 각각의 점도와 이들을 특정 비율로 혼합한 후 리튬염을 녹인 액체전해질의 점도를 살펴보겠습니다. 가장 많이 사용되는 용매인 에틸렌 카보네이트(EC, Ethylene carbonate), 에틸 메틸 카보네이트(EMC, Ethyl methyl carbonate), 디메틸 카보네이트(DMC, Dimethyl carbonate)의 점도를 보겠습니다. [31]

- 에틸렌 카보네이트(EC): $1.93 \times 10^{-3} [kg \cdot m^{-1} \cdot s^{-1}]$. [32]

- 에틸 메틸 카보네이트(EMC): $0.65 \times 10^{-3} [kg \cdot m^{-1} \cdot s^{-1}]$.

- 디메틸 카보네이트(DMC): $0.59 \times 10^{-3} [kg \cdot m^{-1} \cdot s^{-1}]$.

방금 본 3가지 용매를 'EC:EMC:DMC=25[vol%]:5[vol%]:70[vol%][72)(33)]'

---

72) 각 용매의 부피를 모두 더한 것을 100[vol%]로 보고 나머지 용매의 부피를 부피백분율로 나타낸 것.

의 비율로 혼합한 후 리튬염(LiPF$_6$)의 농도가 1.2[M]가 되도록 한 액체전해질의 상온에서의 점도 값은 아래와 같습니다.

- 액체전해질: $3.10 \times 10^{-3}[kg \cdot m^{-1} \cdot s^{-1}]$.

배터리과학자들은 제조된 액체전해질 안에서 EC 분자로 솔베이션된 리튬이온이 움직일 때 느끼는 저항력과 연관된 지표 중 하나로 점도를 참고하지만, 사실 이온전도도를 좀 더 자주 사용합니다. 이미 짐작했겠지만, **이온전도도(ε)와 점도(μ) 사이에는 반비례 관계($\varepsilon \propto \mu^{-1}$)가** 있습니다. 이 둘은 아주 밀접한 관련이 있는 것이죠. 그런데 액체전해질의 이온전도도는 어떻게 측정할까요?

액체전해질의 이온전도도를 측정해 보자

과학자 콜라우슈(Kohlrausch)는 미지의 저항을 구하는 휘트스톤 브리지(Wheatstone Bridge)[34] 회로에서 '미지의 저항' 자리에 '액체전해질에 들어간 전극'을 연결하여 액체전해질의 이온전도도를 처음으로 측정하였습니다. 이렇게 구성된 휘트스톤 브리지를 특별히 **콜라우슈 브리지(Kohlrausch Bridge)**라 부릅니다. 다음 그림을 참조하세요.

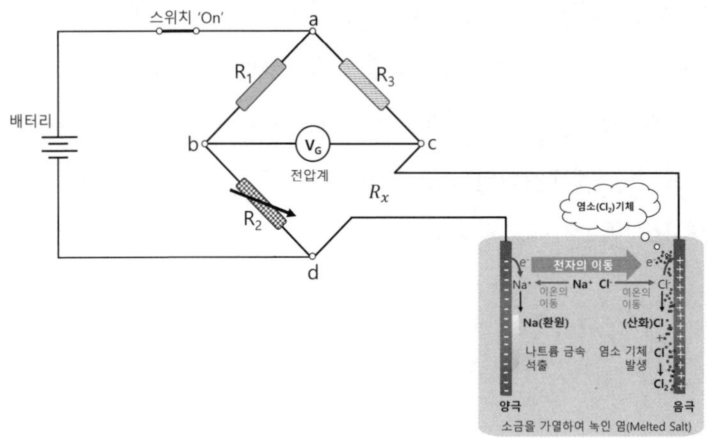

콜라우슈 브리지의 구성은 다음과 같습니다. 저항값이 고정된 저항 2개(R_1, R_3), 저항값을 변화시킬 수 있는 가변저항(R_2) 1개, 미지의 저항 1개(액체전해질, R_x), 회로의 b점과 c점에 연결된 전압계 1개, 배터리 1개, 스위치 1개.

콜라우슈 브리지의 스위치를 'On'하고, 가변저항(R_2)을 조절하여 전압계(V_G)의 값이 영(Zero, 0)이 되도록 하면 미지의 저항(R_x)을 아래의 식(7)과 같이 계산할 수 있습니다. 여기서 미지의 저항은 액체전해질이므로 '액체전해질 저항(R_x)'이 먼저 계산되죠. 그리고 녹은 염에서 전류가 흐르는 원리는 매우 중요한 사항이지만 내용이 길어 '보충 설명 10'에 상세하게 설명하였으니 꼭 읽어 보세요!

$$R_x = \frac{R_2 \times R_3}{R_1} \quad \cdots (7)$$

R_x는 액체전해질 저항[Ω]

R_1, R_3는 저항값이 고정된 저항 [Ω]

R_2는 저항값을 변화시킬 수 있는 가변저항 [Ω]

계산된 액체전해질 전기저항(R_x)의 역수를 취하면 액체전해질 컨덕턴스(G)가 되므로, 얻어진 액체전해질 컨덕턴스(G)와 액체전해질의 단면적(A) 및 길이(L)를 사용하여 이온전도도(ϵ)를 아래의 식(8)과 같이 계산할 수 있습니다. 액체전해질의 단면적(A)은 전극의 단면적을, 길이(L)는 전극 사이의 거리를 사용합니다.[35]

$$\epsilon = G \times \frac{L}{A} \quad \cdots (8)$$

ϵ은 액체전해질 이온전도도 $[\mathrm{S} \cdot m^{-1}]$

G는 액체전해질 컨덕턴스 $[S]$

A는 전극의 단면적 $[m^2]$

L은 전극 사이의 길이 $[m]$

과학자 콜라우슈의 노력으로 액체전해질 이온전도도를 쉽게 측정할 수 있게 된 것이죠. 그리고 '이온전도도'의 의미는 앞서 본 액화기체전해질이나 뒤에서 살펴볼 고체전해질을 포함한 모든 종류의 액체 및 고체전해질에서 그 의미가 동일합니다.[36]

리튬염의 농도를 고려한 액체전해질의 이온전도도

앞서 구한 액체전해질의 이온전도도 값 관련하여 고려해야 할 것이 한 가지 있습니다. 내부에 있는 전자의 농도가 변하지 않는 금속과 달리 액체전해질 안에 해리된 이온의 농도는 실험할 때 사용하는 염의 양에 따라 달라집니다. 따라서 상대 비교를 위해 염의 농도 1$[M]$을 기준으로 삼

죠.[73]

그래서 보통 측정된 이온전도도를 염의 몰농도로 나눈 값인 **몰당 이온
전도도(Molar Ionic Conductivity, Λ^o_m)**로 표현합니다.[37] 아래 식(9)를 참
조하세요. 다만 염의 농도를 처음부터 1[M]로 만드는 경우도 많은데 이런
경우 도체처럼 **'액체전해질 이온전도도(ε)(단위: [$S \cdot cm^{-1}$])'**를 그대로 사용
하기도 한다는 점을 주의하세요.[38]

$$\Lambda^o_m = \frac{\epsilon}{c} \quad \cdots (9)$$

Λ^o_m은 액체전해질 몰당 이온전도도 [$S \cdot m^2 \cdot mol^{-1}$]

ϵ은 액체전해질 이온전도도 [$S \cdot m^{-1}$]

c는 액체전해질 안에 해리된 이온의 몰 농도[$mol \cdot m^{-3}$]

각 이온의 이온전도도 합이 전체 이온전도도이다

과학자 콜라우슈는, 콜라우슈 브리지를 사용하여 측정한, 액체전해질
이온전도도는 양이온과 음이온 각각의 이온전도도를 합한 것과 같다는
중요한 발견도 합니다. 이를 표현한 것이 아래의 식(10)입니다.[39] 이 식
을 보면 측정된 이온전도도의 크기 중 각각의 이온이 차지하는 수준을 알
수 있습니다. 콜라우슈의 발견은 바로 뒤에서 볼 과학자 히토프(Hittorf)
의 **이동수(Transport Number)**의 계산과 깊이 연관됩니다.

---

73) 이온전도도는 표준상태(온도 25[℃], 압력 1[atm])에서 측정한다.

$$\Lambda_m^o = (\nu_+ \times \lambda_+^o) + (\nu_- \times \lambda_-^o) \quad \cdots (10)$$

Λ_m^o는 몰당 이온전도도 $[\,S \cdot m^2 \cdot mol^{-1}\,]$

ν_+는 전해질 화학식 내의 양이온 개수 (단위 없음)

λ_+^o는 양이온 몰당 이온전도도 $[\,S \cdot m^2 \cdot mol^{-1}\,]$

ν_-는 전해질 화학식 내의 음이온 개수 (단위 없음)

λ_-^o는 음이온 몰당 이온전도도 $[\,S \cdot m^2 \cdot mol^{-1}\,]$

금속에 흐르는 전하를 띤 입자는 전자 한 가지이므로 측정된 전도도 값은 당연히 100[%] 전자의 전도도입니다. 그런데 액체전해질 이온전도도는 양이온과 음이온의 이동으로 만들어지므로 어느 한 이온의 전도도라고 할 수 없습니다(보충 설명 10 참고). 즉 2개의 이온이 함께 노력한 결과라 볼 있고, 각기 다른 기여도가 있는 것입니다. 관련 내용을 바로 알아봅시다.

양이온과 음이온의 이동수

앞서 본 녹은 소금과 같은 액체전해질 안에 있는 양이온과 음이온은 전기장 안에서 움직이는 속도가 같을까요? 그리고 측정된 이온전도도에 대한 두 이온의 기여도는 1:1일까요? 이 문제는 특히 리튬이온배터리의 액체전해질과 관련하여 중요한 문제인데 이를 알려 주는 인자가 바로 이동수(Transport Number)입니다.

실제 액체전해질 안에서 양이온과 음이온 2개가 움직일 때 '빠른 것'이 있고 '느린 것'이 있다는 것을 처음 발견한 과학자는 히토프(Johann

Wilhelm Hittorf)였습니다.[40] 히토프는 여기에서 한발 더 나아가 측정된 이온전도도 중 각 이온이 얼마나 기여하는지를 알 수 있도록 간략한 수식을 처음 제안하였는데 이것이 바로 이동수(Transport Number)입니다.[41] 아래 식(11)은 양이온 이동수(t^+)를 계산하는 식입니다. 식(11)을 보면 앞서 본 과학자 콜라우슈가 제안한 식(10)을 활용한 것을 알 수 있습니다.

$$t^+ = \frac{(\nu_+ \times \lambda^o_+)}{(\nu_+ \times \lambda^o_+) + (\nu_- \times \lambda^o_-)} = \frac{v_1}{v_1 + v_2} \quad \cdots (11)$$

t^+는 양이온 이동수 (단위 없음)

ν_+는 전해질 화학식 내의 양이온 개수 (단위 없음)

λ^o_+는 양이온 이온전도도 [$S \cdot m^2 \cdot mol^1$]

ν_-는 전해질 화학식 내의 음이온 개수 (단위 없음)

λ^o_-음이온 이온전도도 [$S \cdot m^2 \cdot mol^1$]

v_1은 양이온 이동속도 [$m \cdot s^1$]

v_2는 음이온 이동속도 [$m \cdot s^1$]

음이온 이동수(t^-)도 동일한 방식으로 계산할 수 있습니다. 다만 액체전해질 안에 있는 두 이온의 이동수를 더하면 일(1, One)이므로 음이온 이동수는 굳이 계산하지 않습니다.[74] 아래 식(12)를 참조하세요.

$$t^+ + t^- = 1 \quad \cdots (12)$$

---

74) 3가지 이상의 이온이 있는 경우도 각각의 이동수를 모두 더하면 일(1, One)이 된다.

t^+는 양이온 이동수 (단위 없음)

t^-는 음이온 이동수 (단위 없음)

그런데 액체전해질 안에 이온이, 두 개 이상, 여러 개인 경우도 종종 있습니다. 이런 경우 각 이온의 이동수를 알면 측정된 이온전도도 값 중 관심 있는 이온의 기여도가 얼마나 되는지 알 수 있습니다. 그러면 이동수가 리튬이온배터리의 액체전해질 연구에서 왜 중요한지 살펴볼까요?

리튬이온배터리에는 리튬이온만 필요하다!

리튬이온배터리의 경우 유기용매에 리튬염을 해리시켜 액체전해질을 만듭니다. 이에 따라 보통 리튬이온(Li^+)과 육불화인산이온(PF_6^-) 2종류의 이온이 만들어지죠. 그럼, 이 2종류의 이온 관련 각각의 이동수가 어떻게 되면 가장 이상적일까요? 각각 0.5[75]이면 좋을까요? 그렇지 않습니다. 왜 그럴까요?

주목해야 할 점은 리튬이온배터리의 경우 양이온인 리튬이온 하나만 산화, 환원 반응에 참여합니다. 실제 리튬이온배터리의 충전이 일어나는 동안 리튬이온의 움직임은 99쪽 그림을 참조하세요. 그래서 양이온인 리튬이온의 이동수가 1.0 즉 측정된 이온전도도에 대한 기여도가 백분율로 100[%]에 가까울수록 리튬이온배터리의 성능에 더욱 큰 도움을 주는 액체전해질이라고 할 수 있는 것입니다.

---

75) 이동수가 0.5이면 측정된 이온전도도의 50[%]를 기여한다는 뜻이다.

사실 리튬이온배터리의 작동원리를 보면 액체전해질 안에 리튬이온 하나만 있으면 가장 좋은 상태이지만 액체전해질은 리튬이온과 음이온이 이온결합으로 만들어진 리튬염을 해리시켜 만들어지기 때문에 사용하는 리튬염의 종류에 따라, 음이온이 달라지기는 하지만, 음이온도 반드시 포함됩니다. 따라서 할 수만 있다면 음이온은 잘 움직이지 못하게 해서 음이온의 이동수를 낮추는 것이 좋습니다.

리튬이온 이동수 vs. 육불화인산이온 이동수

실제 리튬이온과 육불화인산이온 중 어떤 이온의 이동수가 더 클까요? 두 이온이 동일 액체전해질 안에 있으므로 각 이온의 이온전도도는 솔베이션된 리튬이온의 앞면적(대략 스토크스 반지름의 제곱)에 반비례한다는 것을 이용해 봅시다. 54쪽 그림을 참고하세요.

유기용매인 EC에 솔베이션된 리튬이온의 스토크스 반지름은 $2.3×10^{-10}[m]$[42]이고, EC에 솔베이션된 육불화인산이온의 스토크스 반지름은 $1.5×10^{9}[m]$[43]입니다. 솔베이션된 육불화인산이온의 스토크스 반지름이 솔베이션된 리튬이온의 스토크스 반지름 대비 약 6.5배 정도 크죠. 따라서 리튬이온 이동수가 당연히 육불화인산이온 이동수 대비 크리라 예상됩니다.[76]

그런데 실제 배터리과학자들의 실험과 시뮬레이션[44]에 따르면 액체전해질[77] 안에서 리튬이온 이동수는 대략 0.2~0.4 범위로 나타납니다. 즉 0.5를 넘지 못할 뿐 아니라 대부분 육불화인산이온 이동수보다 훨씬 작게

---

76) 유체(공기 혹은 액체) 안에서 물체가 이동할 때 받는 저항력은 앞면적에 비례함. 47쪽 식(3) 참고.

77) 예를 들어 유기용매(EC:EMC=30[vol%]:70[vol%])에 염($LiPF_6$)을 1[M] 농도로 녹인 액체전해질.

나옵니다. 예상과 달리 왜 이런 결과가 나왔을까요?

그 이유는 육불화인산이온과 유기용매인 EC 분자와의 상호작용이 상대적으로 약하기 때문입니다. 즉 솔베이션 자체가 잘 일어나지 않는 경우(그냥 육불화인산이온으로 존재)도 많습니다. 그렇다 보니 육불화인산이온의 스토크스 반지름이 리튬이온보다 평균적으로 더 작아지는 효과가 나타납니다. 최종적으로는 측정된 이온전도도에 더 큰 영향을 미치는 것입니다. 아래 그림을 참조하세요.

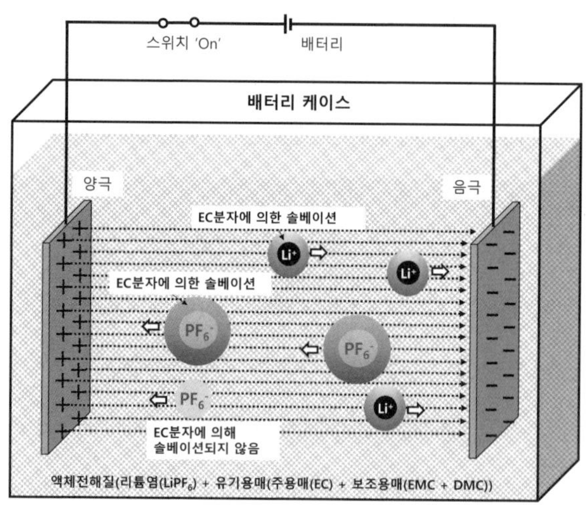

솔베이션된 육불화인산이온의 스토크스 반지름은 솔베이션된 리튬이온의 스토크스 반지름보다 더 크지만, 육불화인산이온과 EC와의 상대적으로 약한 상호작용으로 인하여 솔베이션 자체가 잘 일어나지 않는 경우(그냥 육불화인산이온으로 존재)도 있습니다. 이런 경우 솔베이션된 리튬이온보다 실질적으로는 작아서 더 빠르게 움직입니다.

한편, 배터리과학자들은 양이온인 리튬이온의 이동수를 높이기 위해

리튬염과 유기용매의 종류, 첨가제[78], 분리막 등 다양한 인자를 고려한 연구[45]를 하고 있지만 이미 살펴본 바와 같이 아직 리튬이온의 이동수가 일(One, 1)에 가까운 액체전해질을 만들지는 못하고 있습니다.

하지만 뒤에서 살펴볼 고체전해질에서는 가능합니다. 세라믹전해질(산화물계 혹은 황화물계)의 경우 움직이는 이온은 리튬이온 한 종류이기 때문이죠. 측정되는 이온전도도는 모두 리튬이온이 100[%] 기여한 것으로 '세라믹전해질의 장점'으로 볼 수 있습니다.

액체전해질 안에서 움직이는 이온을 관찰하자

여기서는 리튬이온 하나에 집중하여 리튬이온이 충전 과정 중 통과하여 움직이는 환경(물질)에 대해 전체적으로 간략히 들여다보겠습니다.[79] 그리고 리튬이온배터리에 사용되기 위한 가장 기본적인 특성인 '액체전해질 안에서 이온의 움직임' 관련해 어떤 힘이 작용하는지도 살펴봅시다.

리튬이온이 이동할 때 통과하는 다양한 환경

리튬이온배터리의 충전이 진행되는 동안 리튬이온이 통과하여 지나가는 환경(물질)을 순서대로 정리하면 아래와 같습니다. 다음 그림도 참조하세요. 다만, 분리막(다공성 고분자 막)은 고체이지만 기공(Pore)이 크고 연결되어 있으므로 액체전해질, 즉 고체가 아닌 액체를 지나가는 것으로 가정하여 생략하였습니다.

---

78) 기본적인 유기용매, 리튬염 외에 소량 첨가되는 유기물질 혹은 염 등을 일컫는 용어이다.
79) 방전 과정에서 리튬이온이 통과하여 움직이는 환경(물질)은 충전 과정의 반대로 생각하면 됨.

① 리튬 코발트 산화물 → ② **액체전해질** → ③ **흑연의 보호막(SEI)** →
④ 흑연

리튬이온이 지나는 환경(물질)의 성상을 중심으로 정리하면 다음과 같습니다. [80](46)

① 고체 → ② **액체** → ③ **고체** → ④ 고체

그런데 여러분은 알고 있었나요? 조금 놀랍게도 리튬이온이 리튬이온배터리 안에서 이동할 때 주로 고체를 통과하여 이동하는데, 무려 3가지입니다! 즉 리튬 코발트 산화물($LiCoO_2$), 흑연의 보호막(SEI, Solid Electrolyte Interphase), 흑연(C_6)이죠. 이중 흑연의 보호막은 고분자와 세라믹의 2층 구조[81](47)이면서 많은 경계면과 기공(Pore)을 갖는 아주 얇은 물질입니다. 리튬이온은, 다른 2개 고체의 내부를 지날 때와 마찬가지로, 흑연의 보호막을 지날 때 위치에 따른 리튬이온 농도 구배(Concentration Gradient)에 의해 밀리는 힘[82]으로 '**확산(Diffusion)**'하면서 지나죠. [(48)] 그렇다면 이 책에서 주로 보고 있는 액체전해질 안에서 리튬이온을 움직이는 힘은 무엇일까요?

---

80) 리튬 코발트 산화물과 흑연은 세라믹으로 분류된다.

81) 흑연의 보호막은 나노미터 크기의 여러 작은 세라믹(예, Li_2CO_3, LiF)이 흑연 표면에 먼저 쌓이고, 이후 고분자(예, Li_2EDC (Dilithium Ethylene Dicarbonate))가 쌓여 2층 구조로 만들어짐. 고분자층에는 기공이 존재하여 세라믹층에 비해 밀도가 낮음.

82) 리튬이온은 이온 간 충돌이 잦은 농도가 높은 위치(지역)에서 낮은 위치(지역)로 밀려 움직임.

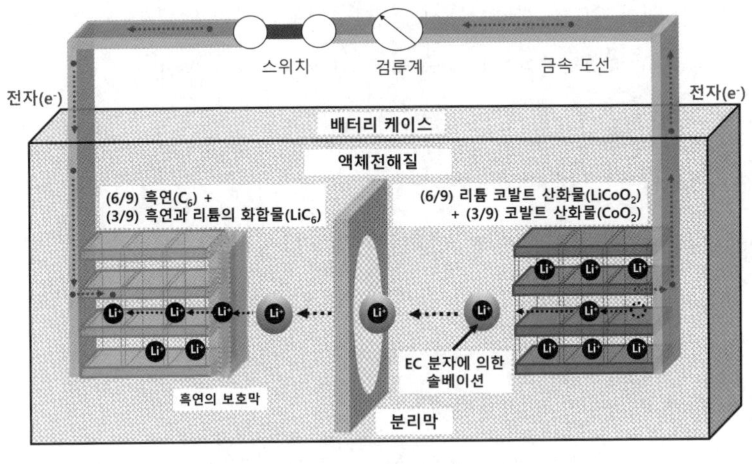

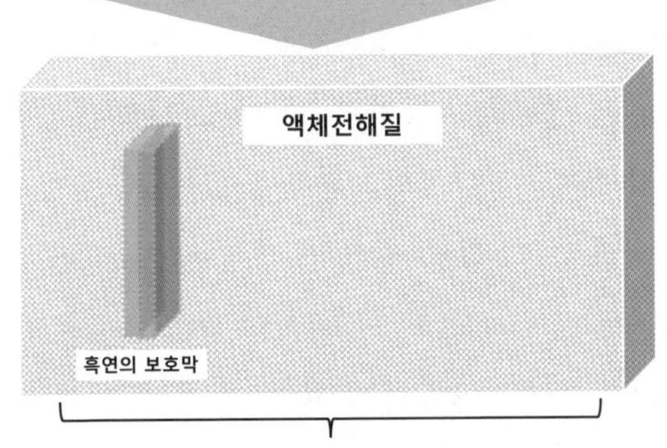

**액체전해질과 함께
흑연의 보호막도 쌍으로 고려하는 것이 중요함**

리튬이온배터리의 충전 과정에서 전자와 리튬이온 하나의 움직임을 나타냈습니다. 충전 중 특히 리튬이온은 3가지 고체(리튬 코발트 산화물, 흑연의 보호막, 흑연)와 1가지 액체(액체전해질)의 내부를 지닙니다.

리튬이온을 움직이는 힘인 전기장

리튬이온배터리 안에 있는 '유일한 액체'인 액체전해질 안에서 리튬이온이 움직이려면 무엇이 필요할까요? 네, 그렇습니다. 힘이 필요하죠. 액체전해질 안에 있는 이온이 특정 방향으로 움직이기 위해서는 그 방향으로 알짜힘이 있어야 합니다. 알짜힘이 영(Zero, 0)이면 가만히 있는 물체는 계속 가만히 있고 등속 운동하는 물체는 계속 등속 운동한다는 뉴턴의 제1 운동법칙[83][49]이 적용되는 것이죠.

평상시 액체전해질 안에서 '솔베이션된 리튬이온'은 보통 방향성 없는 브라운 운동을 합니다. 그러다 액체전해질 안에 있던 전극과 배터리에 연결된 스위치를 'On'하면 '솔베이션된 이온'이 전극 사이에서 움직이기 시작하죠. 다음 그림을 참조하세요.

전극 사이에 있던 '솔베이션된 이온'은 전하의 종류(+, -)에 따라 양극 혹은 음극 방향으로, '전기장(Electric Field)으로부터 힘을 받아' 각기 다른 저항력($F_{d,1} < F_{d,2}$)[84]으로 인해 각기 다른 속도($v_1 > v_2$)로 움직이죠. 전기장 뜻 관련 상세 설명은 이 책의 후반부에 있는 보충 설명 11을 참고하세요. 만일 전극으로부터 동일 거리만큼 떨어져 있고(다음 그림의 중앙선 기준), 동일 크기의 전하를 띠는 이온이면 받는 힘(F)은 같습니다. 다만 전하의 종류에 따라 힘의 방향만 다르죠.

---

83) 뉴턴의 제1 운동법칙은 관성의 법칙으로도 알려져 있다.
84) 저항력(F_d) 관련 86쪽 식(6) 참고.

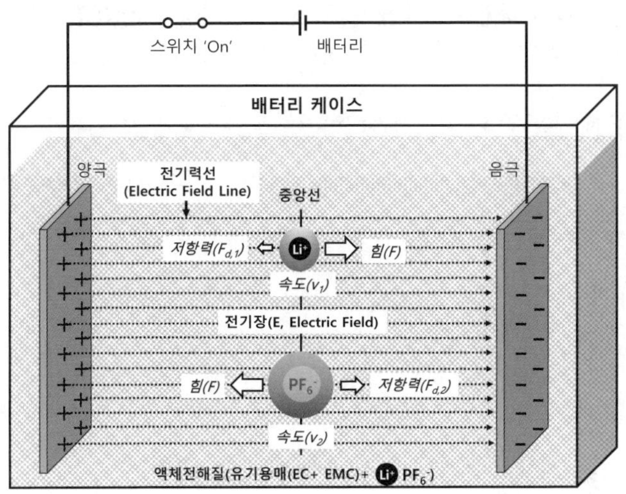

전극 중앙의 기준선에 있는 유기용매 분자에 솔베이션 된 양이온(Li^+)과 음이온(PF_6^-)은 전기장(Electric Field) 안에서 동일한 힘(F)을 받아 반대 전하를 띤 전극 방향으로 각기 다른 속도[85]로 이동합니다. 그림에 나타낸 전기력선(Electric Field Line)은 전기장의 크기와 방향을 시각화하기 위한 가상의 선입니다.[86][50]

그러면 액체전해질 안에 있는 리튬이온이 전기장에 의한 힘을 받아 움직이는 것을 이해하는 것은 왜 중요할까요? 리튬이온배터리의 충전이나 방전이 일어나는 동안 배터리의 양극과 음극 사이에서도 전기장이 발생하기 때문입니다. 전기장은 액체전해질 안에 있는 리튬이온을 움직이게 하는 가장 기본적인 힘이죠.[87] 한편, 전기장 외에 액체전해질 안에 있는 이온이 받을 수 있는 다양한 힘 관련해서는 보충 설명 12를 참고하세요.

---

85) 솔베이션된 이온의 앞면적에 연관되는 스토크스 반지름을 기준으로 본다(속도∝앞면적⁻¹). 육불화인산이온은 솔베이션이 된 것으로 가정.

86) 전기력선의 방향은 양극에서 나와 음극으로 들어가는 방향이고, 전기력선이 조밀하면 전기장의 세기가 크다.

87) 액체전해질 안에서 리튬이온의 농도는 일정한 것으로 보아 확산은 고려하지 않음.

리튬이온배터리 안에 숨어 있는 고체전해질이 있다

여기서 질문을 하나 해 보겠습니다. 99쪽 그림에서 본 리튬이온이 통과하여 지나는 3가지 고체 물질 중 고체전해질이 있을까요? 그렇습니다. 바로 흑연의 표면에 만들어지는 매우 얇은 막(물질)인 흑연의 보호막(SEI)이 고체전해질입니다. 리튬 코발트 산화물과 흑연의 경우 리튬이온이 통과하여 이동할 뿐만 아니라 전자도 잘 흐릅니다. 전자가 흐른다면 고체전해질이 될 수 없죠. 반면 흑연의 보호막은 그 안으로 리튬이온은 통과하여 이동할 수 있지만, 전자는 흐를 수 없어 고체전해질인 것입니다.

액체전해질이 사용되는 리튬이온배터리 안에 고체전해질이 숨어 있다는 것이 조금은 흥미로운 사실이죠? 그런데 고체전해질인 흑연의 보호막은 액체전해질을 구성하는 유기용매가 최초 충전하는 동안 흑연에 도달한 전자가 유기용매 분자로 이동하면서 환원 분해되어 만들어지는 매우 얇은 막입니다. [51]

즉 처음부터 넣어 준 고체전해질이 아닌 액체전해질을 구성하는 유기용매의 환원 분해로 만들어지므로 '액체전해질과 흑연의 보호막'은 하나의 쌍으로서 생각하는 것이 좋습니다. 99쪽 그림을 참조하세요. 왜냐하면 액체전해질에 사용된 유기용매의 성분과 구조가 흑연의 보호막 성분과 구조에 영향을 미치기 때문입니다. 흑연의 보호막 구조와 성분은 결국 이를 통과해야 하는 리튬이온과의 상호작용 수준('흑연의 보호막 이온전도도')에 영향을 미칩니다.

액체전해질과 대체 물질 사이의 비교 기준

지금까지 **골디락스 수프**처럼 분자 사이에 적당한 인력으로 상호작용을 하면서 염을 녹일 수 있는 용매로 만들어진 액체전해질에 관해 살펴보았습니다. 그런데 현재 액체전해질을 대체하고자 하는 물질로써 가장 활발히 연구가 되는 고체전해질과 앞서 살펴본 액화기체전해질 등 대체 물질을 액체전해질과 비교할 때 기준이 있어야 하겠죠? 여기서는 그 기준에 대해 간략히 살펴보겠습니다.

이온전도도와 리튬이온 이동수

가장 기본이 되는 기준은 액체전해질을 대체할 물질 자체의 이온전도도입니다. 앞서 본 것처럼 리튬이온배터리를 충전하는 동안 리튬이온이 통과하여 움직이는 다양한 물질을 하나의 구간으로 본다면 바로 **'액체전해질 구간의 이온전도도'**이죠. 물질 자체의 이온전도도 측정 관련 이미 수립된 표준 방법이 있어 리튬이온배터리에 적용되기 전에 상대 비교가 가능하다는 장점이 있습니다.

이 책에서는 **액체전해질 이온전도도의 기준**으로 일반적인 값인 $1 \times 10^{-2}[S \cdot cm^{-1}]$(상온에서 측정함)으로 보고 있습니다. 특히 '리튬이온' 이온전도도라 하지 않고 그냥 이온전도도라 하고 있는 것을 볼 수 있을 것에요. 왜냐하면 액체전해질이나 고체전해질에 우리가 원하는 리튬이온만 있는 것은 아니기 때문이죠. 그래서 앞서 본 이동수 개념이 필요한 것이에요. 즉 보조적인 기준으로 리튬이온 이동수의 일반적인 값인 0.2~0.4(상온에서 측정함)를 다양한 후보 물질과 비교해 보면 더욱 세밀하게 '리튬이온'의 이온전도도를 비교할 수 있어 좋습니다.

흑연의 보호막도 중요하다

그런데 배터리과학자들은 여러 종류의 액체전해질을 상대 비교할 때 어느 특정 액체전해질의 이온전도도가 매우 우수해도 실제 리튬이온배터리에 적용되었을 때 리튬이온배터리의 성능(예, 출력특성)도 이에 비례하여 향상되는 것은 아니라는 것을 연구 경험을 통하여 알고 있습니다.

왜 그럴까요? 이는 흑연의 표면에 형성되는 흑연의 보호막 때문입니다. 흑연의 보호막은 얇은 고체 막이어서 이동 거리 자체는 매우 짧지만, 이온전도도는 액체전해질 구간 대비 상당히 작습니다.[52] 액체전해질 대비 통과하기가 더욱 어려운 것입니다. 그래서 흑연의 보호막은 특히 새로운 액체전해질의 적용을 위한 매우 중요한 변수가 됩니다. 이 구간도 리튬이온이 통과하기 쉬워야 비로소 전제적인 성능에 도움을 주게 됩니다.

다만 흑연의 보호막 두께, 내부 구조, 성분 등은 각 리튬이온배터리회사가 선택한 액체전해질의 상세 성분과 비율 및 최초 충전 과정(화성공정) 프로토콜에 의존하므로 상대 비교를 위한 표준화가 어려워 비교 기준으로 삼기가 쉽지는 않습니다. 즉 흑연의 표면에 만들어지는 흑연의 보호막 특성은 각기 다른 성분을 갖는 액체전해질의 수만큼 달라집니다.

그리고 흑연의 보호막 저항값은 직류를 사용하는 앞서 본 간략한 콜라우슈 브리지 방법이 아닌, 교류의 주파수를 바꿔가면서(예, 1[kHz]~1[Hz]) 리튬이온배터리의 임피던스(Impedance)를 측정하여 그래프[88][53]로 나타낸 후 R-L-C(저항-인덕터-커패시터)로 구성된 전기회로 모델을 적용하여 찾아냅니다. 조금 복잡하죠? 이 방법을 EIS(임피던스 전기화학 분광법, Electrochemical Impedance Spectroscopy)라 합니다.[89] 연구자들의 보고에 따르면 EIS로 얻어진 흑연의 보호막 이온전도도는 대략 $10^{-6} \sim 10^{-4}[S \cdot cm^{-1}]$[54] 범위이죠.

실증 테스트의 중요성

조금 전 살펴본 이유로, 액체전해질의 대체 물질인, 성상이다른 고체전해질이나 액화기체전해질의 경우 리튬이온배터리에 넣어 조립을 완료한 후, 화성공정을 거쳐 충전, 방전 테스트까지 해 보아야만 최종적으로 성능에 긍정적인 효과가 있는지 알 수 있겠죠? 이를 **실증 테스트**라 합니다. 실증 테스트 과정이 '반드시' 필요한 액체전해질 및 대체 물질의 연구 과정이 그리 간단치만은 않습니다. 그래서 이 책에서는 기본 중의 기본이고 상대 비교가 가능한 액체전해질 구간의 이온전도도, 즉 물질 자체의 이온전도도를 중심으로 이야기하고 있는 것입니다. 그렇지만 흑연의 보호막 및 이와 연관된 실증 테스트의 중요성은 잘 기억해 두세요.

---

88) 이 그래프는 보통 'Nyquist Plot'이라 한다.

89) 임피던스 전기화학 분광법의 상세 내용은 이 책의 범위를 벗어난다. 관련 서적 참고.

 **고체 안에서 물체의 운동은 가능할까?**

고체는 앞서 본 진공, 기체, 액체와는 또 다른 상태입니다. 특히 밀도를 기준으로 보면 진공과 대척점[90](1)에 있는 상태이죠. 무엇보다 리튬이온이 그 내부에서 움직여야 하는 '새로운 환경'입니다. 어떤 물체가 고체 안에서 움직일 수 있는지 알기 위해 고체를 분류해 보기도 하고, 고체의 전반적인 특징도 생각해 보는 등 고체와 친해지고자 노력하는 것이 중요하겠죠? 그런데 고체와 친숙해진다는 것이 언뜻 생각해 보아도 색깔이나, 모양 등이 상당히 다양하여 쉽지 않아 보입니다. 예를 들어 주기율표에 있는 순수한 원소 중 표준조건(Standard Condition: 온도 25[℃], 압력 1[atm])(2)에서 고체상태로 있는 원소의 수만 보아도 118개 중 무려 105개입니다.(3) 이 책 후반부의 보충 설명 13을 참고하세요. 여기에다가 순수한 고체 외에 다른 원소와 화합물이 되는 경우까지 고려하면 그 수는 상당히 늘어나죠. 당연히 '수없이 많은 고체 하나하나를 고체전해질이 될 수 있는지 다 조사해야 하나?'하는 걱정이 들 수 있습니다. 그래서 미리 고체 안에서 물체의 운동이 가능한지에 대한 결론부터 말씀드릴게요. 눈에 보이는 큰 물체는 고체의 내부를 이동하기가 어렵지만, 리튬이온처럼 매우 작은 물질은 이동할 수 있습니다.

---

90) 지구과학에서 사용되는 용어로써 지표면의 한 지점에서 지구 중심을 관통하는 직선을 그었을 때 반대 지표면에 닿는 지점을 이르는 용어이다. 여기서는 그 특징이 완전히 반대라는 의미로 사용됨.

재료과학자들은 **고체재료(Solid Material)**[91]를 구성하는 성분(원소의 종류)과 함께 구성성분이 조밀하게 모이도록 하는 여러 가지 인력, 즉 고체를 이루게 하는 힘의 종류를 고려하여 크게 세 가지로 분류합니다.[4] 바로 ① **고분자(Polymer)**[92][5], ② **세라믹(Ceramic)**, ③ **금속(Metal)**입니다. 세 가지 고체재료의 대표적인 구성성분, 고체를 이루게 하는 힘의 종류, 겉보기 특징, 제품 예시, 내부에서 이온이 움직일 수 있는 '고체전해질이 될 가능성' 관련 내용을 다음 그림에 정리하였습니다.

고체재료를 구성하는 원자나 분자 사이에 총 5개의 힘, 즉 3개의 **화학결합(공유결합, 이온결합, 금속결합)**과 2개의 반데르발스 힘(런던 분산력, 수소결합), 중 어떤 것이 작용하여(어떤 조합으로 작용하여) 해당 고체가 되는지를 아는 것은 그 내부를 움직여야 하는 리튬이온의 입장에서는 매우 중요합니다. 왜냐하면 어떤 조합으로 되어 있느냐가 리튬이온이 움직일 때 환경으로부터 받는 저항과 직접적으로 관련되기 때문입니다.

그러면 고분자부터 시작하여 세 가지 고체재료 안에서 원자나 분자 사이에 작용하는 힘의 종류는 무엇인지, 또한 그로 인한 내부 구조는 어떻게 만들어지는지 살펴봅시다.

---

91) 이 책에서는 고체상태일 뿐 아니라 제품을 만드는 재료라는 의미에서 '고체재료'라 불렀다.
92) '분자가 매우 크고 무겁다.'라는 뜻이다. 영어로 'Giant Molecule'이라 한다.

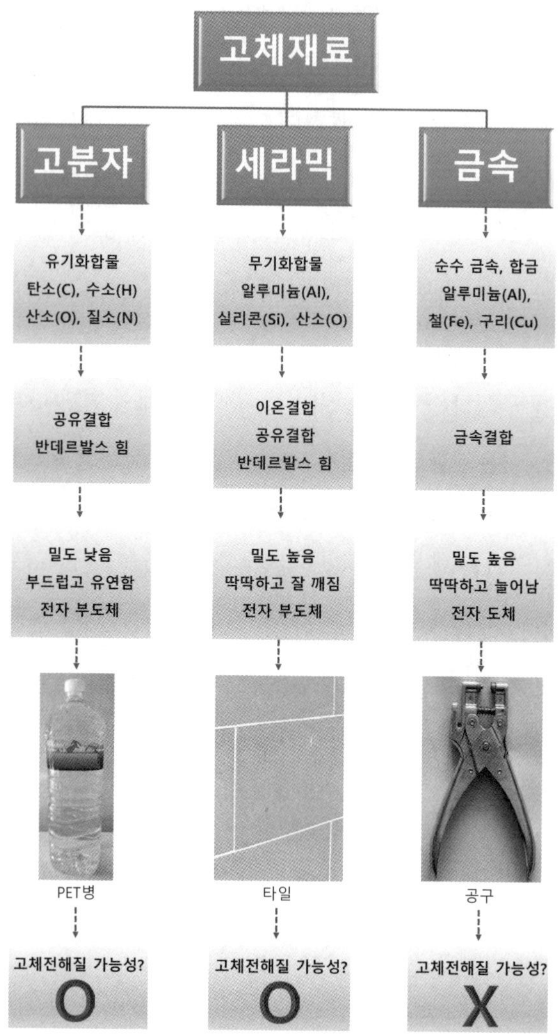

고체재료는 고분자[6], 세라믹, 금속 3가지로 분류됩니다. 각 고체재료의 구성성분 예시, 고체를 이루게 하는 힘, 대표적인 겉보기 특징, 제품 예시, 고체전해질이 될 가능성을 정리하였습니다.

고분자는 어떻게 고체가 될까?

고분자(Polymer)는 '우량 분자(Super Molecule)'라는 별명처럼 분자량 [93][7]이 상당히 큽니다. 이는 고분자의 생김새를 보면 이해할 수 있는데, 마치 사람의 등뼈처럼 탄소가 연속적으로 길게 **공유결합**으로 붙어 있고, 각 탄소에는 가지를 뻗듯이 수소나 산소와 같은 원소가 역시 공유결합으로 붙어 있습니다. 이를 고분자 체인(Polymer Chain)이라 합니다.

고분자 체인을 자세히 보면 '반복되는 구간'이 보입니다. 이는 고분자가 만들어질 때 **모노머(Monomer)**[94]가 공유결합으로 반복하여 이어져 체인처럼 길어지기 때문입니다. 우리에게 친숙한 PET병을 만드는 PET(Polyethylene Terephthalate) 고분자 체인과 모노머를 살펴볼까요?[8] 다음 그림을 참조하세요. [9]

PET 모노머를 구성하는 원소는 탄소(C), 산소(O), 수소(H)의 3종류입니다. 각 원자 간 공유결합을 보면 탄소와 탄소 사이에 **무극성 단일결합**(C-C, 결합 에너지: $348[kJ \cdot mol^{-1}]$)과 **무극성 이중결합**(C=C, 결합 에너지: $614[kJ \cdot mol^{-1}]$)이 있습니다.[10] 그리고 탄소와 수소 사이에 무극성 단일결합(C-H, 결합 에너지: $413[kJ \cdot mol^{-1}]$)이 있습니다.

그런데 탄소와 산소 사이에는 **극성 단일결합**(C-O, 결합 에너지: $358[kJ \cdot mol^{-1}]$)과 **극성 이중결합**(C=O, 결합 에너지: $745[kJ \cdot mol^{-1}]$)이 만

---

93) 탄소의 원자량을 12[amu]로 하고 각 원자의 상대적인 무게를 원자량이라 한다. 분자는 원자가 모여 이루어지므로 분자량이라 한다. 예를 들어 수소(H_2)의 분자량은 2[amu]이고, PET(Polyethylene terephthalate) 고분자의 평균 분자량은 20,000[amu]이다.

94) 폴리머(Polymer)는 모노머(Monomer)가 여러 개 붙은 것이므로 '여러 개'라는 뜻의 영어 접두사 'Poly'가 사용된다.

들어집니다. **전자친화도(Electronegativity)**가 큰 산소로 인해 부분전하(δ^+, δ^-)가 있는 극성 공유결합이 만들어지죠.[11] 아래 그림에서 원자 사이의 단일 혹은 이중 공유결합을 선('-' 혹은 '=')으로 표시하였습니다. [95][12] 단일결합은 전자 1쌍을 공유하고, 이중결합은 전자 2쌍을 공유합니다.

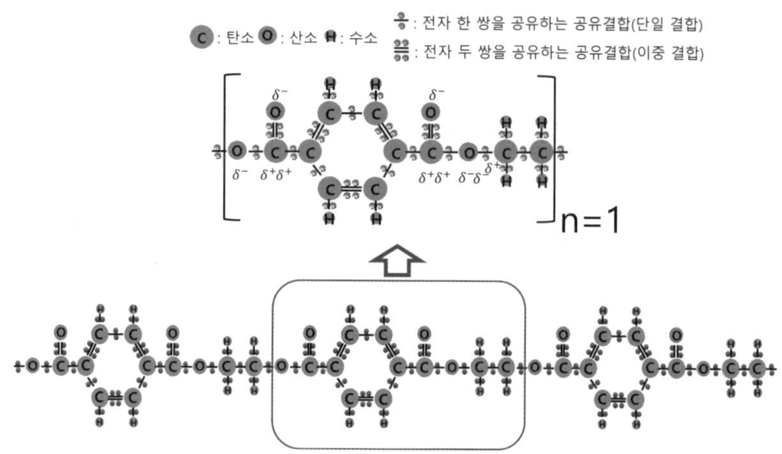

PET(Polyethylene Terephthalate) 모노머(n=1)와 폴리머 체인의 구조식.

  고분자는 체인에 연결되는 모노머 개수를 조절함으로써 분자량을 조절할 수 있습니다. 고분자 체인에는 적어도 10~100개 이상의 모노머가 연결되는데 5만 개~20만 개가 연결되는 경우도 많습니다.[13] PET의 경우 수십만 개 이상의 모노머가 연결되어 매우 긴 고분자 체인이 만들어지는데 실

---

95) 원소간 공유결합을 선과 점으로 나타내는 방법은 과학자 루이스(Lewis)가 제안하였으며 이를 루이스 구조식이라 함. 전자 한 쌍이 공유되면 '단일결합(기호: -)', 두 쌍이 공유되면 '이중결합(기호: =)'을 사용함. 최외각 전자는 각각의 원소 기호 주위에 점으로 표시하는데, 여기서는 생략함.

제 모양은 휘어지고 꼬이는 등 방향성이 없는 모양입니다.[14] 아래 그림을
참조하세요.

수십만 개 이상의 모노머가 연결된 긴 PET(Polyethylene Terephthalate) 폴리머 체인의 전체적인 모양.

 그런데 왜 매우 긴 각각의 PET 고분자 체인은 따로 떨어져 있지 않고 모여서 고체를 이룰까요? 우선 PET 모노머에는 극성지역(탄소와 산소의 공유결합 위치)이 있다는 것을 기억하세요. 그러면 PET 고분자 체인에는 많은 수의 모노머가 있으므로 극성지역도 당연히 많겠죠? 이처럼 하나의 고분자 체인에 있는 다수의 극성지역은 다른 PET 고분자 체인에 있는 다수의 극성지역을 끌어당기므로(**결합 에너지**: $5\sim25[kJ\cdot mol^{-1}]$)[96] 여러 고분자 체인 사이에 인력이 작용하여 가깝게 모여 부피를 가진 고체가 됩니다.

 결국 탄소, 수소, 산소 등이 공유결합으로 연결된 긴 고분자 체인들이

---

96) 극성지역 사이에 작용하는 인력을 '반데르발스 힘' 혹은 '쌍극자-쌍극자 상호작용'이라 한다.

반데르발스 힘으로 뭉치게 되어 고체가 되는 것이죠.[97][15] 공유결합과 반데르발스 힘의 조합입니다. 내부 구조를 보면 고분자 체인이 구부러져 일정한 패턴이 반복되는 **결정(Crystalline) 지역**도 있지만, 대부분 모양이 일정하지 않은 **비정질(Amorphous) 지역**으로 나타납니다.

PET 고분자를 보면 대략 25[%] 정도가 결정 지역으로 나타나고, 75[%] 정도가 비정질 지역으로 나타나죠.[16] 이러한 내용은 뒤에서 살펴볼 **고체고분자전해질(SPE, Solid Polymer Electrolyte)** 안에서 리튬이온 움직임 관련 매우 중요한 내용입니다. 뒤에서 자세히 알아볼 예정입니다만, 리튬이온은 이러한 환경 안에서 과연 어떻게 움직일까요? 아래 그림을 참조하세요.

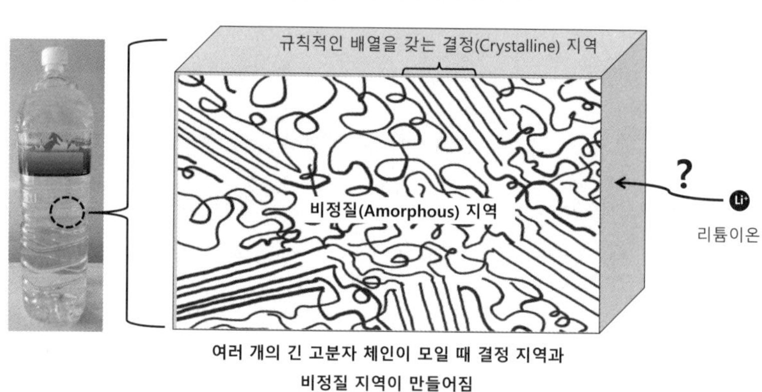

여러 개의 긴 고분자 체인이 모일 때 결정 지역과
비정질 지역이 만들어짐

리튬이온이 PET 고분자 안을 움직인다고 가정해 봅시다. 리튬이온은 많은 수의 고분자 체인이 반데르발스 힘에 의해 뭉치면서 만들어진 결정 지역과 비정질 지역으로 된 환경을 지나야 합니다. 과연 어떤 식으로 움직일까요?

---

97) PET병처럼 고분자 체인 사이의 반데르발스 힘으로 고체가 된 플라스틱은 열을 가하면 쉽게 유동성이 생기는데 이를 열가소성 플라스틱이라 한다.

세라믹은 어떻게 고체가 될까?

세라믹의 예는 아주 가까운 곳에서 찾을 수 있습니다. 바로 소금(NaCl)이죠. 소금은 양이온인 나트륨이온과 음이온인 염소가 **이온결합**(결합 에너지: $640[kJ \cdot mol^{-1}]$)을 하여 만들어집니다. 그런데 나트륨이온과 염소이온은 어떻게 이온결합을 하길래 3차원 공간을 채워 소금 덩어리가 될까요? 이를 알아보기 위해 많은 수의 나트륨이온과 염소이온이 만나게 해 봅시다.

기체인 염소(Cl_2)가 들어 있는 유리관에 토치(Torch)로 녹여 미리 준비한, 순수 금속인, 나트륨(Na)을 넣습니다. 그러면 많은 수의 나트륨원자와 염소원자가 만나 순식간에 각 나트륨원자에서 각 염소원자로 전자가 한 개 이동합니다. 양이온과 음이온이 된 나트륨이온(Na^+)과 염소이온(Cl^-)은 곧바로 이온결합을 하면서 소금 덩어리가 만들어집니다.[17]

다음 그림에는 나트륨이온(Na^+) 5개와 염소이온(Cl^-) 4개가 만나 이온결합에 의해 만들어진 소금(NaCl) 덩어리를 간략히 표현하였습니다.[98] 반대 전하를 띤 양이온과 음이온 사이에 작용하는 인력과, 같은 전하를 띤 이온 사이에 작용하는 척력이 균형을 이루는 지점에서 이온결합이 만들어집니다.

---

98) 물론 나트륨원자 5개와 염소원자 5개가 만나 각 나트륨원자에서 전자 한 개가 각 염소원자로 이동한다. 그림에서는 편의상 나트륨원자 5개와 염소원자 4개까지 그림으로 표시하였다.

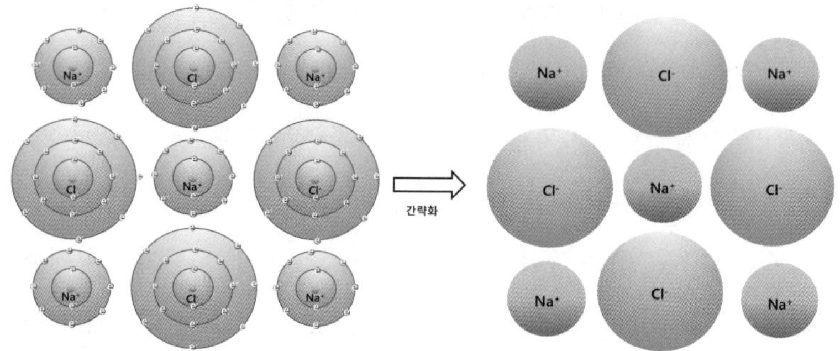

나트륨이온(Na⁺) 5개와 염소이온(Cl⁻) 4개가 만나 이온결합에 의해 소금(NaCl) 덩어리가 되는 과정입니다. 양이온과 음이온이 일정한 패턴을 이루며 자리를 잡습니다.

그럼 좀 더 큰 소금 덩어리의 내부를 한 번 관찰해 볼까요? 소금 내부에는 나트륨이온과 염소이온이 인력과 척력에 의해 일정한 위치에 자리를 잡고, 이것이 계속 반복되므로 일정한 패턴이 된다는 것을 알 수 있습니다. 다음 그림을 참조하세요.

만일 우리가 리튬이온 크기만큼 작아져 소금 내부로 들어가 나트륨이온과 염소이온이 자리 잡은 것을 둘러본다면 어떻게 보일까요? 조금 전 이야기한 것처럼 아마 어디를 보아도 모두 동일한 이온결합으로 가지런히 정렬된 양이온과 음이온이 보일 것이에요.[99] 즉 소금의 내부 구조는 **결정(Crystal)**입니다.[18] 그리고 어느 방향으로 보나 이온결합 한 가지만 작용하죠.

따라서 만일 리튬이온이 소금처럼 이온결합을 하는 세라믹 안에서 움직인다고 가정하면 강한 이온결합을 하는 주변 환경을 극복하고 움직여

---

99) 모든 이온이 균형을 이루고 각각의 자리에 있는 '이상적인 상태'이다.

야 할 것으로 예상됩니다. 과연 리튬이온은 어떻게 움직일까요? 관련해서
는 뒤에서 상세히 살펴볼 예정입니다.

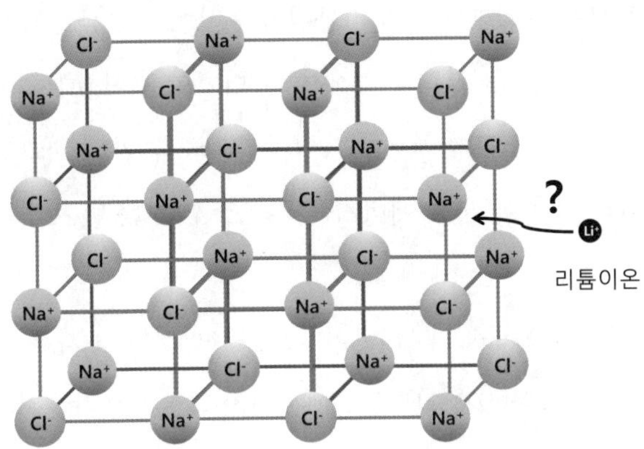

나트륨이온(Na^+)과 염소이온(Cl^-)으로 구성된 소금 안에서 리튬이온이 움직이는 것을
상상해 봅시다. 이온결합으로 만들어진 세라믹 내부에는 양이온과 음이온 사이에 작용
하는 인력과 척력이 '리튬이온이 움직이는 환경'을 만듭니다. 과연 리튬이온은 어떻게
움직일까요?

그런데 역시 세라믹으로 분류되는 흑연(Graphite)은 이온결합이 아닌
'공유결합과 반데르발스 힘 2가지 조합'으로 고체가 되는데 예외인 경우
죠. 즉 같은 세라믹으로 분류되더라도 고체가 되도록 하는 힘의 종류가
달라질 수 있으므로 주의해야 합니다. 이런 경우 리튬이온의 움직임도 그
에 따라 달라지죠(120쪽 그림 참고).

금속은 어떻게 고체가 될까?

금속 역시 일상생활에서 쉽게 볼 수 있습니다. 금속원자는 어떻게 모여 부피를 갖는 고체가 될까요? 9개 리튬원자가 모여 리튬금속이 되는 것을 살펴봅시다. 먼 거리에서부터 인력에 의해 다가와 모인 9개 리튬원자 사이의 거리가 더욱 감소하여 매우 가까워지면 각 리튬원자[100]의 2s 오비탈에 있던 최외각 전자 한 개가 '에너지준위가 조금 더 큰 빈 오비탈'로 쉽게 이동합니다.

이때 전자가 핵의 속박에서 벗어나므로 이 전자를 **자유전자(Free Electron)**[101]라 합니다. 9개 리튬원자에서 벗어난 9개의 자유전자가 만들어집니다. 그리고 이와 동시에 9개 리튬원자는 9개 리튬이온이 되죠. 아래 그림을 참조하세요.

그러면 '9개의 리튬이온과 주변에 있는 9개의 자유전자 사이의 인력'과 '9개 리튬이온 사이의 척력'이 균형을 이루면서 9개의 리튬이온은 일정하게 자리를 잡습니다. 이 위치에서 금속결합이 만들어지는 것이죠. 이런 방식으로 9개 리튬원자가 뭉쳐 **금속결합**(결합 에너지: $110.2[kJ \cdot mol^{-1}]$)을 하여 부피를 갖는 금속 덩어리가 됩니다.

이번에도 우리가 리튬이온의 크기만큼 작아져 리튬금속 안으로 들어갔다고 상상해 볼까요? 앞서 본 소금 안에서 양이온과 음이온이 일정한 패턴으로 자리 잡은 것과 유사하게 어느 방향으로 바라보든 리튬이온이 일

---

100) 리튬원자(Li)의 전자배치는 $1s^2 2s^1$이다.

101) 전자와 원자핵이 멀리 떨어져 완전히 분리되는 것은 아니다. 주변에 머물러 있되 자유롭게 움직일 수 있는 비어 있는 에너지준위가 주위에 촘촘하게 많아 자유롭게 움직이는 상태이다.

정한 패턴으로 자리 잡고 있다는 것을 알 수 있습니다. 리튬금속도 결정 (Crystal) 구조를 갖는 것이죠.

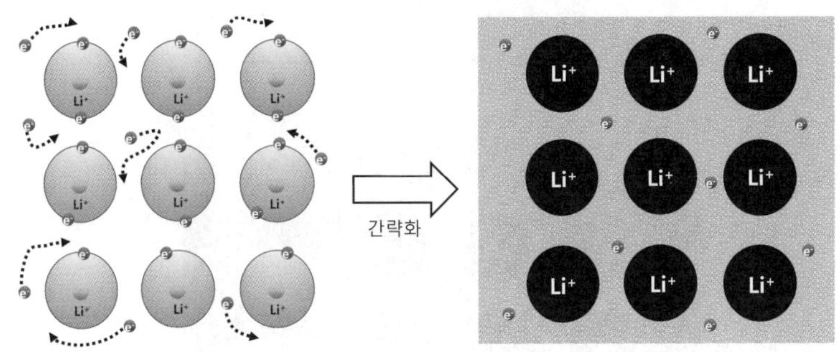

리튬원자 9개가 모여 리튬금속 덩어리가 만들어집니다.

리튬금속(Li) 안에는 리튬원자 개수만큼 만들어지는 '수많은' 자유전자 안에 '수많은' 리튬이온이 일정한 간격으로 자리 잡고 있습니다. 자유전자 만 따로 떼어 '자유전자의 바다'라고 표현해 볼까요? 그러면 리튬이온은 자유전자의 바닷속에 일정 간격으로 자리 잡은 잠수함으로 보면 어떨까 요? 혹은 건포도가 백설기에 일정하게 박혀 있는 것으로 보아도 좋을 것 같습니다. 이 비유에서 백설기의 흰색 떡 부분은 자유전자가 무작위로 돌 아다니는 부분이고, 건포도는 리튬이온입니다.

많은 수의 리튬원자가 모여 금속 덩어리가 될 때 원자의 개수만큼 만들 어지는 자유전자는 금속결합의 핵심적인 특징입니다. 리튬금속에 전극 을 붙이고 외부에서 배터리을 연결하면 어떻게 될까요? 그렇습니다. 리튬 이온이 움직이는 것이 아니라 자유전자(e⁻)가 즉각 배터리의 (+) 터미널이 연결된 양극 방향으로 이동합니다. 다음 그림을 참조하세요. 이러한 특성을 갖는 금속은 과연 고체전해질이 될 수 있을까요? 다음에서 바로 알아봅시다.

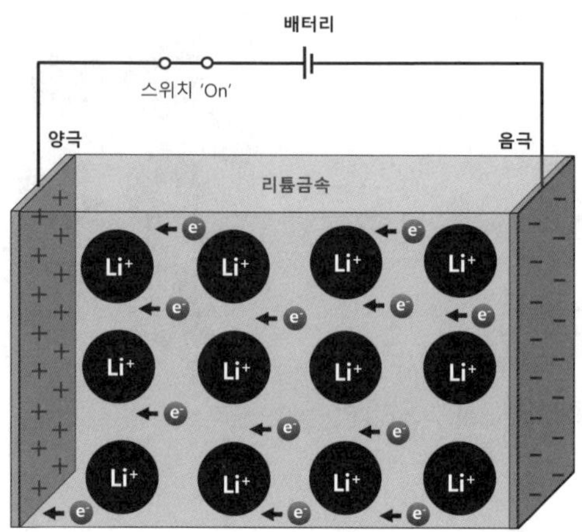

리튬금속에 전극을 붙이고 배터리를 연결하면 리튬금속 안의 자유전자는 배터리의 (+) 터미널이 연결된 전극 방향으로 이동합니다.

고분자, 세라믹, 금속 모두 고체전해질이 될 수 있을까?

고체전해질이 리튬이온배터리에 사용되는 액체전해질을 대체한다고 생각해 보면 네 가지의 기본적인 조건을 만족해야 합니다. 첫째, 고체 내부에 리튬이온이 있어야 하겠죠? 둘째, 리튬이온이 고체 내부에 골고루 잘 퍼져 있어야 합니다. 셋째, 외부에서 전극을 붙인 후 배터리에 도선으로 연결하면 리튬이온이 배터리의 (-) 터미널이 연결된 음극으로 이동할 수 있어야 합니다. 마지막으로 넷째, 전자는 흐를 수 없는 전자의 부도체여야 합니다. 이 4가지의 조건을 동시에 만족하여야 고체전해질이 될 수

있습니다. [102]

흑연이나 리튬 코발트 산화물은 고체전해질일까?

리튬이온배터리가 충전되는 동안 전자와 리튬이온의 이동을 표현한 99쪽의 그림을 보면 흑연(Graphite)은 전자를 받아 환원되고, 리튬 코발트 산화물($LiCoO_2$)은 전자를 주고 산화됩니다. 또한 리튬이온은 리튬 코발트 산화물 안을 이동하여 빠져나온 후 최종적으로는 흑연으로 들어가 그 안에서 이동합니다. 흑연과 리튬 코발트 산화물은 모두 세라믹으로 분류[19]되고, 리튬이온이 내부에서 움직이는 것을 보았습니다. 그렇다면 흑연이나 리튬 코발트 산화물은 세라믹 고체전해질일까요?

짐작했겠지만 리튬이온이 내부에서 잘 움직이더라도 흑연과 리튬 코발트 산화물은 고체전해질이 될 수 없습니다. 흑연과 리튬 코발트 산화물 모두 리튬이온의 이동뿐만 아니라 전자의 이동도 가능하기 때문입니다. 즉 흑연이나 리튬 코발트 산화물은 고체전해질이 되기 위한 4번째 조건인 '전자의 부도체'여야 한다는 조건을 만족하지 못해 고체전해질이 될 수 없는 것입니다.

하지만 적어도 리튬이온배터리에 사용된 흑연의 사례를 통해 고체전해질에 대한 중요한 힌트를 얻을 수 있습니다. 흑연(Graphite) 안에는 다수의 그래핀 층(Graphene Layer)이 '층층이 모여' 있습니다. 각 그래핀 층은 탄소 6개가 모여 '강한' 단일(C-C, 결합 에너지: $348[kJ \cdot mol^{-1}]$) 및 이중(C=C, 결합 에너지: $614[kJ \cdot mol^{-1}]$) 공유결합으로 만들어지는데 생김새는

---

102) 한편, 골디락스 수프라 불릴 수 있는 액체전해질의 경우 물이나 유기용매에 리튬염을 녹이는 것만으로 4가지 조건을 모두 만족한다.

6각형 모양입니다. 이렇게 6각형 모양이 계속 반복해서 연결되어 전체적으로 볼 때 벌집(Honeycomb) 모양의 한 층이 됩니다.[20] 아래 그림을 참고하세요.

흑연을 구성하는 각 그래핀 층은 탄소 사이의 '강한' 단일, 이중 공유결합으로 이루어집니다. 그러나 각 그래핀 층 사이에는 '약한' 런던 분산력($0.29[kJ \cdot mol^{-1}]$)이 작용합니다. 리튬이온배터리의 충전 혹은 방전이 일어나는 동안 리튬이온은 강한 공유결합이 있는 그래핀 층을 뚫고 지나가는 방향으로는 움직이지 못하지만, 그래핀 층 사이의 방향으로는 잘 움직입니다.

그러나 각 그래핀 층 사이에는 '약한' 런던 분산력(결합 에너지: $0.29[kJ \cdot mol^{-1}]$[21])이 작용합니다. 앞서 본 수소분자(H_2) 사이의 런던 분산력 결합 에너지는 $0.06[kJ \cdot mol^{-1}]$이고, 산소분자(O_2)의 경우 런던 분산력 결합 에너지가 $0.44[kJ \cdot mol^{-1}]$이므로 리튬이온은 그래핀 층 사이에서 산소 기체 사이의 인력보다 약한 인력을 받으면서 움직이는 것이죠.

그래서 리튬이온배터리의 충전 혹은 방전이 일어나는 동안 리튬이온은 강한 공유결합이 있는 그래핀 층을 뚫고 가는 방향으로는 움직이지 못하지만, 약한 반데르발스 힘이 작용하는 그래핀 사이의 방향으로는 잘 움직이죠. 즉 리튬이온이 잘 움직일 수 있는 환경이 고체 안에서도 만들어질 수 있다는 것을 보여 주는 좋은 사례입니다.

금속은 고체전해질이 될 가능성이 없다

금속은 앞서 본 고체전해질 후보가 되기 위한 넷째 조건을 만족하지 못해 바로 탈락입니다. 금속은 내부에 각 원자의 핵에서 벗어난 자유전자를 갖기 때문입니다. 고체전해질이 될 가능성이 없는 근본적인 이유입니다.

고분자나 세라믹은 고체전해질이 될 수 있을까?

그러면 이제 남은 2가지의 고체재료 즉 고분자와 세라믹이 남는데, 앞서 본 리튬 코발트 산화물과 흑연처럼 예외적인 경우를 제외하면, 대부분의 고분자와 세라믹 내부에서는 전류가 흐르지 못하므로 고체전해질이 될 가능성이 있습니다.

먼저 고분자를 볼까요? 고분자를 구성하는 원소들은 대개 탄소, 수소, 산소입니다. 즉 리튬이온은 보통 고분자를 구성하는 원소가 되지 못합니다. 고체전해질 내부에 이동할 수 있는 리튬이온이 있어야 한다는 조건을 생각하면 고분자가 고체전해질이 되기 위해 리튬이온을 외부에서 공급해 주어야 한다는 의미이죠.

이번에는 세라믹을 살펴봅시다. 세라믹 재료는 고분자와 달리 리튬이온이 포함된 원재료를 사용하여 생산되므로 리튬이온이 구성성분의 하나로 포함됩니다. 즉 내부에 처음부터 리튬이온을 갖게 되는 것이죠. 이는 나중에 리튬이온을 외부에서 공급해 주지 않아도 된다는 의미입니다.

실제 보도 매체에 발표된 고체전해질이 있다는 것은 고체라도 리튬이온이 외부에서 걸어준 전기장에 의한 힘으로 움직일 수 있을 정도로 내부환경에서 오는 저항이 작다는 방증입니다. 여기서 잠시 리튬이온이 움직여야 하는 환경인 고체의 특징 몇 가지를 추가로 더 살펴보겠습니다. 바로 고체에 대해 사람들이 갖기 쉬운 선입견에 관한 이야기입니다.

고체에 대한 선입견을 깨자!

사람 눈의 망막에 있는 시각세포는 가시광선(Visible Light)에 반응하여 사물을 인지하는데 가시광선의 파장이 380~750[nm][22]이므로 고체를 구성하는 원자 하나하나를 구분하지 못합니다.[103][23] 그래서 전체적으로 흐릿하게 막혀 있는 것처럼 보이므로 고체는 조금의 틈도 없다거나 고체안의 원자나 분자는 전혀 움직이지 않는다는 선입견을 품기 쉽습니다. 하지만 이러한 선입견을 깨면 고체전해질을 조금 더 쉽게 이해할 수 있을 거예요.

고체는 조금의 틈도 없이 완전히 꽉 채워진 공간일까?

이에 대한 답을 얻을 수 있는 간단한 방법이 하나 있긴 합니다. 영화 〈어벤져스 엔드게임(Avengers: Endgame)[24]〉에 등장하는 앤트맨(Ant-man)처럼 사람이 리튬이온의 크기만큼 작아지는 것입니다. 그러면 **시야**

---

103) 사람 눈으로 구분할 수 있는 한계는 머리카락 굵기(100[μm]) 수준이고, 그 이하의 크기 예를 들어 혈액 속의 적혈구(지름 10[μm])는 구분하지 못한다. 붉은색을 띠는 적혈구는 혈액을 전체적으로 흐릿하게 붉게 보이게 한다.

각(Visual Angle)[25]이 커져 평상시라면 볼 수 없는 고체 내부를 정확히 볼 수 있죠. 꽉 채워진 공간인지 비어 있는 공간이 많은지 바로 알 수 있죠. 가장 확실한 방법이지만 실현 가능성은 거의 없죠?

사실 고체가 조금의 틈도 없이 꽉 차 있는 상태인지 과학자들도 무척 궁금해하였는데 이와 관련한 실험을 한 과학자는 러더퍼드(Ernest Rutherford)입니다. 1911년 러더퍼드는 얇은 금속박막(Metal Foil)에 방사성 물질에서 방출되는 알파입자(a-$particle$, He^{2+})[104][26]를 쏘아 얼마나 통과되는지를 알아보던 중 놀랍게도 원자핵에 정면으로 날아가 되돌아오는 것을 제외하면 대부분의 알파입자가 통과된다는 것을 발견합니다.[27] 러더퍼드는 이 실험을 통해 금속박막 내부가 거의 비어 있다는 것을 최초로 증명합니다.

금속박막이 거의 비어 있다는 것은 금속을 이루는 **원자 내부가 거의 비어 있다**는 것과 같은 의미이기도 합니다. 여기에 덧붙여 금속 덩어리 내부에 가지런히 배열된 금속이온 중 가끔 '하나씩 빠진 자리(Vacancy)'도 발생한다는 것도 발견됩니다.[28] 이래저래 예를 들어 리튬금속 덩어리 안에는 빈공간이 많은 것이죠. 상세 내용은 이 책의 후반부에 있는 보충 설명 14를 참고하세요. 그렇다면 동일 맥락에서 다른 고체 내부도 거의 비어 있는 것입니다.

속이 거의 빈 고체를 뚫고 이동하지 못하는 이유는?

조금 전 고체의 내부는 거의 텅 빈 상태라는 것을 살펴보았습니다. 그런

---

104) 양성자 2개와 중성자 2개로 된 입자로서 헬륨의 핵과 동일한 입자이다.

데 사람은 물론 눈에 보이는 큰 물체는 실질적으로 '거의 텅 빈' 건물의 벽을 (마치 벽이 없는 것처럼) 서서히 자연스럽게 지나갈 수 없습니다.

왜 그럴까요? 원자나 분자가 뭉칠 때 작용하는 힘의 종류와 결합 에너지의 크기를 보면 눈에 보이는 큰 물체가 고체(예, 큰 리튬금속 덩어리)를 뚫고 지나갈 수 없는 이유를 유추해 볼 수 있습니다. 아래 그림을 참조하세요.

금속결합($110.2[kJ \cdot mol^{-1}]$)은 공기 중에 있는 무극성 기체분자 사이에 작용하는 런던 분산력($0.06[kJ \cdot mol^{-1}]$) 대비 250배, 극성 물분자 사이에 작용하는 수소결합($21[kJ \cdot mol^{-1}]$) 대비 5.24배나 강합니다. 눈에 보이는 큰 물체가 지나가기에 금속결합의 결합 에너지가 너무 큰 것이죠.

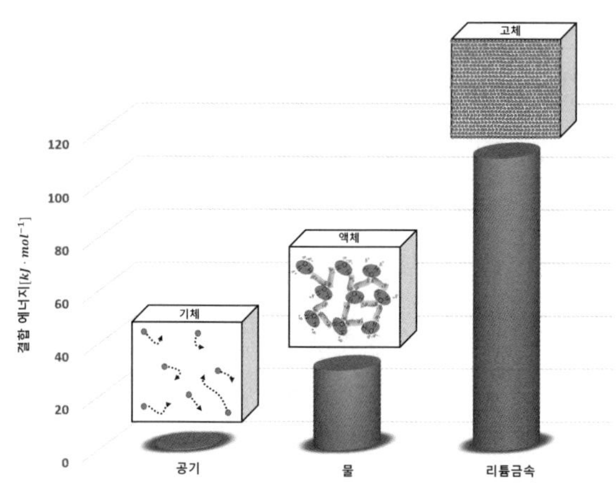

기체인 공기, 액체인 물, 고체인 리튬금속이 만들어질 때 작용하는 힘의 종류와 결합 에너지 크기를 보면 무극성인 기체분자 사이에는 런던 분산력($0.06[kJ \cdot mol^{-1}]$)이 작용하고, 극성분자인 물분자 사이에는 수소결합($21[kJ \cdot mol^{-1}]$)이 작용합니다. 고체인 리튬금속은 금속결합($110.2[kJ \cdot mol^{-1}]$)이 작용합니다.[105]

105) 보통 결합 에너지의 크기가 커지면서 기체, 액체, 고체상태가 되고 밀도도 증가한다.

고체를 이루는 원자는 전혀 움직이지 않을까?

고체와 관련된 선입견을 하나 더 살펴보겠습니다. 바로 고체를 이루는 원자(혹은 분자)는 전혀 움직이지 않는다는 생각입니다. 기체(예, 공기)나 액체(예, 물)의 흐름은 연기나 나뭇잎이 이동하는 것을 통해 간접적으로 보거나 피부로 느낄 수 있습니다. 여기서 한발 더 나아가 스코틀랜드 식물학자 브라운(Robert Brown)은 물 위에 떨어진 꽃가루를 광학현미경으로 관찰하던 중 물분자가 끊임없이 무작위로 움직인다는 **브라운 운동**을 발견하였죠.

그렇지만 고체만큼은 원자가 전혀 움직이지 않는다는 선입견을 품기 쉽습니다. 예를 들어 앞서 본 금속결합을 하는 리튬금속 안의 리튬이온이 자유전자의 바다 안에서 잠수함처럼 일정한 패턴으로 자리를 잡고 있다고 가정해 봅시다. 이때 리튬이온은 마치 얼어붙은 것처럼 어떤 움직임도 없이 가만히 있을까요? 오히려 그 반대입니다.

리튬이온은 **제자리에서 회전(Spin)**하고, 동시에 **상하좌우로 미세하게 떠는 운동(Vibration)**도 합니다. 빽빽이 모여 있는 상태(밀도가 높음)라 기체나 액체와 달리 움직일 여유 공간이 거의 없지만, 주어진 공간에서 나름대로 운동하며 한순간도 가만히 있지 않습니다. 그러다 어느 순간 하나의 리튬이온이 이웃한 리튬이온과 자리를 맞바꾸는 일도 종종 일어납니다. 즉 리튬이온의 자리가 무작위로 방향성 없이 계속 바뀌면서 리튬금속 안에서의 이동이 발생합니다. [106][(29)]

사실 리튬금속 안의 리튬이온을 마치 얼어붙은 것처럼, 조금의 움직임

---

106) 리튬이온이 리튬금속 안에서 무작위로 이동하는 것을 자체확산(Self-Diffusion)이라 한다.

도 없이 만들기가 오히려 정말 어렵습니다. 왜냐하면 그런 상태를 만들기 위해서 온도를 절대 영도($0[K]$, 섭씨 $-273.15[^{\circ}C]$)까지 낮춰야만 하기 때문입니다.[30] 이것과 직접적으로 관련된 인자가 물리 수업에서 배우는 **엔트로피(Entropy)**입니다. 엔트로피 관련 내용은 이 책의 후반부에 있는 보충 설명 15를 참고하세요.

정리하면 고체를 구성하는 원자와 분자 사이에 작용하는 힘과 내부 구조에 덧붙여 고체 내부는 거의 빈 상태라는 사실, 그리고 원자나 분자가 끊임없이 움직이는 것으로 인해 일부 고체재료에서 리튬이온이 잘 움직일 수 있는 내부 환경이 조성됩니다. 내부에 이러한 환경을 갖는 고체재료가 바로 고체전해질이죠. 이제 대표적인 고체전해질을 사례 중심으로 상세히 살펴봅시다.

리튬이온을 외부에서 공급받는 고분자전해질

리튬이온이 내부에 없는 고분자를 고체전해질로 만들기 위해서는 리튬이온을 외부에서 공급해 주어야 하겠죠? 이처럼 '외부에서 리튬이온을 공급받는 고분자로 된 고체전해질'에는 대표적으로 상온에서 플라스틱 시트(Sheet)처럼 '고체'인 **고체고분자전해질(SPE, Solid Polymer Electrolyte)** 과 젤리처럼 '반고체'인 **젤고분자전해질(GPE, Gel Polymer Electrolyte)**[107] 2가지가 있습니다.

---

107) 뒤에서 간략히 살펴볼 복합전해질의 한 종류이다.

사실 젤고분자전해질은 액체전해질을 포함하고 있어 고체전해질에 정식으로 포함되지는 않습니다. 그러나 완전한 액체인 액체전해질과도 구분되므로 보통 **반고체전해질(Semi-solid Electrolyte)**이라는 용어를 사용합니다.[108] 이 책에서는 젤고분자전해질을 고체전해질 중 하나로 포함하여 설명을 이어가겠습니다. 고체고분자전해질부터 먼저 살펴봅시다.

리튬염이 고분자에 녹아 있는 것이 고체고분자전해질이다

최초의 전기차용 전고체전지로서 상용화된 **리튬금속폴리머배터리(LMP(Li-metal Polymer) Battery)**에 사용된 고체전해질은 **PEO(Polyethylene Oxide) 고분자**에 리튬염을 녹인 고체고분자전해질이었습니다. LMP배터리뿐 아니라 리튬이온전고체전지의 고체고분자전해질로써도 가장 많이 시도되는 것이 바로 PEO 고분자입니다. 그런데 PEO 고분자는 상온에서 고체인데 어떻게 고체인 리튬염을 녹여 고체고분자전해질이 될 수 있을까요? 이를 이해하기 위해 PEO 고분자의 분자식을 통한 특성 파악부터 차근차근히 해 봅시다.

PEO 고분자의 분자식

PEO 고분자의 모노머와 고분자의 구조식[31]을 다음 그림에 나타내었습니다. 한 개의 PEO 모노머를 주목해서 보면 탄소와 산소의 극성 공유결합이 2개 존재한다는 것을 알 수 있습니다. 탄소에는 양의 부분전하가 산소에는 음의 부분전하가 만들어집니다. 부분전하에 의한 인력 즉 '반데르발

---

108) 뒤에서 간략히 살펴볼 '① 고분자 + ② 세라믹전해질 입자 + ③ 액체전해질' 3종 조합 복합전해질도 반고체전해질로 불린다.

스 힘'이 PEO 고분자 체인 사이에 작용하여 상온에서 고체가 되게 하죠.[109]

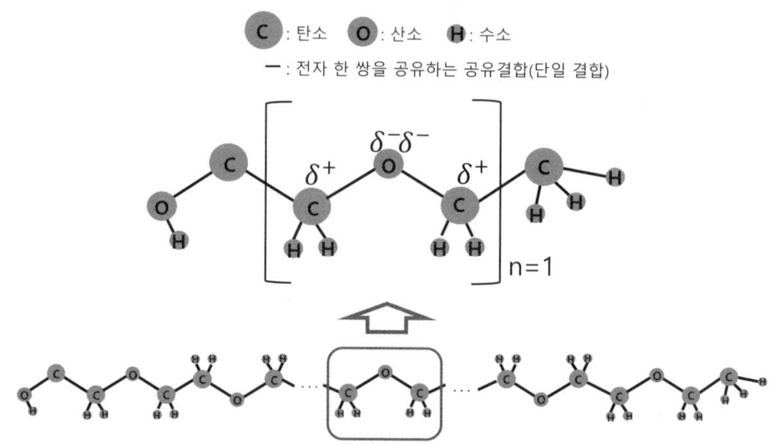

PEO 모노머 및 고분자 구조식. PEO 모노머가 반복적으로 이어지면서 긴 고분자 체인이 됩니다. 모노머에 있는 탄소와 수소의 공유결합(C-H)은 무극성인데, 탄소와 산소의 공유결합(C-O)은 극성이므로 부분전하가 발생합니다.

한편, 물분자에도 산소와 수소 사이에 극성 공유결합이 있는데 산소에는 음의 부분전하가, 수소에는 양의 부분전하가 있죠. 이 책 후반부의 보충 설명 6을 참고하세요. 따라서 PEO 고분자의 '산소에 있는 음의 부분전하와 탄소에 있는 양의 부분전하'와 물분자의 '수소에 있는 양의 부분전하와 산소에 있는 음의 부분전하' 사이에 인력이 작용합니다.

이처럼 물분자와 PEO 고분자 사이에 반데르발스 힘(인력)이 작용하기 때문에 PEO 고분자는 물에 잘 녹습니다. 유사한 맥락으로 유기용매에도

---

109) 앞서 본 PET 고분자에도 탄소와 산소의 극성 공유결합이 만들어져 고분자 체인 사이에 부분전하에 의한 인력이 작용함.

잘 녹죠. 게다가 PEO 고분자 체인에 있는 음과 양의 부분전하는 양이온 (예, Li^+)이나 음이온(예, PF_6^-)을 잡아당겨 붙잡아 둘 수(녹일 수)도 있습니다. 그렇지만 상온에서 고체인 PEO 고분자가 고체인 리튬염을 바로 녹일 수는 없죠. PEO 고분자는 어떤 과정을 거쳐 고체인 리튬염을 녹이는지 구체적으로 알아볼까요?

리튬염이 PEO 고분자에 녹는 과정

1970년대에 과학자 피터 라이트(Peter Wright)는 **솔루션 캐스팅 (Solution Casting)** 방법을 적용하여 최초의 고체고분자전해질을 제조합니다.[32] 이 방법의 핵심은 리튬염과 PEO 고분자를 동시에 녹일 수 있는 유기용매를 사용한 것에 있습니다. 다음 그림을 참조하세요.

예를 들어 원하는 모양과 면적을 갖는 몰드(Mold) 안에 메탄올 (Methanol), ACN(Acetonitrile) 혹은 THF(Tetrahydrofuran)와 같은 유기용매를[33] 미리 준비해 두고 여기에 리튬염과 PEO 고분자를 동시에 녹입니다. 이후 유기용매를 모두 증발시키면 '리튬염이 녹은 PEO 고분자' 고체고분자전해질이 만들어집니다.[34] 유기용매의 도움을 받는 과정이 필요한 것이죠. 이 방법을 솔루션 캐스팅(Solution Casting)이라 합니다. 상당히 간단한 방법이죠?

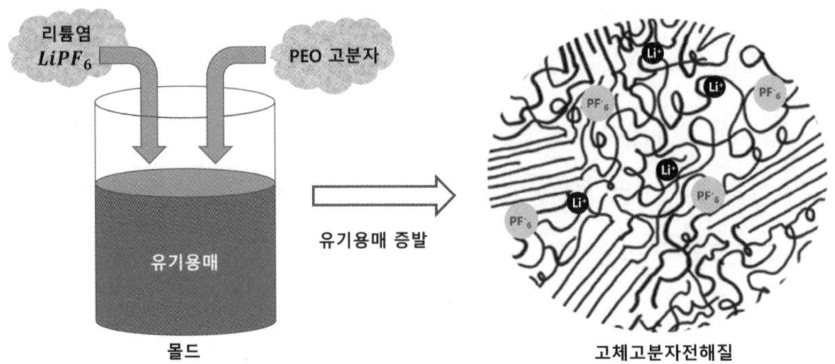

솔루션 캐스팅 방법에 의한 고체고분자전해질의 제조입니다. 리튬염과 PEO 고분자를 유기용매가 있는 몰드 안에서 동시에 녹인 후 유기용매를 증발시킵니다. 원형의 몰드 바닥에서 만들어진 고체고분자전해질을 회수합니다.

이렇게 제조된 고체고분자전해질의 안을 보면 PEO 고분자 체인에 리튬염의 양이온과 음이온이 붙어 해리된 상태로 유지되고 있습니다. 이렇게 만들어진 것을 '복합체(Complex)[110](35)'라는 용어로 부르기도 합니다. 즉 리튬염이 PEO 고분자에 녹아 있으면 '리튬염과 PEO 고분자의 복합체'라 부르죠.

이처럼 고체고분자전해질은 솔루션 캐스팅 방법으로 쉽게 만들 수 있는 장점이 있지만 아직 널리 상용화가 되지 못하고 있습니다. 왜 그럴까요? 무엇보다 뒤에서 살펴볼 고체고분자전해질 안에서 리튬이온 움직임의 용이성 즉, 이온전도도와 직접적으로 관련이 있습니다. 이온전도도 수치를 구체적으로 들여다보기 전에 리튬이온이 고체고분자전해질 안에서 움직이는 메커니즘을 살펴보겠습니다.

---

110) 두 가지 이상의 물질이 이온 혹은 부분전하에 의해 약한 반데르발스 힘으로 붙어 있는(결합한) 것.

리튬이온은 고체고분자전해질(SPE) 안에서 어떻게 움직일까?

리튬이온배터리의 정상적인 작동을 위해 고체고분자전해질 안의 리튬이온은 전기장에 의한 힘을 받아 움직여야 하는 상황입니다. 특히 긴 PEO 고분자 체인에 (반데르발스 힘으로) 붙어 있는 상황에서 움직여야 하는 것이죠. 예를 들어 외부에서 전극을 붙이고 배터리를 연결하여 전기장을 걸어 주는 경우를 생각해 봅시다. 두 개의 전극 사이에서 리튬이온은 음극 방향으로 움직이고, 음이온은 양극 방향으로 움직여야 하는 것이죠.

그런데 긴 고분자 체인은 탄소, 산소, 수소가 아주 강력한 공유결합으로 연결되어 있으므로 이를 뚫고 가로질러 이동하기는 어렵습니다. 그러면 리튬이온은 어떻게 움직여 갈까요? 상상이 잘 되나요?

액체인 유기용매 안에서라면 리튬이온 하나하나가 유기용매 분자에 솔베이션된 상태에서 마치 한 마리의 물고기가 물속에서 움직이는 것처럼, 저항이 있긴 하지만, 상대적으로 쉽게 움직일 수 있는 것 대비 매우 어려워 보이지요?

리튬이온의 움직임을 양이온인 리튬이온에 주목하여 비유를 들어 살펴보겠습니다. 혹시 오래전 방영된 미국 TV 시리즈 〈타잔(Tarzan)[36]〉에 대해 들어 보셨나요? 타잔은 정글 안을 다른 동물들과 함께 이동할 때 정글 안에 있는 긴 덩굴을 이용하죠. 덩굴 하나를 잡고 점프하여 다른 덩굴을 잡는, 이른바 **타잔 점프(Tarzan Jump)**'로 계속 앞으로 이동합니다.

이러한 움직임과 비슷하게 리튬이온은 긴 고분자 체인에 (반데르발스 힘으로) 붙어 있다가 주변에서 움직이는 다른 고분자 체인으로 (전기장으로부터 힘을 받아) 점프하여 옮겨갑니다. 다음 그림을 참조하세요. 그리고 음이온인 육불화인산이온도 동일한 메커니즘으로 이동한다는 것도 참고하세요. 이러한 리튬이온의 타잔 점프에 영향을 주는 인자들에는 어떤 것이 있는지 알아봅시다.

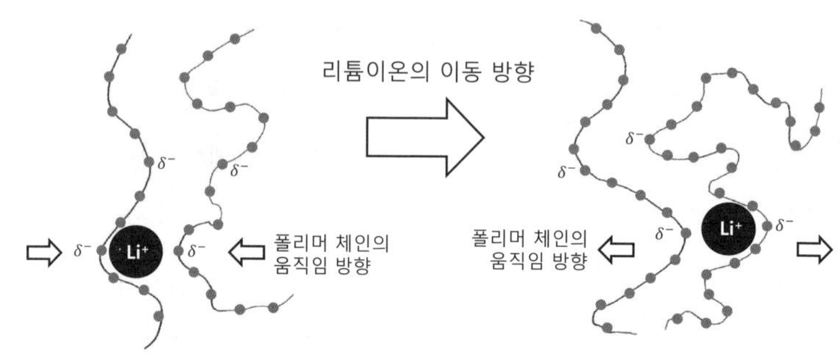

PEO 고분자 체인에는 양의 부분전하도 있지만 특히 음의 부분전하(δ^-)가 있는 산소를 '원(●)'으로 강조하여 표시했습니다. 양이온인 리튬이온에 주목하면 계속 움직이는 PEO 고분자 체인 중 음의 부분전하가 있는 지역에 붙어 있다가 주변에서 움직이던 고분자 체인이 다가올 때 전기장으로부터 힘을 받아 점프하여 옮겨가는 방식으로 이동합니다.

리튬이온의 타잔 점프에 영향을 주는 인자

리튬이온이 PEO 고분자 체인 사이를 타잔 점프로 이동하다 보니 PEO 고분자 체인의 움직임이 활발하고 타이밍도 적절해야 합니다. 리튬이온이 얼마나 잘 이동하는지는, 만일 전기장의 힘이 동일하다면, 결국 PEO 고분자 체인에서 체인으로 점프하여 움직일 확률에 의존하리라 예상됩니다.

즉 모든 PEO 고분자 체인이 활발하게 구부러졌다 펴지는 등 잘 움직여야 확률적으로 리튬이온이 점프하면서 이동할 가능성이 커지겠죠? 관련하여 고분자 체인이 얼마나 잘 움직이는지를 알려 주는 인자로서 과학자 스타우딩거(Hermann Staudinger)와 바워스(Bowers)가 제안한 **체인 이동도(Chain Mobility)**가 있습니다. [37]

체인 이동도는 세부적으로 2가지 즉 ① 온도, ② 지속길이(Persistence Length)[38]와 연관됩니다. 우선 고분자 체인은 저온보다 고온에서의 움직임이 활발하다는 뜻입니다. 온도가 높으면 고분자 체인을 구성하는 원자 각각의 움직임 종류가 많아져, 즉 고분자 체인의 엔트로피[111]가 커져, 체인 이동도가 커집니다. 고온은 리튬이온이 움직이기 좋은 환경인 것입니다.

두 번째로 지속길이 관련 '지속길이'가 짧을수록 '고분자 체인이 구부러지기 쉽다'라는 의미입니다. 즉 고분자 체인이 잘 구부러지는 구조라는 뜻입니다. 그렇다면 고온이고, 지속길이가 짧은 고분자 체인은 상대적으로 활발히 움직이므로 리튬이온이 타잔 점프로 이동할 수 있는 확률이 높아져, 높은 이온전도도로 이어집니다.

고체고분자전해질의 이온전도도와 이동수는 얼마나 될까?

그런데 이온전도도에 영향을 미치는 인자로서 ① 온도, ② 지속 길이 외에 1가지가 더 있습니다. 앞서 고분자 안에 '결정 지역'과 '비정질 지역'이 있다고 한 것 기억하시죠? 낮은 온도(예, 상온)에서는 보통 고분자 안에 결정 지역이 만들어지는데 리튬이온이 뚫고 이동하지 못합니다.[112] 즉 3번째 인자는 고분자 안에 있는 '③ 결정지역의 크기'입니다. 이처럼 고체고분자전해질의 이온전도도[113]는 총 3가지 인자의 영향을 받습니다.

그래서 상온에서는 PEO 고분자 전체적으로 볼 때 결정 지역이 존재하

---

111) 엔트로피 관련 내용은 보충 설명 15 참고.
112) 흑연 내부에서 리튬이온이 움직일 때도 그래핀을 뚫고 이동할 수 없다. 120쪽 그림 참고.
113) 이온전도도 측정 원리는 89쪽 그림 참고.

고, 짧은 지속길이(0.48[nm])[(39)]에도 불구하고 온도가 그리 높지 않아 전체적으로 체인 이동도도 작습니다. 상온에서 리튬염이 녹아 있는 PEO 고분자로 된 고체고분자전해질의 이온전도도가 10^{-8}~$10^{-7}[S \cdot cm^{-1}]$ 수준으로 매우 낮은 이유입니다. 리튬이온의 타잔 점프 확률이 크게 떨어지는 것입니다. 아래 그림을 참조하세요.

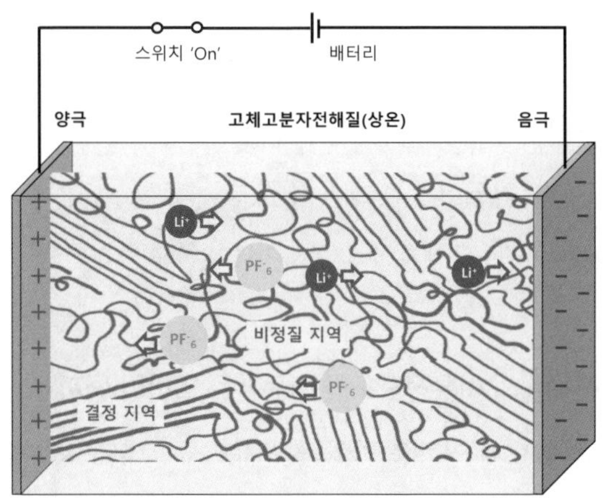

상온(25[℃])에서 고체고분자전해질[114)]에 붙인 전극에 배터리를 연결하면 전기장에 의한 힘을 받아 리튬이온은 음극 방향으로 육불화인산이온은 양극 방향으로 움직입니다. 결정 지역은 이온의 이동에 방해가 되는 장벽으로 작용하고, 온도가 낮아 체인 이동도도 작아지므로 이온전도도가 낮습니다.

그런데 만일 온도를 PEO 고분자의 녹는점인 60[℃]보다 더 높은 70~80[℃] 수준으로 올린다면 어떻게 될까요? 높은 온도에서 PEO 고분자는 완전

---

114) 양극과 음극 사이의 직육면체에 꽉 차 있는 것으로 가정한다.

히 녹아 액체가 되어 결정 지역은 없어지고 비정질 지역만 남습니다. [115](40)
고온에서 리튬염이 녹아있는 PEO 고분자로 된 고체고분자전해질의 이온
전도도는 $10^{-4} \sim 10^{-3}[S \cdot cm^{-1}]$로 상당히 높아집니다. 리튬이온의 타잔 점프
확률이 상온보다 크게 올라가는 것입니다. 물론 액체전해질의 이온전도도
$10^{-2}[S \cdot cm^{-1}]$에 미치지 못하기는 하죠. 아래 그림을 참조하세요.

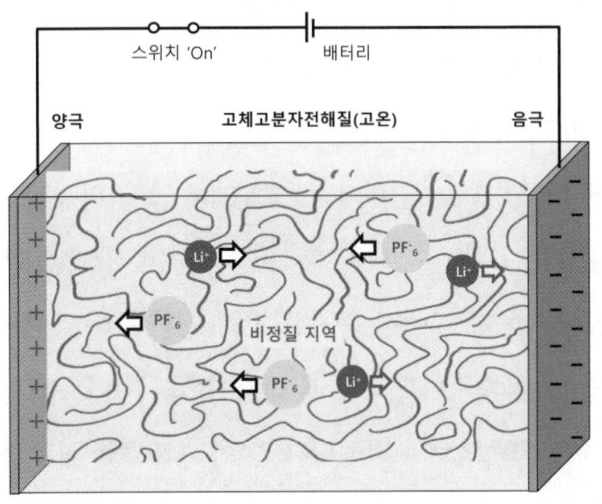

고온(70~80[℃])에서 고체고분자전해질[116]에 붙인 전극에 배터리를 연결하면 전기장
에 의한 힘을 받아 리튬이온은 음극 방향으로 육불화인산이온은 양극 방향으로 움직입
니다. 상온일 때 존재하던 결정 지역은 사라지고, 온도가 높아 전체적으로 고분자 체인
이동도가 커서 이온전도도가 높습니다.

앞서 이야기한 최초의 전기차용 전고체전지(ASSB)인 리튬금속고분자
배터리(LMP 배터리)에 '리튬염이 녹아 있는 PEO 고분자' 고체고분자전해

115) 고분자는 상온에서 딱딱한 상태이지만 온도가 상승하여 유리전이온도(T_g)에 도달하면 부드
러워지기 시작하여 녹는점(T_m)에 도달하면 액체와 같은 유동성을 갖는다.
116) 양극과 음극 사이의 직육면체에 꽉 차 있는 것으로 가정한다.

질을 사용하였는데 기억하시죠? 이때 PEO 고분자의 녹는점 이상의 온도에서 이온전도도가 우수해지는 점에 착안하였습니다. 즉 배터리팩의 온도를 PEO 고분자의 녹는점 이상으로 유지한 것이죠. 최초의 전기차용 전고체전지 관련 상세한 내용은 이 책의 후반부에 있는 보충 설명 16을 참고하세요.

앞서 살펴본 것처럼 이동수(Transport Number)는 여러 종류의 이온 중 관심 있는 이온이 얼마나 잘 움직이는지를 알 수 있는 지표입니다. 이동수의 뜻은 93쪽 식(11), 식(12)를 참고하세요.

과학자 문시(Munshi)가 100[℃]에서 측정한 고분자고체전해질의 리튬이온 이동수는 대략 0.5~0.6입니다.[41] 고분자에 오직 비정질 지역만 있는 경우로서 양이온(Li^+) 이동수가 음이온 이동수 대비 같거나 약간 큰 수준이죠. 온도 범위 70~80[℃]에서 측정한 고체고분자전해질의 이온전도도가 10^{-4}~$10^{-3}[S \cdot cm^{-1}]$ 수준이므로 실제 리튬이온의 기여도는 전체 이온전도도의 절반 정도 수준으로 추정됩니다.[117] 아래 도표를 참고하세요.

액체전해질의 상온에서의 리튬이온 이동수와 비교하여 고체고분자전해질의 고온에서의 리튬이온 이동수가 조금 더 큽니다. 그러나 이온전도도 자체는 상대적으로 매우 낮죠. 이것이 바로 고체고분자전해질이 널리 상용화되지 못하고 보충 설명 16에서 소개한 리튬금속고분자배터리(LMP Battery) 사례처럼 일부 틈새시장에만 사용되는 이유입니다.

---

117) 이온전도도를 측정한 온도 범위(70~80[℃])에서 고체고분자에는 PEO 고분자의 비정질 지역만 있으므로 100[℃]에서 측정한 리튬이온 이동수와 유사한 것으로 가정함.

	이온전도도 $[S \cdot cm^{-1}]$	리튬이온이동수 (t_{Li+})	측정온도 $[℃]$
액체전해질	1.0×10^{-2}	0.2~0.4	25
고체고분자전해질	$10^{-8} \times 10^{-7}$	-	25
	$10^{-4} \times 10^{-3}$	0.5~0.6	70~80, 100

리튬이온이 이동할 때 통과하는 다양한 환경

기존 리튬이온배터리에 사용되는 2가지 핵심 부품(양극, 음극)은 그대로 두고, 액체전해질과 분리막을 뺀 후 '리튬염을 PEO 고분자에 녹인' 고체고분자전해질(SPE)을 양극과 음극 사이에 넣고 조립하였다고 가정해 봅시다. 고체고분자전해질(SPE)을 사용한 경우 리튬이온배터리에서 충전이 일어나는 동안 리튬이온이 지나가는 환경(물질)을 정리하면 다음과 같습니다.[118] 다음 그림은 상온에서 작동할 때를 중심으로 표현하였습니다.

① 리튬 코발트 산화물 → ② **고체고분자전해질** → ③ **흑연의 보호막 2** → ④ 흑연

상온과 고온(PEO 녹는점 이상)을 구분하여 리튬이온이 지나가는 환경(물질)의 성상을 중심으로 정리하면 다음과 같습니다.[119]

상온: ① 고체 → ② **고체** → ③ **고체** → ④ 고체

---

118) 액체전해질이 사용된 리튬이온배터리의 충전 관련 99쪽 그림을 참고하세요.

119) 리튬 코발트 산화물과 흑연은 세라믹으로 분류된다.

PEO 녹는점 이상: ① 고체 → ② **액체**[120] → ③ **고체** → ④ 고체

다른 부품은 동일하므로 리튬이온이 지나는 새로운 환경은 고체고분자 전해질과 흑연의 보호막 2입니다. 고체고분자전해질 안을 지날 때 이른바 '타잔 점프'로 리튬이온이 이동한다는 것은 이미 앞서 살펴본 것과 같습니다.

그런데 액체전해질이 고체고분자전해질로 교체된 후 새롭게 만들어지는 흑연의 보호막 2[42]는 리튬이온배터리의 최초 충전 시 PEO 고분자의 환원 반응으로 만들어지는데 무기물인 수산화리튬($LiOH$)과 유기물인 탄화수소($Hydrocarbon$)가 주요 성분입니다.

따라서 흑연의 보호막 2의 이온전도도는 고체고분자전해질을 리튬이온배터리에 사용할 수 있는지 판단할 때 상당히 중요하겠죠? 그렇습니다. 고체고분자전해질 자체의 이온전도도와 새로 만들어진 흑연의 보호막 2의 이온전도도 둘 다 중요한 것이죠. 그래서 교체된 고체고분자전해질과 음극(흑연)이 접촉하는 계면에 새롭게 만들어지는 흑연의 보호막 2를 한 쌍으로 생각하면 좋습니다.

물론 앞서 액체전해질을 설명하면서 이야기한 것과 동일한 맥락에서 여러 종류의 고체고분자전해질에 의해 만들어지는 흑연의 보호막 관련 하나하나 살펴보는 것은 이 책의 범위를 넘어서지만, 적어도 이러한 개념을 가지고 고체고분자전해질이 리튬이온배터리에 적용되는 실증 단계를 바라본다면 향후 연구 방향 이해에 큰 도움을 받을 수 있을 거예요.

---

120) 고체고분자전해질를 구성하는 PEO 고분자가 녹아 있는 상태.

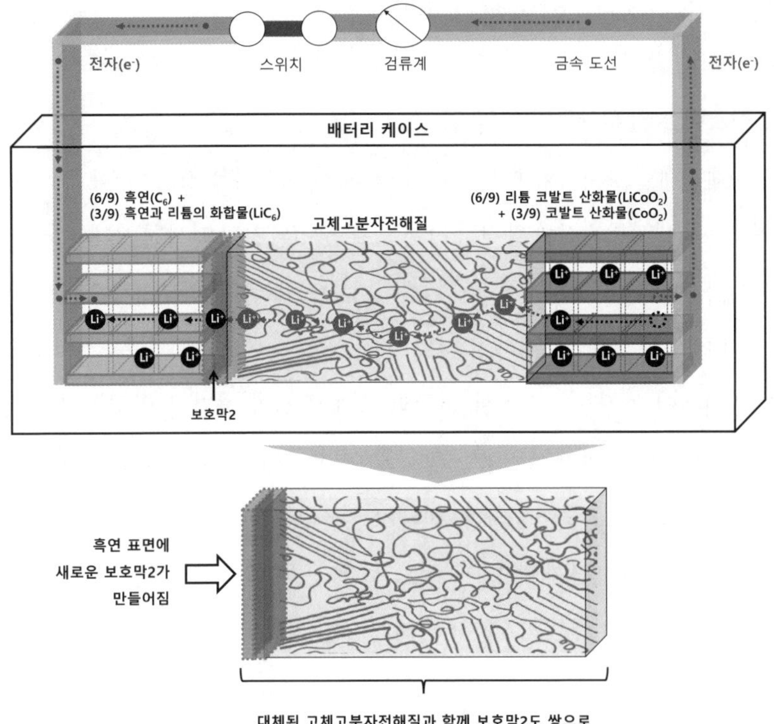

액체전해질을 고체고분자전해질로 대체한 리튬이온배터리입니다. 충전 중 전자와 리튬이온 하나의 움직임을 표시했습니다. 작동온도는 상온입니다.[121] 고체고분자전해질 뿐 아니라 고체고분자전해질로 인해 흑연의 보호막 2도 새롭게 만들어지므로 두 재료의 이온전도도를 함께 고려해야 합니다.

그런데 새로운 흑연의 보호막 2 외에 리튬이온배터리에 고체고분자전해질을 실제 적용하는 실증 단계에서는 한 가지 문제를 더 생각해야 합니다. 고온이 아닌 상온에서 작동할 때 계면에서의 **'접촉면 분리 문제**[122]**'**입

---

121) 리튬이온배터리의 일반적인 작동온도는 -60[℃]~30[℃]이다.
122) 고체고분자전해질을 포함해 모든 고체전해질과 연관된 문제이다.

니다. 이에 대해서 잠시 살펴봅시다.

접촉면 분리 문제는 무엇일까?

액체전해질을 사용할 때는 양극(리튬 코발트 산화물, $LiCoO_2$)과 음극(흑연, C_6)이 액체전해질에 완전히 잠겨 있으면서(완전히 적셔진 상태에서) 그 사이가 액체전해질로 연결되어 있습니다. 99쪽 그림을 참조하세요.

그런데 그림에는 표시하지 않았지만, 예를 들어 충전 중 음극(흑연)에 리튬이온이 층간삽입되면서 전극의 두께가 점차 증가하여 최종적으로, 최종 전압에서, 대략 10[%][43] 정도 늘어나고 양극(리튬 코발트 산화물)은 1.8[%][44] 정도 줄어듭니다. 반대로 방전 중 음극에서, 들어왔던, 리튬이온이 모두 나가면 대략 10[%] 정도 두께가 줄어들고 양극은 1.8[%] 정도 늘어납니다.[123] 이를 두고 현장 엔지니어는 '리튬이온배터리가 숨을 쉰다'고 표현하기도 하죠.

음극인 흑연의 부피 팽창, 수축 정도는 양극인 리튬 코발트 산화물보다 상대적으로 큽니다. 액체전해질의 경우 고체인 양극과 음극의 부피 변화를 충분히 수용할 수 있으므로 각 계면에서 '접촉면 분리 문제'는 일어나지 않습니다.

그러나 고분자고체전해질은 상온에서 '고체'이므로 일정한 모양을 유지합니다. 따라서 상온에서 특히 방전(흑연은 대략 10[%] 두께 감소, 리튬 코발트 산화물은 대략 1.8[%] 두께 증가) 중에 흑연과 고체전해질 사이의

----

123) 참고로 실리콘 음극 재료의 충·방전 시 부피 수축, 팽창은 무려 300~400[%] 수준이므로 고체전해질을 적용할 때 접촉면 분리에 대해 특히 신경을 써야 한다.

접촉면이 분리될 가능성이 큽니다. 만일 그렇게 되면 **'접촉 저항**[124]'이 많이 증가하여 문제가 상당히 심각해지죠. 자칫하면 리튬이온이 양극과 음극 사이를 이동하지 못하여 리튬이온배터리의 작동이 멈출 수 있기 때문입니다.

그래서 '흑연과 고체전해질' 혹은 '리튬 코발트 산화물과 고체전해질'의 계면에서 '접촉면 분리'가 일어나지 않도록 충전, 방전이 일어나는 동안 외부에서 압력을 가하여 눌러 줍니다. 전고체전지에 가하는 외부 압력은 대략 50~600[MPa] 수준인데 이를 5[MPa] 이하로 낮추고자 하는 연구가 진행 중입니다. [45]

그런데 PEO 고분자의 녹는점 이상으로 작동온도를 높이면 어떻게 될까요? 그렇습니다. PEO 고분자가 녹아 있기 때문에 양극과 음극의 부피 팽창, 수축을 잘 수용합니다. '접촉면 분리' 문제는 해결되는 것이죠. 필요한 경우 매우 작은 0.2~0.4[MPa] 수준의 외부 압력을 가하면 충분합니다. [125][46] 실제 상용화된, 고체고분자전해질이 사용된, LMP배터리팩의 온도가 PEO의 녹는점 이상인 또 다른 이유입니다(보충 설명 16 참고). 다만 배터리팩의 온도를 PEO 고분자의 녹는점 이상으로 높이는 것은 작동온도를 30[℃] 이하로 유지하는 리튬이온배터리에는 적용이 쉽지 않아 보입니다.

---

124) 접촉 저항의 단위는 [Ω]임.

125) 참고로 파우치로 포장된 리튬이온배터리는 배터리팩에 들어가 조립되면 대략 0.42[MPa]의 외압을 받게 된다.

반고체인 젤고분자전해질(GPE)

간단히 '반고체전해질(Semi-solid Electrolyte)'로 불리기도 하는 젤고분자전해질(GPE, Gel Polymer Electrolyte)은 앞서 살펴본 고체고분자전해질(SPE, Solid Polymer Electrolyte)이 처음으로 만들어진 시기와 같은 1975년에 과학자 페울레이드(Feuillade)가 최초로 제안하였습니다.[47]

이후 오늘날까지 오랫동안 연구되고 있는 분야입니다.[48] 하지만 여전히 '젤고분자전해질'이라는 용어부터 낯선 것도 사실입니다. 우선 이름부터 찬찬히 살펴볼까요? 먼저 눈에 띄는 것이 젤고분자전해질의 첫 글자인 **'젤'**입니다. 영어로는 **'Gel'**인데, '젤'은 크게 보면 **콜로이드(Colloid)**에 포함됩니다.

젤이라는 말은 고체 안에 부피가 작은 액체들이 불균일하게 물리적으로 분포하는 혼합물이라는 뜻입니다. 즉 고체와 액체 사이에 화학반응이 일어나지 않고 물리적으로 섞여 있는 상태입니다. 고체는 고체대로 액체는 액체대로 각각의 특징을 그대로 보유하고 있죠. 콜로이드의 분류 관련 이 책의 후반부에 있는 보충 설명 17을 참고하세요.

이러한 '젤'의 의미를 생각해 보면 젤고분자전해질은 간단히 '액체전해질과 고분자와의 물리적인 결합'으로 표현할 수 있습니다. 즉 액체전해질의 '높은 이온전도도'와 액체전해질에서는 전혀 기대할 수 없는 '골격 역할', 즉 고분자의 튼튼함이라는 두 개의 장점이 합쳐진 것입니다.[49] 바로 다음에서 좀 더 알아봅시다.

액체전해질을 흡수한 고분자가 젤고분자전해질이다

젤고분자전해질을 만드는 방법[50]은 과학자들의 연구 노력으로 여러 가지가 제안되었습니다.[126] 한 가지 사례(상전이/분리 방법)[127][51]를 보면 2단계 제조법으로 만들어집니다. 첫째, 기공(Pore)이 많은 얇은 고분자[128][52] 시트(Sheet)를 상전이/분리 방법으로 만듭니다. 여기서 기공이 많은 고분자 시트는 가정에서 다용도로 사용되는 스펀지에 비유해 보겠습니다. 다음 그림을 참조하세요.

둘째, 만들어진 얇은 고분자 시트를 액체전해질에 담가 액체전해질이 흡수되도록 합니다. 얇은 고분자 시트에 불균일하게 분포하는 많은 기공이 액체전해질로 꽉 채워지면 젤고분자전해질이 완성됩니다.[129][53] 고체인 고분자 안에 작은 부피의 액체전해질이 불균일하게 수없이 많이 분포하는 젤이 된 것입니다. 기공이 많은 고분자 시트가 액체전해질을 머금은 것은 가정용 스펀지가 물을 머금은 것에 비유해 보았습니다.

---

126) 상전이/분리(Phase Inversion/Separation), 전기방사(Electrospinning) 방법 등이 있으며, 상세 내용은 관련 자료 참고.

127) 솔루션 캐스팅 방법으로 고분자 시트를 만드는 방법과 유사하다.

128) 예를 들어 PEO, PEGDMA(poly(ethylene glycol) dimethacrylate), PVDF(poly(vinylidene fluoride) 등의 극성 고분자(Polar Polymer)를 사용한다.

129) 고분자의 기공에 채워지는 액체전해질을 '액체 가소제(Liquid Plasticizer)'라 부르기도 한다. 가소제의 뜻은 '고분자를 더욱 부드럽게 하여 탄성을 더욱 높여 줄 목적으로 첨가되는 물질'이다.

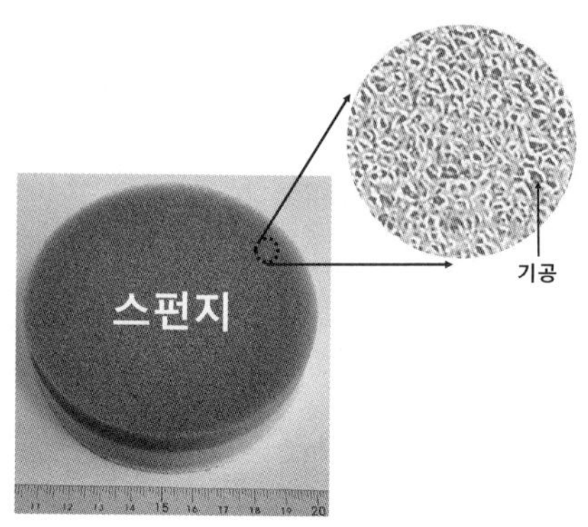

표면 및 내부에 수많은 기공을 갖는 스펀지를 기공이 많은 고분자 시트에 비유해 보았습니다. 그림에 있는 자의 단위는 [cm]입니다.

　실험실에서 2단계 제조법으로 젤고분자를 만드는 과정 자체는 간단하죠? 그러나 2단계 제조법은 현재 리튬이온배터리의 대량 생산 과정에 적용하기가 쉽지 않습니다. 그래서 이러한 문제점을 해결하고자 액체전해질과 고분자 2가지를 용액으로 만들어 배터리케이스에 주입한 후 현장에서(in-situ) 자외선을 쪼여 고분자를 즉석에서 만드는 방식[130](54)으로 젤화하는 등 다양한 연구가 진행되고 있습니다.

　그런데 앞의 그림에서 가벼웠던 스펀지가 물을 머금으면 무거워지듯이 젤고분자전해질의 경우 고분자가 액체전해질을 흡수하면 무게가 많이 증가합니다. 대략 전체 젤고분자전해질 무게의 70[%]가 액체전해질의 무게입니다. 또한 고분자가 액체전해질을 흡수하면 부피도 늘어나는데 이를 영어로 '**Swelling**'이라 합니다. [131](55)

130) 그 자리에서 즉석에서 젤화하는 것을 영어로 'In-situ Gelation'이라 한다.

131) 'Swelling' 현상의 다른 예로 일회용 기저귀에 사용되는 고분자(SAP, Super-absorbent Polymer)는 자체 무게의 800배 이상의 증류수를 흡수하여 크게 부풀어 오른다.

분리막은 젤고분자전해질이 될 수 있을까?

젤고분자전해질을 사용하여 리튬이온배터리를 실험실에서 조립할 때 액체전해질이 흡수된 기공이 많은 고분자 시트를 양극과 음극 사이에 넣고 완료합니다. 이러한 과정 자체는 분리막을 양극과 음극 사이에 넣고 액체전해질을 주입하는 것과 최종적인 결과는 유사합니다. 차이점은 무엇일까요?

젤고분자전해질의 경우 예를 들어 PEO 고분자는 극성 결합을 가지고 있어, 부분전하 지역이 있으므로, 극성인 물분자나 유기용매와 친합니다. 즉 PEO 고분자는 **친수성(Hydrophilic)**[56]이죠. 액체전해질이 극성인 PEO 고분자 시트에 있는 기공에 잘 들어가고, 또 잘 머물러 있는 이유입니다.

반면 분리막은 액체전해질을 전혀 흡수하지 못하고 완전히 따로 분리되어 있습니다. 왜 그럴까요? 사실 분리막도 고분자(예, Polypropylene(PP) 혹은 Polyethylene(PE))[57]로 만들긴 합니다. 그런데 원재료인 PP나 PE는 무극성[58] 모노머가 연결되어 만들어진 무극성 고분자이므로 **소수성(Hydrophobic)**[59]입니다. 극성분자인 물이나 유기용매와 전혀 친하지 않죠. 당연히 액체전해질을 흡수하지 못하고, 무게나 부피도 거의 늘어나지 않습니다. 즉 분리막은 액체전해질을 흡수한 젤고분자전해질이 되지 못합니다.

젤고분자전해질의 상용화

1991년 액체전해질을 적용한 리튬이온배터리의 상용화에 성공한 일본 기업 S사는 2004년 젤고분자전해질 연구 현황을 기술 논문에 발표합니다. [60] S사의 젤고분자전해질은 반고체(Semi-solid)인 투명한 젤리를 보는 것 같습니다. 젤고분자전해질 개발 목표는 누액이 발생하는 근본 원인인 액체전해질을 대체하는 것이었죠.

경험상 오래된 배터리에서 액체전해질이 밖으로 흘러나온 것(누액)을 본 적 있을 거예요. 인체에 해로운 액체전해질이 흘러나오는 누액은 '**인체 안전성**' 측면에서의 단점입니다. 하지만 젤고분자전해질을 사용하면, 예를 들어 PEO 고분자의 기공으로 액체전해질이 모두 흡수되므로, '누액'이 발생하지 않아 인체 안전성이 강화된 배터리가 됩니다. 젤리 안에 있는 과즙이 빠져나오지 않는 것과 비슷합니다.

게다가 상온에서의 이온전도도는 액체전해질과 비교하여 조금 낮은 수준($10^{-3}[S \cdot cm^{-1}]$[61])이어서 리튬이온배터리에 사용될 수 있는 상황입니다. 그렇다면 액체전해질과 유사한 이온전도도를 보이고, 누액이 없어 인체 안전성이 향상된 젤고분자전해질은 전기차 등 범용 리튬이온배터리 시장에서 상용화에 성공하였을까요?

S사 이야기로 돌아가 봅시다. 2000년대 초 S사는 핸드폰이나 개인용 IT 기기에 사용되는 리튬이온배터리에 젤고분자전해질을 적용합니다.[62] 젤고분자전해질의 얇으면서도 유연성 있고 다양한 면적으로 만들 수 있는 장점을 기반으로 리튬이온배터리에 적용한 상업 생산이 시작된 것이죠. 그리고 젤고분자전해질을 적용한 리튬이온배터리는 '리튬이온고분자배터리(Li-ion Polymer Battery)'라는 이름으로 불립니다.[132] 영어 약자로는 'LiPo', 'Li-poly', 'Lithium-poly', 'PLiON' 등으로 다양하게 표기되죠.[63]

이후 전 세계적으로 국내 배터리 회사인 L사[64] 포함해 여러 회사[65], 대

---

132) 고체고분자전해질을 적용한 경우도 '리튬이온고분자배터리'라고 부르지만, 아직 상온에서 작동하는 제품이 상용화된 예는 없음. 따라서 이 책에서는 젤고분자전해질을 사용한 예로 한정함.

학교[66], 연구소의 배터리과학자들이 젤고분자전해질 관련 연구를 활발히 진행하였지만, 지금까지 여전히 개인용 IT 제품이나 핸드폰, 드론, R/C(Radio Controlled) 모델 자동차와 같은 특정 분야의 리튬이온배터리에 소량으로 사용됩니다.[67] 즉 젤고분자전해질은 여전히 틈새시장에 머물러 있는 것입니다.

범용 시장인 전기차 분야에 사용하기 위한 연구는 아직 진행 중입니다. 젤고분자전해질은 누액이 없어 인체 안정성 측면의 장점이 있지만, 젤화(Gelation) 프로세스로 인해 액체전해질을 사용하는 경우와 비교하여 생산비용이 아직 높습니다. 자동차 분야에 사용되는 리튬이온배터리에 젤고분자전해질을 적용하지 못하는 이유입니다.

그런데 하나 주의할 점은 가끔 젤고분자전해질이 사용되지 않았아도 '리튬이온고분자배터리'라고 이름을 붙이는 경우도 있습니다. 이 경우에는 포장재료가 고분자를 포함한 파우치라는 의미입니다. 상세 내용은 보충 설명 17을 참고하세요.

리튬이온은 젤고분자전해질(GPE) 안에서 어떻게 움직일까?

젤고분자전해질 내부는 어떤 환경일까요? 사실 젤고분자전해질이라는, 리튬이온이 움직여야 하는, 환경 자체는 다행히 완전히 새로운 환경은 아닙니다. 젤고분자전해질에 있는 기공에 액체전해질이 이미 들어가 채우고 머무르고 있기 때문이죠. 다음 그림을 참조하세요.

결국 리튬이온이 움직여야 하는 젤고분자전해질의 내부 환경은 주로 액체전해질입니다. 고분자라는 재료 안에 흡수된 액체전해질을 통과하는 것입니다. 특히 액체전해질이 채워진 기공은 대부분 연결되어 있어서 리튬이온이 이동하는 데 거의 방해가 되지 않습니다.

이제 젤고분자전해질이 반고체인 젤리와 같은 구조여도 상온에서 액체 전해질과 유사한 이온전도도를 보이는 이유를 잘 알겠죠? 이온전도도가 액체전해질과 유사하다는 것은 그만큼 많은 양의 액체전해질이 고분자 내에 흡수되어 있다는 방증이기도 합니다.

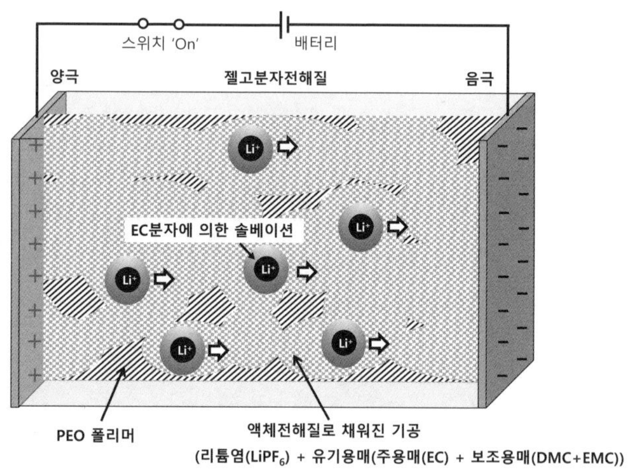

젤고분자전해질은 내부에 많은 양의 액체전해질을 포함하고 있으므로 리튬이온의 관점에서 액체전해질과 거의 동일한 환경입니다.[133] 즉 솔베이션된 리튬이온은 액체전해질 안을 이동하는 것과 동일한 방식으로 이동합니다. 리튬이온에 집중해서 관찰했습니다.

그런데 젤고분자전해질의 이온전도도를 액체전해질의 이온전도도와 유사한 수준으로 유지하기 위해서는 고분자에 흡수된 액체전해질 양을 가능한 한 많게 해야 합니다. 하지만 많은 액체전해질 함량은 젤고분자전 해질의 압축강도를 떨어뜨리고, 열적 안정성과 화재 안전성이 감소하는

133) 양극과 음극 사이의 직육면체에 꽉 차 있는 것으로 가정한다.

이유가 됩니다.

결국 '양극과 음극 사이에 분리막을 넣고 액체전해질을 주입한 것'과 '양극과 음극 사이에 액체전해질이 흡수된 젤고분자전해질을 넣은 것' 사이에 리튬이온배터리의 성능이나 화재 안전성 관련 차이가 거의 없어집니다.[68]

결론적으로 앞서 살펴본 누액이 일어나지 않는 인체 안전성 장점 외에 크게 다른 장점이 없는 것입니다. 그래서 젤고분자전해질이 사용된 리튬이온배터리와 액체전해질이 사용된 리튬이온배터리를 크게 구분하지 않기도 합니다.[69] 이렇게 되면 축구를 비유로 본 것처럼 액체전해질 선수를 고체전해질 선수로 교체하여 화재 안전성 관련 큰 향상을 기대하는 감독의 기대에 부응하지 못합니다.

배터리과학자가 젤고분자전해질 안에 흡수되는 액체전해질의 최적량을 찾고, 가교제(Cross Linker)[134][70]를 첨가하여 고분자 체인 사이의 공유결합을 만들어 젤고분자전해질의 **영률(Young's Modulus)**[135][71]을 향상하는 등 다양한 테스트를 진행하는 이유입니다.

젤고분자전해질의 영률을 높이는 것은, 녹은 고체고분자전해질의 **전단계수(Shear Modulus)**를 높이는 것과 유사하게(보충 설명 16 참고), 특히 과충전 시 음극(흑연 혹은 리튬금속) 표면에 발생한 리튬 덴드라이트가 자라는 것을 물리적으로 막는 효과를 기대하기 때문입니다.[72]

이는 화재 안전성을 향상하고자 하는 연구 노력이죠. 그러나 아직은 매우 부족한 상태여서 범용 전기차에 사용될 만한 후보선수가 되지 못합니

---

134) 가교(Cross-linking)는 고분자 체인 사이에 공유결합이 만들어지는 것을 말하고, 이를 만들어 주는 화학물질을 가교제(Cross Linker)라 한다.
135) 재료를 한 방향으로 잡아당기거나 누를 때 변형되는 것에 저항하는 경향의 크기임.

다. 배터리과학자의 향후 연구 노력을 더 지켜볼 필요가 있습니다.

다만 이러한 젤고분자전해질의 단점을 극복하기 위해 세라믹전해질을 추가한, 즉 '고분자전해질, 세라믹전해질, 액체전해질 3종'을 모두 사용하는 '복합전해질' 연구도 활발히 진행되고 있으며(190~191쪽 참고), 전기차에 적용하는 상용화 목전에 다다랐습니다.

젤고분자전해질의 이온전도도와 이동수는 얼마나 될까?

상용화된 리튬이온배터리에 사용되는 현재 최고인 액체전해질을 **기준점(Benchmark)**으로 삼아 젤고분자전해질의 이온전도도와 리튬이온 이동수를 비교해 볼까요? 아래 도표를 참조하세요.

이온전도도와 리튬이온 이동수 비교

	이온전도도 $[S \cdot cm^{-1}]$	리튬이온이동수 (t_{Li+})	측정온도 $[℃]$
액체전해질	1.0×10^{-2}	0.2~0.4	25
젤고분자전해질	1.0×10^{-3}	0.76	25

비교 결과를 보면 젤고분자전해질의 이온전도도는 액체전해질 대비 1/10 낮지만, 리튬이온 이동수는 젤고분자전해질이 액체전해질 대비 약 2배 정도 큽니다. 리튬이온 이동수가 크다는 것은 액체전해질보다 젤고분자전해질 안에서 양이온인 리튬이온(Li^+)이 음이온인 육불화인산이온(PF_6^-)보다 더욱 잘 움직인다는 의미입니다.

이온전도도 관련 리튬이온이 액체전해질 안을 움직일 때 주변에 고분자 체인이 있으므로 고분자 체인에 있는 부분전하에 의해 추가 인력을 받아 이온전도도가 다소 감소합니다. 그런데 리튬이온 이동수는 왜 젤고분자전해질에서 더 클까요?

리튬이온 이동수 관련 고분자 체인에 붙어 있는 여러 **작용기(Functional Group)**[73]가 핵심적인 역할을 합니다. 작용기는 **치환기(Substituent)** 혹은 **부분(Moiety)**이라고도 하는데 '분자에 붙어 있는 한 그룹의 원자'라는 뜻입니다.

고분자 체인에 붙어 있는 작용기 종류에 따라 기공을 채운 액체전해질 안을 움직이는 리튬이온이나 육불화인산이온에 미치는 인력이 변화됩니다. 예를 들어 트리플루오로메틸기($R\text{-}CF_3$)[136]는 고분자 체인과 리튬이온 사이의 인력이 약해지도록, 아민기($R\text{-}NH_3$)는 고분자 체인과 육불화인산이온 사이의 인력이 강해지도록 합니다. 이러한 원리를 적용하여 0.76이라는 높은 리튬이온 이동수를 만들 수 있죠.[74] 즉, 각 이온의 이동수를 변화시킬 수 있는 것입니다.

리튬이온배터리에 적용된 젤고분자전해질

기존 리튬이온배터리에 사용되는 2가지 핵심 부품(양극, 음극)은 그대로 두고, 액체전해질과 분리막을 뺀 후 젤고분자전해질(GPE)을 넣고 리튬이온배터리를 조립하였다고 생각해 봅시다. 이런 경우 리튬이온배터리에서 충전이 일어나는 동안 리튬이온이 지나가는 환경(물질)을 정리하면 다음과 같습니다. 다음 그림도 참조하세요.

---

136) '$R\text{-}CF_3$'에서 'R'은 고분자 체인의 나머지 부분이라는 의미이다.

①리튬 코발트 산화물 → ②젤고분자전해질 → ③흑연의 보호막 3 → ④흑연

리튬이온이 지나가는 환경(물질)의 성상을 중심으로 정리하면 다음과 같습니다.[137]

①고체 → ②반고체 → ③고체 → ④고체

리튬이온이 지나가는 각각의 환경을 액체전해질을 사용한 리튬이온배터리와 비교하면 '젤고분자전해질(반고체) 내부'라는 환경과 함께 '흑연의 보호막 3'이 다릅니다. 액체전해질이 사용된 경우는 99쪽 그림을 참고하세요. 사실 흑연의 표면에 만들어지는 보호막 3은 최초 충전 시 젤고분자전해질 안에 있는 액체전해질을 구성하는 유기용매가 환원 분해 되어 만들어지므로 액체전해질을 사용했을 때와 유사[75]합니다.

하지만 젤고분자전해질의 경우 고분자(예, PEO)도 존재하므로 흑연의 보호막 성분과 구조에 다소 변화[76]가 생깁니다. 따라서 흑연의 보호막 3은 액체전해질만 사용하였을 때 만들어지는 흑연의 보호막과 구분해야 합니다.

충전시 리튬이온 하나의 움직임을 주목해서 보면 젤고분자전해질 안에 있는 액체전해질을 따라 이동할 뿐 아니라 흑연의 보호막 3도 통과하여 움직이므로, 리튬이온배터리에 적용하는 실증 단계에서는 '고체'인 흑연의 보호막 3에서 이동이 더욱 어렵다는 것을 기억해야 합니다. 따라서 젤

---

137) 리튬 코발트 산화물과 흑연은 세라믹으로 분류된다.

고분자전해질을 리튬이온배터리에 적용할 때 흑연의 보호막 3과 함께 쌍으로 고려하는 것이 중요합니다.

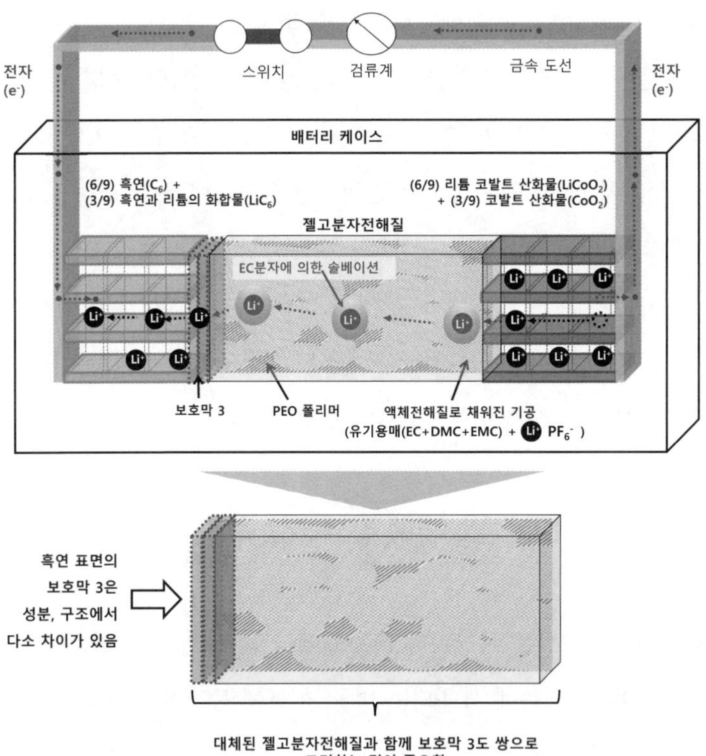

다른 부품은 같고 액체전해질과 분리막을 젤고분자전해질로 대체한 리튬이온배터리의 충전 중 전자와 리튬이온이 이동하면서 지나는 환경입니다. 흑연의 표면에 만들어진 보호막 3은 액체전해질을 사용하면 만들어지는 것과 유사하나 성분과 구조에서 다소 차이가 발생합니다. 따라서 젤폴리머전해질과 흑연의 보호막 3을 함께 쌍으로 고려하는 것이 중요합니다.

앞서 본 것처럼 고체고분자전해질은 특히 상온에서 작동하는 리튬이온배터리에 사용되면 '접촉면 분리'가 발생합니다. 충전, 방전 중 발생하는 음극과 양극의 부피 변화를 '고체'인 고체고분자전해질이 수용하지 못하므로 고체고분자전해질과 흑연 혹은 리튬 코발트 산화물과의 접촉면이 떨어지는 것이죠. 그러면 접촉 저항이 급격히 커집니다. 이를 방지하기 위해 외부에서 높은 압력을 가하는 기술적인 전략을 이미 살펴보았습니다.

그런데 젤리처럼 반고체인 젤고분자전해질은 내부에 이미 액체전해질을 갖고 있어 충전 혹은 방전이 진행되는 동안 발생하는 양극과 음극의 부피 변화를 충분히 수용할 수 있으므로 '접촉면 분리'에 의한 접촉 저항의 증가는 일어나지 않습니다. 따라서 리튬이온배터리가 작동하는 동안 외부에서 압력을 가할 필요가 없죠. 필요한 경우 매우 작은 약 0.2[*MPa*] 수준의 외부 압력을 가하면 충분합니다. [138][77]

리튬이온을 내부에 갖고 있는 세라믹전해질

세라믹(Cermaic)은 주방이나 화장실에 있는 타일 혹은 물컵, 접시 등의 식기는 물론 건축에 사용되는 벽돌, 최근에 등장한 클레이 아트(Clay Art)[139][78] 등을 아우르는 데 앞서 본 고분자와 마찬가지로 일상생활에서 쉽게 볼 수 있는 친숙한 재료입니다. 세라믹 재료는 매우 딱딱하고 표면을 날카로운 것으로 긁어 보면 스크래치가 잘 안 생기죠. 고온은 물론 부식성이 강한 산이나 염기에도 잘 견디지만 충격을 받으면 쉽게 깨집니다.

---

138) 참고로 파우치로 포장된 리튬이온배터리는 모듈에 들어가 조립되면 대략 0.42[MPa]의 외압을 받는다.

139) 점토로 만든 작품을 가마(Kiln)에서 고온(900~1,400[℃])으로 구워낸다.

타일이나 물컵과 같은 세라믹 재료의 내부에서 독자 여러분이 리튬이온이 되어 움직인다고 한번 상상해 보세요. 세라믹 재료 안을 리튬이온이 움직이는 것은 앞서 본 액체 재료나 고분자 재료 안을 움직이는 것보다 어려울까요? 이에 대한 답을 얻기 위해 세라믹 재료 안에서 양이온인 리튬이온이 움직일 수 있는 환경은 어떻게 만들어지는지 차츰 살펴봅시다.

페러데이 전이온도는 무엇일까

과학자 패러데이(Michael Faraday)는 납불화물(PbF_2)을 가열하면 427[℃]에서부터 납이온(Pb^{2+}) 이온전도도가 급격히 증가한다는 것을 1834년에 최초로 발견합니다.[79] 438[℃]에서 측정된 납불화물의 납이온 이온전도도가 $3[S \cdot cm^{-1}]$인데 상온 납이온 이온전도도 대비 자그마치 10^8 배 커집니다.[80] 액체전해질의 상온 이온전도도($10^{-1}[S \cdot cm^{-1}]$) 대비 무려 30배 정도 큰 값입니다!

이처럼 고온에서 납이온 이온전도도가 급증한 납불화물을 상온의 납불화물과 구별하기 위해 접두사 '베타(β)'를 붙여 '베타-납불화물(β-PbF_2)'이라 부르는데 결정구조에서 차이[140]가 있습니다.

이처럼 특정 온도에서부터 세라믹의 이온전도도가 급격히 증가하는 현상은 이를 발견한 과학자 패러데이의 이름을 따라 '**패러데이 전이(Faraday Transition)**'라 부릅니다. 즉 **페러데이 전이 온도**[141]보다 낮은 온도에서는 세라믹의 이온전도도가 매우 낮은데, 이 온도를 지나면서부터는 이온전도도가 급격히 증가합니다. 페러데이 전이 현상의 발견은 이후

---

140) 양이온(Ag^+)과 음이온(I^-) 사이의 좌우 혹은 상하 거리 등에 변화가 생기는 것.
141) 내부 결정구조가 변하므로 '상변태(Phase Transition) 온도'라 부르는 과학자도 있음.

세라믹전해질 연구가 시작되는 계기가 되었습니다. 관련 학문 분야는 영어로 '**Solid State Ionics**'라 합니다.

이후 1914년 과학자 투반트(C. Tubandt)와 로렌즈(E. Lorenz)는 요오드화은(AgI)이라는 새로운 세라믹 재료를 발견합니다. 요오드화은은 147[℃]에서부터 은이온(Ag^+) 이온전도도가 급격히 증가하기 시작합니다. 측정된 은이온 이온전도도는 $1.3[S \cdot cm^{-1}]$이었는데 555[℃]까지 유사한 수준으로 유지되죠. 액체전해질의 상온 이온전도도 대비 13배 정도 큰 값입니다. 그래서 147~555[℃]의 온도 범위에 있는 요오드화은은 이름 앞에 접두사 '알파(a)'를 붙여 '알파-요오드화은(a-AgI)'이라 부릅니다. 조금 전에 본 납불화물 사례처럼 상온의 요오드화은과 구별하기 위함입니다.

알파-요오드화은의 은이온 이온전도도가 급격히 올라가기 시작하는 페러데이 전이 온도 147[℃]는 베타-납불화물 대비 무려 280[℃]나 낮아진 온도입니다. 당시에 일부 과학자는 은이온이 알파-요오드화은 안에서 액체처럼 움직이는 것으로 생각하기도 합니다. 물론 액체처럼 흐르지는 않습니다. 어떻게 양이온이 세라믹전해질 안에서 이동하는지는 곧 살펴보겠습니다.

그렇다면 이론적으로 페러데이 전이 온도가 상온이고, 내부에 리튬이온을 갖고 있는 세라믹 재료를 찾으면 아주 훌륭한 고체전해질 후보가 될 수 있겠죠? 중요한 점은 세라믹 재료의 이온전도도는 온도와 밀접한 연관성을 갖는다는 것입니다. 그리고 온도 외에 세라믹전해질 안에서 양이온이 움직일 수 있는 환경[142][81]이 만들어지는데 기여하는 중요한 인자가 또

---

142) 세라믹 재료 안에서 보통 크기가 작은 양이온이 움직이는데, 예외적으로 음이온이 움직이는 예도 있음.

하나 있습니다. 다음에서 바로 알아봅시다.

세라믹 재료 안에는 빈자리가 많다?!

앞서 고체재료에 대한 선입견을 살펴보았습니다. 리튬원자의 사례를 통해 보았던 것처럼 원자는 거의 텅 비어 있다는 것과 끊임없이 움직인다는 것, 그리고 가끔 빈자리가 있다는 것을 알았습니다. 여기서는 고체재료 안에 있는 빈자리와 관련된 선입견에 집중하여 이야기해 보고자 합니다.

우리는 보통 원자나 분자 사이에 이온결합을 하는 세라믹 재료(예, 소금($NaCl$), 염화은($AgCl$)) 안에서 모든 이온은 '이상적으로' 상대적인 자리에 정확히 위치한다고 생각합니다. 즉 세라믹 재료 안의 원자나 분자가 이온결합을 하면서 모여 있을 때 상대적으로 완벽한 위치에 있다고 생각하는 거죠. 이러한 이상적인 위치를 **격자점(Lattice Point)**이라 합니다. 보충 설명 19를 참고하세요.

소금의 예를 들면 다음 그림처럼 나트륨이온과 염소이온이 이온결합을 할 때 하나씩 완벽하게 상대적인 위치(격자점)에 자리를 잡고 있다고 생각하기 쉽습니다. 소금의 표면이나 내부에 있는 양이온과 음이온을 육안으로 구별하여 볼 수 없으므로 이렇게 생각하는 것이 자연스럽고 당연하죠?

그렇지만 이를 당연시하지 않은 과학자가 있습니다. 바로 과학자 프렝켈(Yakov Frenkel)과 쇼트키(Walter H. Schottky)입니다. 프렝켈과 쇼트키는 세라믹 재료의 내부 구조에 깊은 호기심을 갖고 연구한 끝에 현실에서는 예를 들어 세라믹 재료인 소금이나 염화은 안에 수많은 빈자리가 있다는 것을 발견합니다.[82]

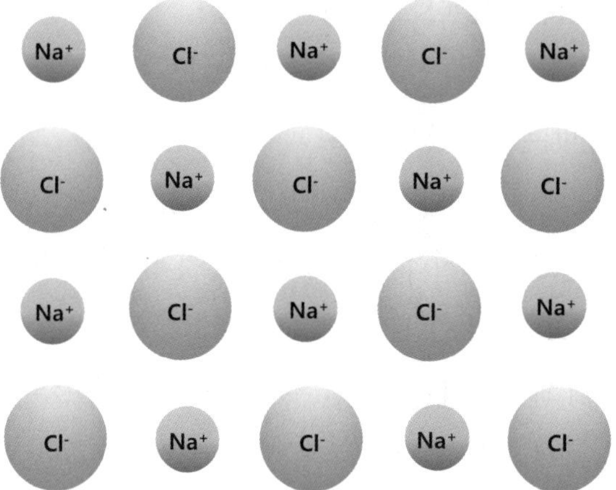

소금(NaCl) 안에서 양이온(Na⁺)과 음이온(Cl⁻)이 정전기력에 의해 이온결합 할 때 상대적인 자리(격자점)에 완벽히 위치하면 '이상적인' 상태입니다.

프렝켈 결함

프렝켈은 세라믹(예, 염화은(AgCl)[83]) 안의 양이온과 음이온이 이온결합에 의해 차례차례 이상적인 자리에 있지 않고, 가끔 양이온이 **틈새 자리**(Interstitial Site)로 이동하여 빈자리가 생긴다는 것을 발견합니다. 다음 그림을 참조하세요. 이 빈자리를 과학자 프렝켈의 이름을 따라 **프렝켈 결함**(Frenkel Defect)이라 합니다. [84]

프렝켈 결함 관련 핵심 내용[85]은 다음과 같습니다. 첫째, 프렝켈 결함은 양이온과 음이온의 크기 차이가 클 때(양이온 반지름 ≪ 음이온 반지름) 잘 발생합니다. 둘째, 작은 양이온이 틈새 자리로 이동하고 큰 음이온은 보통 제 자리에 있습니다. 이 책에서 살펴보는 세라믹전해질은 리튬이온처럼 크기가 작은 양이온이 움직이고, 크기가 큰 음이온은 보통 제자리에 있습니다. 셋째, 세라믹 재료의 전체적인 전기적 중성은 유지됩니다.

넷째, 은이온이 틈새 자리로 이동하지만 전체 이온의 개수에 변화는 없습니다. 즉 염화은의 무게나 밀도의 변화가 일어나지 않습니다. 다섯째, 프렝켈 결함이 잘 발생하는 세라믹 재료에는 염화은(AgCl), 황화아연(ZnS), 브롬화은(AgBr) 등이 있습니다.

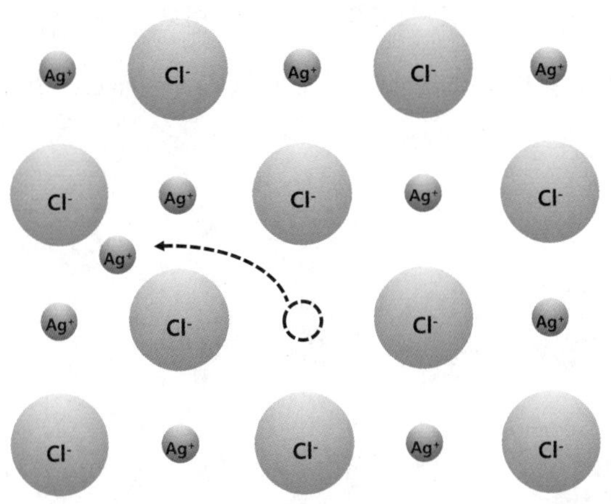

염화은(AgCl) 안에서 발생한 프렝켈 결함(Frenkel Defect). 은이온이 틈새 자리(Interstitial Site)로 이동하면서 원래 자리(격자점 위치)가 비게 됩니다. 이 빈자리를 프렝켈 결함(Frenkel Defect)이라 합니다.

쇼트키 결함

이번에는 과학자 쇼트키가 세라믹 재료 안에서 발견한 빈자리(Vacancy)는 무엇인지 살펴봅시다. 쇼트키는 세라믹 안의 '양이온과 음이온이 쌍으로 없어져' 만들어진 빈자리가 있다는 것을 발견합니다. 이 경우 빈자리는 항상 2개가 생기죠. 이를 과학자 쇼트키의 이름을 따라 **쇼트키 결함(Schottky Defect)**이라 합니다.[86] 다음 그림을 참조하세요.

쇼트키 결함과 관련된 내용을 정리하면[87] 첫째, 쇼트키 결함은 양이온과 음이온의 크기 차이가 작을 때 잘 발생합니다. 둘째, 양이온과 음이온한 쌍이 세라믹 재료의 외부로 완전히 이동하므로 빈자리는 항상 2개 만들어집니다. 셋째, 세라믹 재료의 전체적인 전기적 중성은 유지됩니다. 넷째, 예를 들어 나트륨이온과 염소이온이 없어지는 것이므로 전체 이온의 개수는 줄어듭니다.. 즉 염화은의 무게와 밀도가 감소합니다. 다섯째, 쇼트키 결함이 잘 발생하는 세라믹 재료에는 소금(NaCl), 염화칼륨(KCl), 산화세륨(CeO_2) 등이 있습니다.

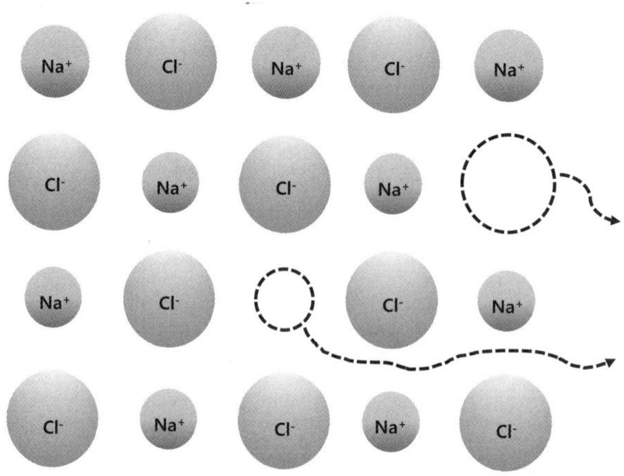

소금(NaCl) 안에서 발생한 쇼트키 결함(Schottky Defect)입니다. 나트륨이온 하나와 염소이온 하나가 쌍으로 사라져 빈자리가 발생합니다. 이 경우 빈자리는 2개 생깁니다. 이렇게 생긴 2개의 빈자리를 쇼트키 결함(Schottky Defect)이라 합니다.

프렝켈 결함과 쇼트키 결함의 수

프렝켈과 쇼트키가 발견한 결함은 격자점 자리가 빈 것임에 착안하여

'**점결함(Point Defect)**'이라 합니다. 세라믹 안에서 양이온과 음이온이 모든 자리에 완벽히 위치한 이상적인 상태와 비교하여 이온이 빠진 빈자리가 생긴 것이죠.

그런데 점결함이 존재한다는 것뿐 아니라 온도가 높아지면 그 수가 많아진다는 것이 실험적으로 밝혀졌는데 각 점결함의 개수를 실제 계산할 수 있는 수식도 제시됩니다. 아래 2개의 수식을 살펴보면 점결함의 개수는 고온에서 급격히 많아지고, 상온이나 그보다 낮은 온도에서는 적어진다는 공통적인 특징이 있습니다.

즉 온도에 대해 직선적으로 증가하는 일차함수 모양이 아닌, 급히 휘어져 올라가는 지수함수의 모양으로 증가하는 것이죠.[88] **프렝켈 결함의 수**를 계산하는 수식은 과학자 프렝켈에 의해 제시되었습니다. 아래 식 (13)[143]을 참조하세요.

$$n_F = \sqrt{N \times N^*} \times \exp\left[\frac{\Delta H}{2 \times R \times T}\right] \quad \cdots (13)$$

n_F는 프렝켈 결함의 개수 [개]

N은 이온이 위치하는 이론적인 자리(Lattice)의 개수[개]

N^*는 양이온이 위치할 수 있는 틈새 자리의 개수[개]

exp는 자연로그함수의 밑(e)이며, 값은 대략 2.71828임

ΔH는 프렝켈결함이 발생하면서 변화된 엔탈피 (열) [J]

R은 기체상수($8.314[J \cdot K^{-1} \cdot mol^{-1}]$)

---

143) 엔탈피(단위: [J])는 대기압과 같은 정압하에서 물질 내부에 있는 모든 원자, 분자 혹은 이온의 운동으로 인한 열(q)(단위: [J])의 총합이다.

T는 절대 온도 [K]

쇼트키 결함의 수를 계산하는 수식은 과학자 쇼트키에 의해 제시되었습니다. 아래의 식(14)[144]를 참조하세요.

$$n_S = N \times \exp\left[\frac{\Delta E}{2 \times k \times T}\right] \quad \cdots (14)$$

n_S는 쇼트키 결함의 개수 [개]

N은 이온이 이론적으로 위치하는 자리(Lattice)의 개수 [개]

exp는 자연로그함수의 밑(e)이며 값은 대략 2.71828임

ΔE는 쇼트키 결함이 발생하면서 변화된 내부에너지 [J]

k는 볼쯔만 상수(1.38×10^{-23} [$J \cdot K^{-1}$])

T는 절대 온도 [K]

양이온은 마치 만원 전철을 빠져나가듯 이동한다

세라믹 재료를 이루는 양이온과 음이온이 정확히 각각의 이론적인 자리(격자점)에 있는 것이 아니라 조금 전에 본 것처럼 실제 점결함이 있다는 것이 세라믹전해질, 즉 세라믹 재료 안에서 양이온이 얼마나 잘 움직이느냐 하는 것과 무슨 상관이 있을까요? 사실 세라믹 재료 내부에 있는 점결함은 양이온이 움직일 때 무척 중요한 역할을 합니다.

이를 쉽게 이해하기 위해 아침, 저녁으로 만원 전철을 타고 출, 퇴근하

---

144) 내부에너지(단위: [J])는 물질을 구성하는 모든 원자, 분자, 이온 및 이를 구성하는 핵과 전자 등 모든 입자의 운동에너지(단위:[J])와 포텐셜에너지(단위: [J])를 합한 것이다.

는 사람을 예로 들어 보겠습니다. 만원 전철에 타고 있다는 것은 승객과 승객 사이의 틈이 거의 없다는 것을 의미하죠. 세라믹 내부의 양이온과 음이온이 각각의 격자점 자리에 있는 것과 같습니다. 전철 안에 있는 각각의 승객은 양이온과 음이온으로, 내리고자 하는(움직이고자 하는) 승객을 '움직여야 하는 특정 양이온'에 비유해 봅시다.

독자 여러분이 특정 양이온이라 생각해 보세요. 여러분은 만원 전철에 타고 있을 때 어떻게 내리시나요? 꽉 찬 전철에서 내리고자 하는 승객은 한 정거장 전에 옆의 승객과 주변 승객에게 내린다고 양해를 미리 구합니다. 그러면 바로 옆의 승객은 마치 양이온이 '틈새 자리'로 이동하는 것처럼 어떻게든 이동하여 '원래 자신이 서 있던 자리를 비워 줍니다'. 빈자리가 생기는 것이죠. 이렇게 만들어진 빈자리로 내리고자 하는 승객이 이동한 후 또다시 바로 옆의 승객이 틈새로 이동하여 빈자리가 생기면 또 이동합니다. 이렇게 만원 전철에서 어떤 한 승객이 내리기 위해서는 다른 승객이 움직여 자신의 자리를 비워 주는 방식으로 빈자리가 '계속' 만들어져야 합니다.

이처럼 어떤 양이온이 세라믹 안에서 움직이기 위해서는 점결함과 같이 주변에 어느 정도 느슨해진 공간이 있어야 합니다. 점결함이 많을수록 이온이 움직이기 좋은 이유를 알 수 있겠죠? 그런데 앞의 비유로 다시 돌아가서 만일 바로 옆의 승객에게 양해를 구했는데, 그 승객이 자리를 비워 주지 않는다면 어떻게 될까요?

이렇게 되면 내리려는 승객도 움직일 수 없으니, 목적지 역에서 내릴 수 없는 것입니다. 아마 승객들이 너무 지처 움직일 힘이 전혀 없을 수도 있겠는데 에너지를 보충해 줄 에너지 드링크라도 마시고 힘을 낸다면 좋겠죠? 반대로 바로 옆의 승객뿐 아니라 다른 여러 승객도 에너지가 충분해서 활발히 움직이면서 공간을 계속 잘 만들어 주는 경우라면 아주 쉽게 내릴 수 있습니다.

점결함과 엔트로피의 관계

앞서 본 특정 승객이 만원 전철에서 내리는 비유를 이어가면 각 승객의 에너지가 큰 것이 유리합니다. 이것은 온도가 올라갈수록 열에너지를 받은 원자들이 더욱 자유롭게 움직일 수 있는 것과 비슷하죠. 엔트로피(Entropy)가 상승한 것입니다. 보충 설명 15를 참고하세요.

그리고 엔트로피 관련 식을 보면 물질을 구성하는 **원자나 이온이 자유롭게 움직이는 경우의 수(W)**는 지수함수적으로 변화됩니다(보충 설명 15의 식(1) 참고). 아래 식(15)를 참조하세요. 과학자들이 세라믹 안에 발생하는 점결함의 개수, 예를 들어 쇼트키 결함의 개수를 구하는 식을 유도할 때 식(15)를 사용하는 경우도 있습니다. 즉 물질을 구성하는 원자나 이온이 움직이는 경우의 수와 점결함의 발생은 매우 밀접하게 연관된 것이죠.

$$W = \exp\left[\frac{S_{sys}}{k}\right] \quad \cdots (15)$$

W는 물질 내의 원자나 이온이 운동할 수 있는 경우의 수 [개]

exp는 자연로그의 밑(e)으로 값은 대략 2.71828임

S_{sys}는 물질의 엔트로피$[J \cdot K^{-1}]$

k는 볼쯔만 상수($1.38 \times 10^{-23} [J \cdot K^{-1}]$)

정리하면, 세라믹 안에서 이온이 잘 움직일 수 있는(이온전도도가 커지는) 유리한 조건은 바로 '고온'입니다. 고온에서는 세라믹 재료를 구성하는 이온이 움직일 수 있는 경우의 수(W)와 점결함의 개수(n_F, n_S)가 급격히 늘어나기 때문입니다.

예를 들어 고온에서 세라믹 재료에 전극을 붙이고 배터리를 연결하여 전기장에 의한 힘(정전기력)을 가하면 ① 세라믹 재료 안의 모든 이온이 활발하게 움직이고 ② 늘어난 점결함(빈자리) 덕분에, 마치 만원 전철을 다른 승객들이 재빨리 움직여 빈자리를 만든 덕분에 빠르게 하차하는 승객처럼, 양이온이 하나의 빈자리에서 다음 빈자리로 빠르게 이동하면서 반대 전하를 띤 전극 방향으로 움직입니다. 앞서 과학자 패러데이가 고온의 세라믹 재료에서 관찰한 패러데이 전이 현상이 일어나는 이유입니다.

이온전도도 식과 아레니우스 식의 관계는?

앞서 본 것처럼 물질 내 원자 혹은 이온이 운동할 수 있는 경우의 수(식(15)), 프렝켈 결함의 수(식(13)), 쇼트키 결함의 수(식(14)) 모두 온도에 따라 지수함수적으로 증가합니다.[89] 그래서 세라믹 재료의 **이온전도도 크기**도 온도에 따라 지수함수적으로 증가하는 것이죠. 과학자들이 정리해 놓은 대표적인 이온전도도 식은 아래의 식(16)을 참고하세요. 또한 식(16)에서 가장 핵심적인 파라미터는 **활성화에너지(E_a)**인데 작을수록 이온전도도가 커집니다. 활성화에너지(E_a) 관련 상세 설명은 184~185쪽 내용과 보충 설명 20을 참고하세요.

$$\sigma \times T = \sigma_o \times \exp\left[-\frac{E_a}{k \times T}\right] \quad \cdots (16)$$

σ는 세라믹의 이온전도도 $[S \cdot cm^{-1}]$

T는 절대온도 $[K]$

σ_o은 실험으로 결정되는 상수(Pre-exponential)

exp는 자연로그의 밑(e)으로 값은 대략 2.71828임

E_a는 활성화 에너지 $[eV]$

k는 볼쯔만 상수($1.38 \times 10^{-23} [J \cdot K^{-1}]$)

이온전도도 수식처럼 온도에 따라 화학반응 속도가 '지수함수적으로 급격히 변화하는 경향성'은 특히 과학자 아레니우스(Svante Arrhenius)가 제시한 **아레니우스 식(Arrhenius Equation)**으로 대표됩니다. 아레니우스 식의 일반적인 형태와 의미 등 상세 내용은 중요한 사항이니 이 책의 후반부에 있는 보충 설명 20을 꼭 참고하세요.

300[℃]에서 작동하는 나트륨-황 배터리

미국 미시간주 디트로이트(Detroit)에 있는 빅3 자동차 회사 중 하나인 F사에 근무하던 연구원 쿠말(Joseph Kummer)과 웨버(Neill Weber)는 300[℃]에서 베타-알루미나(β-Alumina[145])의 나트륨이온(Na^+) 이온전도도($3.7 \times 10^{-2} [S \cdot cm^{-1}]$[146](90))가 매우 우수하다는 점에 착안하여 이를 고체

---

145) 알루미나의 화학식은 Al_2O_3이다.

146) 300[℃]에서 베타-알루미나의 나트륨 이온전도도는 상온에서 리튬이온배터리에 사용되는 액체전해질 이온전도도 대비 우수함.

전해질로 사용한 **나트륨-황 배터리(Sodium-Sulfur Battery)**[91]'를 1967년에 발명합니다.

세라믹전해질인 베타-알루미나를 제외하고 양극과 음극인 황(S, 녹는점: 115.21[℃][92])과 나트륨(Na, 녹는점: 98[℃][93])은 높은 작동온도로 인해 모두 녹아 액체 상태이죠. 즉 전고체전지는 아닙니다. 나트륨-황 배터리의 충전, 방전 관련 간략한 작동원리 소개는 보충 설명 21을 참고하세요.

핵심 소재인 3개 물질(나트륨, 황, 알루미나)이 모두 값싸고 풍부하므로 개발 당시 '저렴하면서 성능도 우수한 배터리'가 될 것으로 많은 기대를 받았죠. 이후 본격적인 상용화는 이 기술을 도입한 일본의 N사에 의해 달성됩니다. 전기차 대비 배터리의 무게나 부피의 제한이 비교적 적은 **에너지저장장치(ESS)** 분야에서 2002년 상용화에 성공하죠.[94]

그렇지만 2011년 9월 21일에 나트륨-황 배터리를 사용한 대규모 ESS에서 발생한 화재는 이후 급격한 시장 축소의 원인이 됩니다.[95] 화재의 원인은 나트륨-황 배터리에 사용된 베타-알루미나 고체전해질이 국부적으로 높은 온도에 노출되어 깨지면서 일어난 내부 단락으로 알려졌습니다.[96]

비록 오늘날까지 상업 생산은 되고 있으나, 가격이 많이 낮아진 리튬이온배터리에 밀려 ESS 시장에 대규모로 다시 적용되지는 못하고 있습니다. 비록 부침이 있었지만, 고온에서 상당히 큰 나트륨이온 이온전도도를 보인 베타-알루미나는 이후 리튬이온 세라믹전해질 연구가 진행되도록 한 중요한 계기가 됩니다. 그러면 지금부터 종류도 다양한 세라믹 전해질과 친해지기 위해 어떤 재료들이 있는지 간략하게 알아봅시다.

나시콘, 리시콘, 티오-리시콘, LGPS는 어떤 재료인가?

보도 매체에서 **나시콘(NASICON)**, **리시콘(LISICON)**, **티오-리시콘 (Thio-LISICON)**, LGPS라는 세라믹전해질 이름을 듣게 되면 사실 굉장히 당황스럽죠? 한 가지씩 살펴봅시다.

나시콘

리튬이온배터리 상용화의 공로로 2019년 노벨화학상을 받은 존 굿이너 프(John Goodenough) 교수님은 조금 전에 살펴본 베타-알루미나 고체전 해질의 상업화 성공을 지켜보았습니다. 그러면서 베타-알루미나보다 나 트륨이온이 더욱 잘 움직일 수 있는 산화물 관련 연구를 과학자 홍(Hong) 과 함께 진행합니다.[97] 그러던 중 1976년 새로운 산화물의 합성에 성공 하는데 이 산화물을 구성하는 성분은 나트륨(Na), 지르코늄(Zr), 규소(Si), 인(P), 산소(O)이고, 화학식[98]으로 표현하면 아래와 같습니다.

$$Na_{1+\chi}Zr_2Si_\chi P_{3-\chi}O_{12}\ (0 \leq \chi \leq 3) \cdots (17)$$

위의 화학식(17)을 간략 구조식(Condensed Formula)[99]으로, 즉 단원 자 이온(Na^+, Zr^{4+})과 다원자 이온(SiO_4^{2-}, PO_4^{3-})을 구분하여 나타내면 아래 의 식과 같습니다.

$$Na_{1+\chi}Zr_2(SiO_4)_\chi(PO_4)_{3-\chi}\ (0 \leq \chi \leq 3) \cdots (18)$$

위의 식에서 예를 들어 규소가 없는 경우(χ=0) 만들어진 산화물의 화학식은 'NaZr$_2$P$_3$O$_{12}$'이고, 간략 구조식으로 표현하면 'NaZr$_2$(PO$_4$)$_3$'입니다. 규소의 양을 점차 늘리면서, χ의 값을 증가시키면서, 만든 산화물의 이온전도도는 짐작했겠지만 변화됩니다.

그런데 'χ' 값은 해당 범위 안에서 정수가 아닌 소수가 되는 경우도 합성하는 방법에 따라 종종 발생합니다. 즉 만들어진 산화물이 **비화학량론(Non-stoichiometry) 세라믹 재료**인 경우도 많은 것이죠. 비화학량론 세라믹 재료의 뜻은 보충 설명 22를 참고하세요.

이렇게 'χ'를 변화시키면서 만든 여러 종류의 고체전해질은 '나시콘(NaSICON) 그룹 혹은 나시콘 시리즈'로 불리는데[100] 동일한 **결정계**인 **단사정(Monoclinic)**[147]**계**에 속합니다. '나시콘(NaSICON)'이라는 이름은 굿이너프 교수님의 동료 과학자에 의해 붙여졌습니다. 재미있게도 영문 이름 '**Na** **S**uper**I**onic **CON**ductor'에서 볼드체 글자를 모아 만든 것이죠. 베타-알루미나의 상업화 성공을 본 후 시작한 존 굿이너프 교수님의 나시콘 관련 연구 노력은 35년 후 나올 황화물계 고체전해질인 LGPS의 탄생까지 그 흐름이 연결됩니다. 172쪽 그림을 참고하세요.

리시콘

나시콘을 존 굿이너프 교수님과 함께 연구한 과학자 홍(Hong)은 나트륨이온이 잘 움직였던 나시콘 재료처럼 리튬이온이 잘 움직이는 세라믹 재료를 합성하기 위한 연구를 진행합니다. 과학자 홍의 연구 노력 결과 1978년 새로운 세라믹 재료가 합성되죠. 이 재료의 화학식을 간략 구조식

---

147) 이 책의 후반부에 있는 보충 설명 19 참고.

[101]으로 나타내면 아래의 식(19)와 같습니다.

$$Li_{16-2\chi}D_{\chi}(TO_4)_4 \ (0 \leq \chi \leq 4) \cdots (19)$$
$$D = Mg^{2+} \text{ 혹은 } Zn^{2+}, \ T = Si^{4+} \text{ 혹은 } Ge^{4+}$$

화학식을 보면 알파벳 'D'와 'T' 자리에 각각 2종류의 이온이 들어갈 수 있습니다. 그리고 'χ' 값은 식에 표시된 범위 안에서 변화됩니다. 'χ'를 변화시키면서 만든 여러 종류의 고체전해질은 각기 다른 이온전도도를 갖게 되죠. 이 새로운 산화물의 이름은 리시콘(LiSICON)입니다.

나시콘과 비슷하게 영문 이름 'Li SuperIonic CONductor'에서 볼드체를 모아 만들어졌습니다. 'χ' 값이 해당 범위 안에서 변화되면서 만들어진 다양한 세라믹 재료는 '리시콘(LiSICON) 그룹' 혹은 '리시콘 시리즈'로 불리고 각 세라믹 재료는 동일한 결정계인 **사방정(Orthorhombic)**[148]**계**에 속하죠. 드디어 리튬이온이 움직이는 새로운 세라믹전해질(산화물)이 만들어진 것입니다!

티오-리시콘

리시콘의 합성 이후 세라믹 안에서 움직이는 리튬이온의 이온전도도를 더욱 개선하기 위한 연구가 미국뿐 아니라 일본에서도 진행됩니다. 2001년 도쿄 과학 연구소(Institute of Science Tokyo)에 계신 료지 칸노(Royji Kanno) 교수님[102]은 산화물의 핵심 원소인 **산소(O)를 빼고 대신 황(S)이**

---

148) 이 책의 후반부에 있는 보충 설명 19 참고.

들어간 새로운 세라믹 재료를 합성하는 연구를 진행합니다.

칸노 교수님은 산화물에서 '산소' 대신 '황'이 들어가 황화물이 되었기 때문에 새롭게 합성한 황화물을 티오-리시콘(Thio-LISICON)이라 이름 붙였죠. 리시콘 앞에 붙인 **'티오(Thio)**[103]**'는 황(S)이라는 뜻**입니다. 즉 리튬이온이 잘 움직이는 (산소 대신) 황이 들어간 세라믹전해질이란 뜻입니다. 료지 칸노 교수님이 합성한 티오-리시콘의 화학식[104]은 아래와 같습니다.

$$Li_{4-\chi}Ge_{1-\chi}P_{\chi}S_4 \ (0 \leq \chi \leq 1) \cdots (20)$$

'χ'를 변화시키면서 만들어진 여러 종류의 고체전해질은 '티오-리시콘 그룹' 혹은 '티오-리시콘 시리즈'로 불리고, 결정계는 **단사정(Monoclinic)**[149]**계**에 속합니다. 특히 'χ=0.75'일 때, 즉 화학식 $Li_{3.25}Ge_{0.25}P_{0.75}S_4$ 일 때, 해당 티오-리시콘은 상온에서 리튬이온배터리의 액체전해질 이온전도도와 비교하여 유사한 이온전도도($2.2 \times 10^{-3}[S \cdot cm^{-1}]$)를 보이는데 비화학량론 세라믹 재료입니다. 이때부터 산소 대신 황이 들어간 세라믹전해질은 '황화물계' 고체전해질로서 앞서 본 나시콘이나 리시콘과 같은 '산화물계' 고체전해질과는 구분됩니다.

LGPS

이온전도도를 높이기 위한 새로운 황화물계 세라믹을 합성하는 연구가 계속해서 활발히 진행되어, 티오-리시콘 그룹과도 구별되는, 2011년 새롭

---

149) 이 책의 후반부에 있는 보충 설명 19 참고.

게 합성된 $Li_{10}GeP_2S_{12}$는 놀랍게도 상온에서 리튬이온배터리의 액체전해질 이온전도도와 비교하여 더욱 우수한 이온전도도($1.2×10^{-2}[S \cdot cm^{-1}]$)를 보입니다.[105] $Li_{10}GeP_2S_{12}$의 결정계는 **정방정(Tetragonal)**[150]**계**입니다.

칸노 교수님은 이 세라믹 재료를 발표한 논문에서 $Li_{10}GeP_2S_{12}$를 단순히 한 종류의 'Li Superionic Conductor'라 불렀는데, 보도 매체에서 LGPS로 부르면서 LGPS로 널리 알려집니다.[106]

상온에서 액체인 유기용매보다 고체인 LGPS 안에서 리튬이온이 더욱 빨리 움직인다는 것은 그 자체로 매우 놀라운 하나의 사건이었습니다. LGPS의 탄생은 고체전해질의 상업화 가능성에 대한 큰 기대를 불러왔고, 황화물계 고체전해질을 사용한 전고체전지에 대한 기대도 함께 커졌습니다. 연구원 쿠말과 웨버의 베타-알루미나에서부터 칸노 교수님의 LGPS 연구까지 세라믹전해질의 연구 흐름을 아래에 그림으로 정리하였습니다.

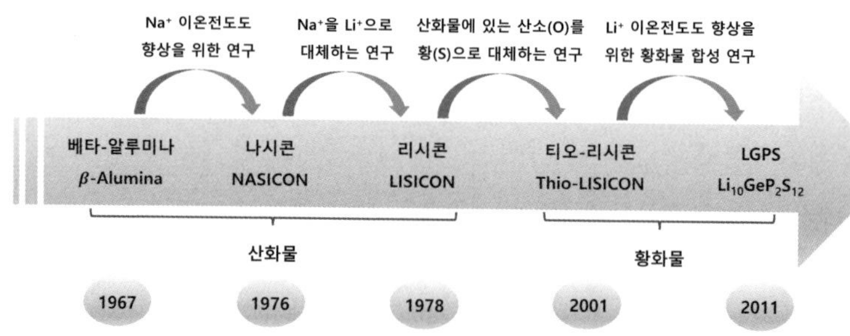

산화물인 베타알루미나에서 황화물인 LGPS까지 세라믹전해질의 연구 흐름.

---

150) 이 책의 후반부에 있는 보충 설명 19 참고.

가넷 기반 LLZO, 아지로다이트는 어떤 재료인가?

위에서 본 세라믹전해질 외에 최근에 가장 큰 주목을 받는 **가넷 기반 (Garnet-based) LLZO, 아지로다이트(Argyrodite)**도, 고체전해질 관련 보도 매체에 자주 등장하는데, 여전히 낯설죠? 이들 각각의 재료에 대해서도 간략히 살펴봅시다.

가넷 기반 LLZO

가넷은 5,000년 전 청동기시대부터 기록이 남아 있는데 작고 붉은색의 석류알처럼 생긴 광물(석류석)을 부르는 이름입니다.[107] 그런데 산화물 중 많은 관심을 받는 세라믹 재료인 'LLZO'는 가넷과 연관 지어 불립니다. 예를 들어 LLZO 앞에 '가넷 기반(Garnet-based)', '가넷 타입(Garnet-type)', '가넷 구조(Garnet-structured)'라는 말을 덧붙이는 거죠.[108]

그렇다면 5,000년 전 발견된 석류석과 LLZO 고체전해질 사이에 어떤 공통점이 있길래 이러한 용어를 덧붙이는 걸까요? 짐작했겠지만 LLZO의 결정구조가 광물인 가넷과 같은 결정계(**입방정(Cubic)계**[151])에 속하는 세라믹 재료라는 뜻입니다.[109]

과학자 탕가두라이(V. Thangadurai)는 가넷 기반의 산화물 $Li_5La_3M_2O_{12}$(M=Nb, Ta)를 2003년에 처음 합성합니다.[110] 상온 이온전도도는 $10^{-6}[S \cdot cm^{-1}]$의 낮은 수준이었죠. 이후 2007년 과학자 무루간(R. Murugan)은 과학자 탕가두라이의 연구를 기반으로 니오븀(Nb)이나 탄탈륨(Ta) 대신 지르코늄(Zr)이 들어간 $Li_7La_3Zr_2O_{12}$를 합성합니다. 이것이

---

151) 보충 설명 19 참조.

바로 오늘날 가넷 기반의 LLZO라 불리는 산화물계 세라믹전해질이죠.[111] 상온 이온전도도는 $10^{-4}[S \cdot cm^{-1}]$ 수준으로 크게 향상됩니다.

과학자 우(Jian-Fang Wu)는 2017년 가넷 기반의 LLZO에 추가로 갈륨(Ga)을 **도핑(Doping)**[152][112]하는 연구를 진행합니다.[113] 도핑은 세라믹전해질을 구성하는 원소 외에 다른 원소를 추가로 조금 넣어 주는 것입니다. 예를 들어 가넷 기반의 LLZO를 만드는 원재료는 Li_2CO_3, La_2O_3, ZrO_2 3가지인데 갈륨 도핑을 위해 추가로 Ga_2O_3를 소량(χ) 첨가합니다. 아래 화학식(21)을 참조하세요.

$$Li_{7-3\chi}Ga_\chi La_3 Zr_2 O_{12} \ (0.1 \leq \chi \leq 0.4) \cdots (21)$$

갈륨을 도핑한 양이 $\chi=0.25$일 때, 즉 비화학량론 세라믹 재료인 $Li_{6.25}Ga_{0.25}La_3 Zr_2 O_{12}$일 때 상온 이온전도도가 $1.34 \times 10^{-3}[S \cdot cm^{-1}]$로 측정되었습니다. 상온에서 측정한 액체전해질 이온전도도와 비슷해집니다. 도핑하지 않은 LLZO와 구분하기 위해 '가넷 기반의 Ga-LLZO'라 부릅니다. 가넷 기반의 Ga-LLZO는, 앞서 본 황화물계 LGPS처럼, 현재까지 발견된 산화물 중 상온 이온전도도가 가장 높은 매우 중요한 재료입니다.

그런데 갈륨을 도핑하면 가넷 기반의 LLZO 안에 어떤 효과가 발생하는 걸까요? 보통 특정 원소를 도핑하면 세라믹 재료 내부에 점결함이 많아집니다. 또한 가넷 기반의 Ga-LLZO 안을 보면 리튬이온(Li^+) 자리 중 일부를 갈륨이온(Ga^{3+})이 차지합니다. 따라서 내부 결정구조 안에서 리튬이온이

---

152) 세라믹 재료의 결정구조에 새로운 원소를 넣어 주는 것. LLZO의 결정구조에 추가된 갈륨(Ga)을 도펀트(Dopant)라 한다.

움직일 때 받는 인력에 변화가 생깁니다. 이러한 변화는 종합적으로 이온 전도도에 영향을 미치죠. 바로 활성화에너지(E_a)가 작아지는 것입니다.

가넷 기반의 LLZO에 다양한 양이온(예, Ta^{5+}, Nb^{5+}, Te^{6+}, W^{6+}, Al^{3+})이 추가로 생성되도록 많은 도핑 시도를 한 결과 현재까지 갈륨(Ga) 도핑 때문에 발생한 갈륨이온(Ga^{3+})이 이온전도도 측면에서 가장 큰 향상을 가져온 것입니다. 이처럼 세라믹전해질 내에서 리튬이온이 움직일 때 주변 환경으로부터 오는 인력을 변화시키는 방법의 하나로서 도핑이 있다는 점을 잘 기억해 두세요.

아지로다이트

아지로다이트(Argyrodite)는 원래 1886년 독일의 광물학자 바이스바흐(Albin Weisbach)[114]가 발견한 게르마늄(Ge)을 추출하는 광석(Ag_8GeS_6) 이름입니다.[115] 아지로다이트 광석의 결정계는 **사방정(Orthorhombic)계**[153]인데 아지로다이트는 비교적 낮은 온도($82.9[℃]$[154])에서부터 은이온(Ag^+)이 잘 움직이는 우수한 고체전해질이기도 합니다.[116]

우수한 리튬이온 고체전해질을 찾고자 노력하던 독일 지겐 대학교(University of Siegen)에 재직하던 데이세로스(Deiseroth) 교수님[117]은 바로 이점에 주목합니다. 데이세로스 교수님은 아지로다이트에서 은이온(Ag^+)을 리튬이온(Li^+)으로 대체하는 세라믹 합성법을 찾는 연구를 통해 2007~2008년 동일한 사방정 결정계를 갖는 순수 아지로다이트 Li_7PS_6

---

153) 보충 설명 19 참조.

154) 관련 논문을 보면 '페러데이 전이 온도' 대신 '상변태(Phase Transition) 온도'라는 용어가 사용됨. 이온전도도가 급격히 증가하는 온도라는 관점에서 동일한 의미임.

와 **할로겐화물**(Halide, 염소(Cl), 브롬(Br), 요오드(I))이 도핑된 아지로다이트를 최초로 합성합니다.[118] 할로겐화물이 도핑된 아지로다이트의 결정계는 사방정계가 아닌 입방정(Cubic)계라는 점은 주의하세요.[155][119] 할로겐화물이 도핑된 아지로다이트의 화학식은 아래의 식(22)를 참조하세요.[156]

$$Li_6PS_5X \ (X = Cl, \ Br, \ I) \ \cdots(22)$$

아지로다이트를 만드는 원재료는 Li_2S, P_2S_5입니다. 여기에 예를 들어 염소를 도핑하려면 LiCl을 소량 넣어 주면 됩니다. 할로겐화물이 도핑된 아지로다이트의 상온 리튬이온 이온전도도는 $10^{-4} \sim 10^{-3}[S \cdot cm^{-1}]$ 수준입니다.[120] 도핑에 의한 점결함의 증가와 더불어 결정계 관점에서 사방정에서 입방정으로의 변화가 리튬이온이 이동하는 환경에 긍정적인 영향을 미친 것으로 볼 수 있죠. 활성화에너지(E_a)가 작아지는 것입니다.

현재 전고체전지에 가장 많이 시도되는 세라믹전해질은?

가넷 기반 LLZO와 아지로다이트 2가지가 현재 가장 많이 주목받고 있으며, 전고체전지에 적용하기 위한 시도가 가장 많이 되는 산화물계와 황화물계에 속한 대표적인 고체전해질입니다. 이 두 개의 세라믹 재료 중 특히 할로겐화물이 도핑된 아지로다이트가 아래에 정리된 이유로 조금 더 많은 기대를 받고 있습니다.

---

155) 결정계가 사방정계에서 입방정계로 변화되었어도 아지로다이트라는 이름을 계속 사용함.
156) 화학식의 'X' 자리에 도핑된 '염소(Cl), 브롬(Br) 혹은 요오드(I)'가 들어감.

- 첫째, 액체전해질의 상온 이온전도도와 유사함.

- 둘째, LGPS 성분인 게르마늄(Ge)처럼 비싼 원소가 없음.

- 셋째, 가넷 기반 LLZO 대비 외부 힘을 받아 쉽게 변형됨.

세 번째 이유를 보면 산화물계 가넷 기반 LLZO 대비 쉽게 변형되는 것은 전고체전지를 조립한 후 유리합니다. 상대적으로 작은 힘으로 눌러도, 고체인 아지로다이트가 고체인 양극 및 음극에 접촉할 때, 계면에서 접촉면이 떨어지지 않고 더 잘 유지되는 것이죠.

아직도 여전히 많은 세라믹전해질 종류

지금까지 살펴본 리튬이온이 이동할 수 있는 세라믹전해질은 ① 리시콘, ② 티오-리시콘, ③ LGPS는 물론 ④ 가넷 기반 LLZO, ⑤ 아지로다이트입니다. 총 5가지이죠. 그런데 알고 있었나요? 이미 상용화에 성공한 세라믹전해질이 있습니다. 바로 최초의 전고체전지인 마아크로배터리에 적용된 ⑥ **산질화물전해질**인 **라이폰(LiPON, Lithium Phosphorous Oxynitride)**입니다. 라이폰까지 고려하면 총 6가지네요. 라이폰 관련 상세 내용은 보충 설명 23을 참고하세요.

세라믹전해질의 종류가 정말 많다고 생각할 수 있습니다. 그런데 여기서 끝이 아닙니다. ⑦ **페로브스카이트(Perovskite)**, ⑧ **리튬 할로겐화물(Li-Halide)**, ⑨ **리튬 수소화물(Li-Hydride)**, ⑩ **리튬 질화물(Li-Nitride)** 등도 고체전해질로서 재료과학자들이 관련 연구를 진행하고 있습니다.[121]

이 책에서는 기존에 알려지거나 현재도 계속 새롭게 합성되는 모든 종류의 세라믹전해질을 다 다루지 않습니다. 그러나 독자들은 새로운 종류의 고체전해질을 만나게 되면 첫째, 온도에 따른 이온전도도 변화가 아레 니우스 식을 따르는지, 둘째, 화학량론 혹은 비화학량론 세라믹 재료인지, 셋째, 결정계는 무엇인지(혹은 비정질도 포함되는지), 넷째, 추가로 원소를 도핑했는지 살펴볼 수 있는 능력을 갖추게 됩니다.

이렇게 이 책에서 살펴본 핵심 내용을 중심으로 '움직여야 하는 리튬이온' 주위에 있는 이온의 종류와 그 이온이 자리 잡은 위치에 따른 인력을 고려하면 새로운 물질을 만나더라도 해당 고체전해질에 대해서 잘 파악할 수 있을 거예요.

리튬이온을 세라믹전해질 안에서 움직여 보자

리튬이온이 고체인 세라믹 안에서 움직이는 것을 보기 위해 상상으로 세라믹전해질을 전극(양극과 음극) 사이에 넣습니다. 이때 접촉면이 떨어지지 않도록 주의합니다. 다음 그림을 참조하세요. 배터리에 연결된 스위치를 'On' 하면 리튬이온이 전기장으로부터 힘을 받아 현재 자리에서 옆의 빈자리로 옮겨가는 방식으로 움직입니다.

물론 빈자리로 이동할 때 주변의 이온으로부터 받는 인력을 이겨야 하죠. 즉 주변의 이온으로부터 받는 인력이 작고, 점결함은 많고, 주변 이온들은 활발히 잘 움직여야 이동하기에 좋은 환경입니다. 활성화에너지(E_a)가 작아야 유리한 것입니다.

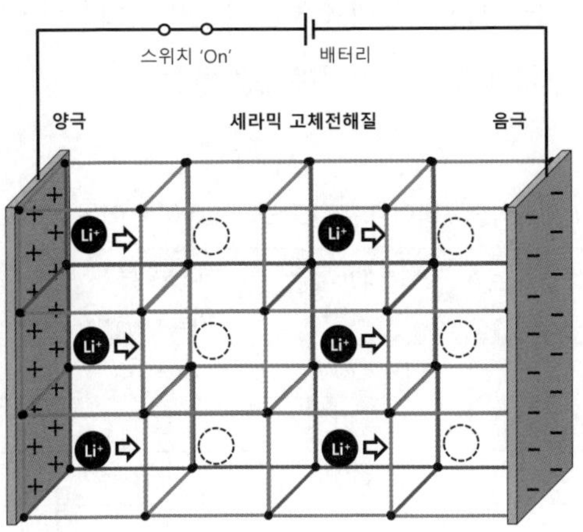

리튬이온은 고체전해질 결정구조 안에 존재하고 있으며 외부 전기장에 의한 힘을 받아 음극 방향으로 움직입니다. 리튬이온은 결정구조 내에서 바로 옆에 빈자리(점결함)가 발생할 때마다 옮겨가는 방식으로 이동합니다.

세라믹전해질의 이온전도도와 이동수

고체인 세라믹전해질의 경우 리튬이온은 세라믹 재료가 합성될 때 내부에 만들어지므로 앞서 살펴본 고체고분자전해질이나 젤폴리머전해질처럼 외부에서 리튬을 추가로 공급해 주지 않아도 됩니다. 즉 리튬염을 녹여 공급한 것이 아니므로, 음이온도 발생하지 않습니다.

외부에서 걸어준 전기장에 의해 세라믹전해질 안에서 움직이는 이온은 리튬이온 한 종류입니다. 바로 앞의 그림을 참조하세요. 따라서 세라믹전해질의 리튬이온 이동수는 보통 일(1, One)입니다. 측정된 이온전도도에 대한 리튬이온의 기여도가 100[%]이죠. 세라믹전해질의 장점입니다. 실제 과학자들이 측정한 값을 보면 티오-리시콘, LGPS, 가넷 기반 Ga-LLZO, 염소 도핑 아지로다이트(Li_6PS_5Cl)의 리튬이온 이동수는 일(1, One)입니다.[122] 액체전해질을 기준으로 대표적인 세라믹전해질의 이온전도도와 리튬이온 이동수를 아래 도표에 정리하였습니다.

주요 세라믹전해질의 이온전도도와 리튬이온 이동수 비교

	이온전도도 $[S \cdot cm^{-1}]$	리튬이온 이동수(t_{Li+})	측정온도 $[°C]$
액체전해질	1.0×10^{-2}	0.2~0.4	25
티오-리시콘	2.2×10^{-3}	1.0	25
LGPS($Li_{10}GeP_2S_{12}$)	1.2×10^{-2}	1.0	25
가넷 기반 Ga-LLZO	1.3×10^{-3}	1.0	25
염소도핑 리튬 아지로다이트 (Li_6PS_5Cl)	1.0×10^{-3}	1.0	25

주요 세라믹전해질의 이온전도도와 리튬이온 이동수 데이터를 보면 상당히 우수하죠? 데이터만 보면 상용화 성공이 머지않아 보이지만 지금까지 상용화 일정이 많이 늦어진 것도 사실입니다. 상용화 관련 상황은 에필로그에서 간략히 살펴볼 예정입니다.

리튬이온배터리에 적용된 세라믹전해질

기존 리튬이온배터리에 사용되는 2가지 핵심 부품(양극, 음극)은 그대로 두고, 액체전해질과 분리막을 빼고 세라믹 전해질을 양극과 음극 사이에 넣고 조립하였다고 가정해 봅시다. 그리고 세라믹전해질을 사용한 경우 리튬이온배터리에서 충전이 일어나는 동안 리튬이온이 이동할 때 지나가는 환경(물질)을 살펴봅시다. 리튬이온이 통과하여 지나가는 재료를 순서대로 정리하면 다음과 같습니다. 아래의 그림도 함께 참조하세요.

① 리튬 코발트 산화물 → ② **얇은 막**[157] → ③ **세라믹전해질** → ④ **얇은 막** → ⑤ 흑연

리튬이온이 지나가는 환경(물질)의 성상을 중심으로 정리하면 다음과 같습니다.[158]

① 고체 → ② **고체** → ③ **고체** → ④ **고체** → ⑤ 고체

액체전해질이 사용된 경우와 비교를 위해 99쪽 그림을 참고하세요. 세라믹전해질 입자의 표면에 있는 '얇은 막'은 액체전해질을 사용한 경우 만들어지는 흑연의 보호막(SEI)과 비교하여 생성 과정, 성분, 구조가 다릅니다.

이 얇은 막은 고체전해질(예, 가넷 기반의 LLZO 혹은 아지로다이트)이 입자 형태로 제조된 후 공기 중에 있는 수증기, 공기 구성 성분(예, 이산화탄소)과 반응[159]하여 만들어지는데 **부동태 피막(Passivation Film)**이라고도 합니다.

위에 정리한 충전 과정을 보면 리튬이온이 리튬 코발트 산화물에서 나와 세라믹전해질로 들어가고 나갈 때, 이 얇은 막을 통과해야 합니다. 즉 충전할 때 얇은 막을 2번 통과합니다. 방전할 때도 마찬가지죠. 따라서 각 세라믹전해질의 종류와 함께 표면에 형성되는 얇은 막도 항상 쌍으로 고려해야 합니다.

---

157) 세라믹전해질은 보통 무기물(세라믹)로 된 얇은 막으로 표면이 덮인다. 뒤에서 상세 설명 예정.
158) 리튬 코발트 산화물과 흑연은 세라믹으로 분류된다.
159) 세라믹전해질 공기 안정성(Air Stability) 관련 뒤에서 상세 설명 예정.

이 책에서는 앞서 이미 이야기한 것처럼 세라믹전해질 혹은 액체전해질 자체에 집중하여 이온전도도를 비교하고 있습니다. '예선' 중심으로 살펴보고 있는 것이죠. 그러나 액체전해질의 경우 흑연의 보호막(SEI) 이온전도도를 '본선 게임', 즉 리튬이온배터리에 적용하여 실증 테스트할 때 고려해야 하는 것처럼 세라믹전해질의 경우 얇은 막의 이온전도도를 고려해야 한다는 것을 기억하세요.

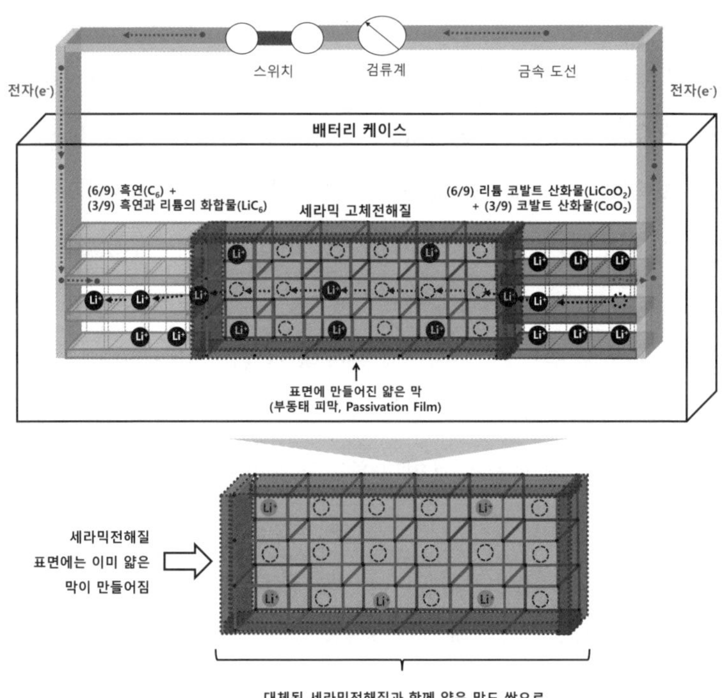

액체전해질과 분리막을 세라믹전해질로 대체한 리튬이온배터리의 충전 중 전자와 리튬이온이 이동하면서 지나는 환경입니다. 세라믹전해질 표면에 만들어진 얇은막은 액체전해질을 사용하면 만들어지는 것과 다른 방식으로 만들어져 성분과 구조에서 차이가 발생합니다. 따라서 세라믹전해질과 표면의 얇은막을 함께 쌍으로 고려하는 것이 중요합니다.

다음으로 리튬이온배터리에 세라믹전해질을 적용하는 실증 단계에서 한 가지 문제를 더 생각해야 합니다. 바로 '**접촉면 분리**' 문제입니다. 위의 그림을 보면 양극(리튬 코발트 산화물, $LiCoO_2$), 세라믹전해질, 음극(흑연, Graphite)이 차례로 접촉해 있습니다. 즉 고체, 고체, 고체가 나란히 붙어 있는 상황입니다.

앞서 고체고분자전해질을 설명하면서 이미 살펴본 것처럼 충전이 진행되면 음극(흑연) 안으로 리튬이온이 들어와 전극 두께가 점차 증가합니다. 최종적으로, 최종 전압에서, 대략 10[%][123] 정도 늘어납니다. 양극(리튬 코발트 산화물)에서는 리튬이 빠져나가 전극 두께가 1.8[%][124] 정도 줄어듭니다.

반대로 방전 중 음극에서, 들어왔던, 리튬이온이 모두 빠져나가면 대략 10[%] 정도 두께가 줄어들고 리튬이온이 들어온 양극은 1.8[%] 정도 늘어납니다. 이렇게 두께가 변하지 않는 세라믹전해질을 사이에 두고 고체인 양극과 음극의 두께가 비대칭적으로 늘었다 줄었다 하는 것이죠.

그러면 충전 후 방전(흑연은 대략 10[%] 두께 감소, 리튬 코발트 산화물은 대략 1.8[%] 두께 증가)될 때 특히 흑연과 고체전해질 사이의 접촉면이 분리되기 쉽습니다. 더군다나 앞의 그림과 같이 직육면체로 된 고체 3개가 나란히 위치하여 **면접촉(Surface Contact)**을 잘 유지하는 것이 아니라 '축구공처럼 생긴 입자', '럭비공처럼 생긴 입자' 등 다양한 크기와 모양의 입자가 **선접촉(Line Contact)** 혹은 **점접촉(Point Contact)**을 할 수도 있습니다.[160][125] 접촉면이 생각보다 분리되기 쉬운 조건입니다.

160) 양극, 음극, 산화물계, 황화물계 고체전해질 입자의 실제 모양은 관련 자료 참고.

이런 이유로 리튬이온이 양극과 음극 사이를 잘 이동하지 못하면서 계면에서 저항이 매우 커지거나 심지어 계면에서 접촉면의 분리가 일어나 리튬이온배터리의 작동이 멈추게 될 수도 있습니다. 이렇게 접촉 상태의 변화로 발생하는 저항을 접촉 저항(Contact Resistance)[161][126]이라 합니다.

따라서 '흑연과 세라믹전해질' 혹은 '리튬 코발트 산화물과 세라믹전해질'의 계면에서 '접촉면 분리'에 의한 접촉 저항이 커지지 않도록 충전, 방전이 일어나는 동안 외부에서 상당히 큰 압력($10 \sim 520[MPa]$[127])을 가해야 합니다.

세라믹전해질의 연구 방향

제품을 생산하는 회사에서는 '답은 현장에 있다'라는 말을 자주 합니다. 그만큼 실제 생산을 담당하는 엔지니어나, 연구를 수행하는 과학자들이 실험 중 직접 보고 분석한 내용의 중요성을 강조하는 말이죠. 여기서는 이러한 의미를 기억하고 세라믹전해질을 연구하는 과학자가 느끼는 세라믹전해질의 문제점이나 연구 방향 관련 현장의 목소리를 들어 봅시다.

활성화에너지를 낮추자

재료과학자들은 특정 결정구조 안에서 움직이는 리튬이온에 미치는 주변 환경의 인력이 어떻게 변하는지 연구합니다. 격자점에 있는 이온의 종류, 움직이는 방향, 점결함의 개수 등을 고려하여 어떤 경우 활성화에너지(E_a)가 가장 작은지 컴퓨터 시뮬레이션을 통해 찾고 실험으로 검증하

---

161) 전자의 흐름도 같은 맥락에서 금속 내부가 아닌 금속과 금속이 만나는 접촉면을 통과할 때 접촉 저항이 추가로 발생한다.

는 연구를 많이 진행합니다.[128] 활성화에너지는 세라믹전해질은 물론 고체고분자전해질 등 모든 고체상태 전해질의 이온전도도 변화에 직접적인 영향을 주는 핵심적인 인자이므로 이에 대한 연구가 활발히 진행되죠.

이해를 돕기 위해 상상으로 만들어 본 세라믹전해질 결정구조를 아래 그림에 나타내었습니다. 입방정계(Cubic)에 속하는 단순 입방정(Simple Cubic) 유닛 셀입니다. 예를 들어 단순 입방정 유닛 셀의 격자점에 위치하는 이온 중 'D' 이온이 다른 'E' 이온과 교환되는 경우 활성화에너지를 컴퓨터 시뮬레이션으로 계산합니다. 활성화에너지의 변화는 이온전도도의 변화로 나타나므로 실제 세라믹전해질의 이온전도도 변화를 측정하여 검증을 진행합니다.

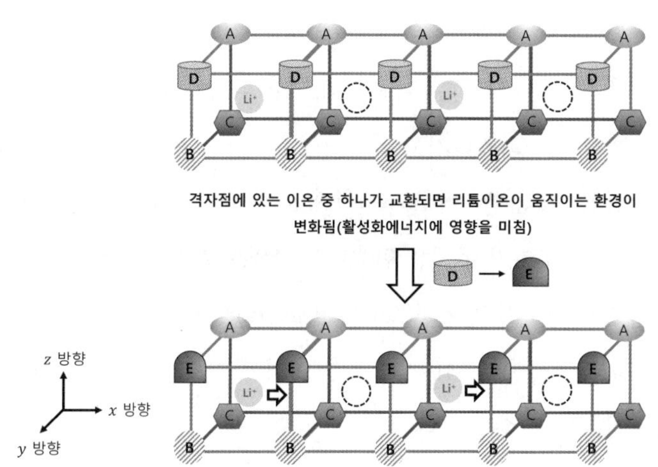

단순 입방의 격자점에 위치하는 이온 중 하나(D)가 다른 이온(E)과 교환되면 리튬이온이 받는 인력에 변화가 발생하고, 활성화에너지가 달라집니다. 전기장에 의한 힘을 받으면 가장 낮은 활성화에너지를 갖는 방향(예, x 방향)으로 리튬이온이 움직입니다.

원재료 가격을 줄이자

세라믹전해질 중 최고의 이온전도도를 보인 LGPS를 만들기 위한 원재료[129]는 황화리튬(Li_2S), 이황화게르마늄(GeS_2), 오황화이인(P_2S_5)입니다. 이 중 이황화게르마늄(GeS_2) 가격[130]은 할로겐화물 도핑 아지로다이트의 원재료로 많이 사용되는 황화리튬(Li_2S) 가격[131] 대비 약 10배 정도 큽니다. 이온전도도 측면에서는 최고지만 가격이 너무 비쌉니다. 상용화를 위해서는 큰 걸림돌로 작용하겠죠. 원재료 가격은 일반 대중이 구매할 수 있는 '**시장성 있는 가격(Marketable Price)**'이 형성되기 위한 첫걸음이기 때문에 이점을 간과해서는 안 됩니다.

실험의 재현성을 확보하자

할로겐화물 도핑 아지로다이트인 'Li_6PS_5X (X = Cl, Br, I)'의 경우 합성할 때마다 측정되는 리튬이온 이온전도도 값의 편차가 큰 것에 대한 문제점을 공유하는 배터리과학자도 있습니다.[132] 이 경우 특히 세라믹전해질의 합성 방법 및 조건에서 비롯되는 것으로 추정하고 있죠. 중립적이고 독자적인 제3의 연구자가 동일한 원재료와 방법으로 합성하여 동일한 특성이 나오는 것을 **실험의 재현성(Reproducibility)**[133]이 확보되었다고 합니다. 세라믹전해질 합성의 재현성이 확보되어야 그다음 단계인 대량 생산의 성공도 기대해 볼 수 있습니다.

공기 중에 있는 수증기와의 반응을 막자

과학자들의 분석에 따르면 이제 막 생산된 가넷 기반의 LLZO($Li_7La_3Zr_2O_{12}$) 입자를 공기 중에 두면 수증기와 먼저 반응하고 이후 공기의 구성성분인 이산화탄소(CO_2)와도 반응합니다. [134] 아래 화학식(23)~(24)의 순서로 반응이 일어나죠. 화학식(23)을 살펴보면 수증기(H_2O)와 반응이 일어날 때 수증기의 수소이온(H^+)과 LLZO의 리튬이온(Li^+)이 하나씩 교환됩니다. [135] χ는 가넷 기반 LLZO와 반응하는 수증기(H_2O)의 개수입니다. 수산화리튬(LiOH)도 만들어지죠.

$$Li_7La_3Zr_2O_{12} + \chi H_2O \rightarrow Li_{7-\chi}H_\chi La_3Zr_2O_{12} + \chi LiOH \cdots (23)$$

이후 LLZO 표면에 만들어진 수산화리튬(LiOH)에 공기 중의 수증기(H_2O)가 달라붙는 수화반응(Hydration)이 아래와 같이 일어납니다. [136]

$$LiOH + H_2O \rightarrow LiOH \cdot H_2O \cdots (24)$$

LLZO 표면에서 수화된 수산화리튬에 공기 중의 이산화탄소(CO_2)가 다가와 접촉하면 탄산리튬(Li_2CO_3)과 수증기가 만들어지는 반응이 일어납니다. 결과적으로 시간이 지나면서 가넷 기반 LLZO는 리튬을 잃게 되고 표면은 얇은 탄산리튬 막으로 덮이게 됩니다.

$$2LiOH \cdot H_2O + CO_2 \rightarrow Li_2CO_3 + H_2O \cdots (25)$$

그런데 황화물계 고체전해질 입자도 대기 중의 수분과 화학반응을 합니다. [137][138] 예를 들어 염소가 도핑된 아지로다이트(Li_6PS_5Cl)는 공기 중의 수증기와 화학반응을 하여 표면에 인산리튬(Li_3PO_4), 염화리튬(LiCl),

수산화리튬(LiOH)의 고체 물질이 만들어집니다. 아래의 화학식(26)을 참조하세요.

표면에 만들어지는 이러한 고체 물질로 구성되는 얇은 막은 리튬이온의 움직임을 방해하므로 고체전해질 입자의 이온전도도를 감소시킵니다.[139] 또한 인체에 해로운 황화수소(H_2S)가 만들어집니다.[140] 보통 황화물계 고체전해질을 다루는 연구실에서는 '달걀 썩은' 냄새가 나는데[141] 원인은 바로 황화수소이죠.

$$Li_6PS_5Cl + 6H_2O \rightarrow 5H_2S + Li_3PO_4 + LiCl + 2LiOH \cdots (26)$$

정리하면 산화물계나 황화물계 고체전해질 모두 제조된 입자를 공기 중에 그대로 보관하면 수증기 혹은 공기 성분 중 하나인 이산화탄소와 반응하는 과정에서 리튬이온을 잃고, 얇은 막이 만들어집니다. 즉 **공기 안정성(Air Stability)**이 좋지 않은 것입니다. 다음 그림을 참조하세요.

세라믹전해질 입자의 제조, 보관, 생산 시설은 수증기의 철저한 관리(낮은 이슬점 유지)를 위한 드라이룸(Dry Room)이 필요한 이유입니다.[142] 이에 따라 투자비가 증가하는 등 경제적인 문제도 발생합니다.

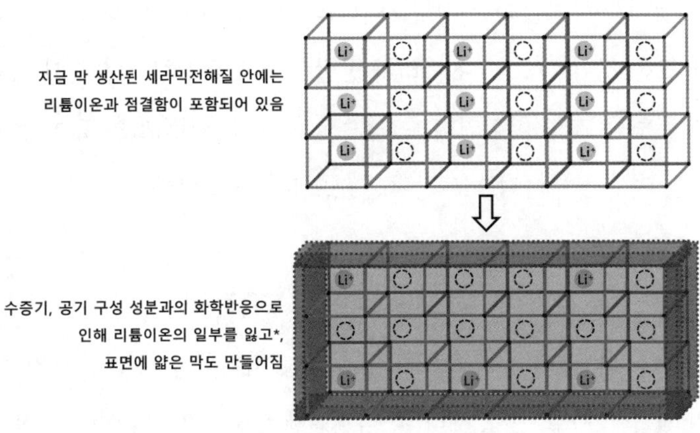

지금 막 생산된 산화물계 혹은 황화물계 세라믹전해질 입자는 대기 중 수증기나 공기 구성 성분(예, 이산화탄소)과 반응하여 리튬이온을 잃고, 표면에 얇은 막이 만들어집니다.

이를 해결하기 위해 산화물계인 가넷 기반 LLZO 고체전해질의 경우 입자 표면에 수증기와 반응하지 않는 성분을 갖는 매우 얇은 막(예, 육방정계 질화붕소(h-Boron Nitride) 막)을 인위적으로 만들어 주어 수증기와의 접촉을 차단하는 등 다양한 기술적인 방법이 연구되고 있죠.[143] 하지만 얇은 막을 만드는 방법(예, ALD(Atomic Layer Deposition)[162][144])에 고가의 장비가 필요한 점은 여전히 문제점으로 지적되고 있습니다.

황화물계인 염소가 도핑된 아지로다이트(Li_6PS_5Cl)의 경우 특정 원소, 예를 들어 안티모니(Sb)와 산소(O)를 'Li_6PS_5Cl'에 추가로 소량 도핑[145]하면 '$Li_{5.5}P_{0.96}Sb_{0.04}S_{4.40}O_{0.10}Cl_{1.5}$'이 됩니다. 화학식이 좀 복잡하죠? 어쨌든 리튬과 안티모니 합금이 만들어져 수증기와의 반응을 막아주는 효과가 있

162) 물질 표면에 단원자 혹은 단분자를 '한 층, 한 층' 쌓아 나노미터 두께의 막을 만드는 방법.

다는 것이 과학자들의 분석 결과입니다. 화학성분을 미세하게 조금씩 조정해 보는 것이죠. 그러나 이러한 방법이 아직 확실한 기술적인 해결책이 되지 못하는 것도 현실입니다. 앞으로도 세라믹전해질의 공기 안정성을 높이는 연구는 지속적으로 진행될 것으로 예상됩니다.

고분자, 세라믹, 액체전해질 3종 기반의 복합전해질

대만의 배터리회사 P사[163][146] 및 국내 배터리회사 L사,[147] S사[148] 등 다수의 회사[149]가 고분자, 세라믹, 액체전해질 3종 기반의 이른바 **'복합전해질(Composite Electrolyte)**[150] 전략'을 적용하고 있습니다. 하나의 예로 '① PEO 고분자 + ② LLZO 산화물계 고체전해질입자[164] + ③ 현재 리튬이온 배터리에 사용되는 액체전해질'이 될 수 있습니다. 리튬이온이 움직일 수 있는 환경(물질)은, 3가지 전해질이 모두 사용되는 경우, 최대 3가지입니다. 따라서 리튬이온의 관점에서 3가지 물질 중 이동하기 가장 수월한 물질을 따라 이동할 수 있는 상황이 되죠.

액체전해질이 소량 사용되는 경우가 많아 고체전해질로 분류되지는 않지만, 액체 전해질과는 확연히 구분되므로 이 책에서는 고체전해질의 범주에 포함하여 이야기하고 있습니다. 또한 앞서 살펴본 젤고분자전해질은 복합전해질의 한 종류입니다.

각 회사의 기술 전략에 따라 3가지 재료의 양과 종류가 달라지고 이를 부르는 용어도 회사마다 다릅니다. 예를 들어 어떤 회사는 '① 고분자

---

163) 한편, P사는 최근 100[%] 산화물계 고체전해질 개발로 기술 전략 방향이 바뀌었음.

164) 고체전해질 입자는 리튬이온이 움직이는 통로가 될 수 있으며, 결정화를 방해하여 고분자가 상온에서 비정질이 되게 하는 장점이 있음.

+ ② 산화물계 고체전해질 입자' 조합[165]인데 상대적으로 많은 양의 산화물계 고체전해질을 사용하였기 때문에 '산화물계 고체전해질'이라 부르기도 하고, 또 다른 회사는 '① 고분자 + ② 산화물계 고체전해질 입자 + ③ 액체전해질'의 3종 조합인데 이를 간단히 '반고체전해질(Semi-solid Electrolyte)[166]'이라 부르기도 합니다.

겉보기 명칭도 중요하지만, 구성되는 재료를 잘 살펴보아야 합니다. 특히 조금 전 이야기한 것처럼 액체전해질이 사용되는 경우 '소량이라도' 해당 복합전해질은 고체전해질로 인정받지 못합니다. 그러나 고체전해질이 상용화되기 전까지의 기간 동안 그 틈을 메꿔 줄 중요한 대체 물질로 고려되고 있죠. 다만 앞서 본 젤고분자전해질과 달리 3종 조합의 복합전해질은 액체전해질을 매우 적게(10[%] 이하) 사용합니다. 중국 S사에서 3종이 모두 사용되는 복합전해질을 적용한 리튬이온배터리와 전기차 관련 2025년 연내 상용화 일정을 발표하였죠. 관련 내용은 에필로그를 참고하세요.

그리고 3종이 모두 사용되는 복합전해질은, 포함된 액체전해질의 양이 적어, 가끔 그냥 '고체전해질'로 부르는 경우도 있으므로 문맥을 잘 보아야 합니다. 이 책에서는 복합전해질 관련 상세히 다루지는 않지만, 구성하는 재료의 종류와 양에 따라 리튬이온이 해당 환경에서 어떻게 이동할지를 이미 살펴본 내용으로 충분히 유추할 수 있으리라 생각됩니다. 상세한 내용에 대한 호기심이 있는 독자는 관련 서적을 찾아보면 좋을 것 같습니다.

---

165) 이 조합은 액체전해질이 전혀 사용되지 않아 고체전해질로 분류된다.
166) 앞서 상세히 살펴본 '젤고분자전해질'도 반고체전해질로 불린다.

에필로그

전기차 캐즘을 건너
전고체전지 시대로!

리튬이온배터리는 상용화된 지 34년이 지난 현재(2025년) IT 기기, 가전제품, 전기차(Electric Vehicle)는 물론 최근에 등장한 드론, 휴머노이드 로봇(Humanoid Robot), 플라잉 카(Flying Car)[1]에도 사용되는 최고의 배터리입니다. 그리고 리튬이온배터리에는 리튬염을 유기용매에 녹이는 간단한 화학반응을 통해 제조되는 액체전해질이 사용됩니다. 액체전해질은 마치 골디락스 수프처럼 리튬이온배터리의 충전, 방전 과정이 잘 진행되도록(리튬이온이 잘 움직이도록) 하는 데 필요한 모든 특성을 적절히 갖추었습니다.

그런데 이제 배터리과학자들은 34년 동안 함께 했던 리튬이온배터리의 4대 핵심 부품 중 하나인 액체전해질을 대체할 물질을 찾고자 노력하고 있습니다. 마치 최고의 축구팀인 리튬이온배터리라는 팀에서 오랫동안 동고동락했던 주축 선수를 교체하고자 하는 것이죠. 그것도 액체에서 완전히 다른 성상을 갖는 고체로 말입니다.

이것은 바로 전기차의 화재 때문입니다. 한번 발생하면 전소될 때까지 꺼지지 않는 전기차 화재는 일단 발생하면 대중 매체에 크게 보도됩니다. 전기차에 사용되는 리튬이온배터리는 화재에 취약하고 위험하다는 부정적인 이미지를 주는 것이죠. 내연기관차를 대체하여 지구온난화 등 인류가 당면한 환경문제를 극복하기 위한 중요 수단인 전기차가 가진 아킬레스건입니다. 그래서 액체전해질이라는 구성 물질을 리튬이온배터리에서 제거하고, 대신 고체전해질이라는 대체 물질을 사용하기 위한 연구는 리튬이온배터리는 물론 전기차의 미래를 변화시킬 수 있는 매우 중요한 연구 분야가 되었습니다. 전해질을 알면 리튬이온배터리의 미래를 예측해볼 수 있는 것입니다.

리튬이온이 내부에서 움직일 수 있는 고체전해질로서 상용화에 성공한 3가지 사례(고체고분자전해질, 젤폴리머전해질[167], 산질화물전해질)를 살펴보았지만 모두 틈새시장에 머물러 있다는 것을 알았습니다. 다음 그림을 참고하세요. 즉 범용으로 사용되기에는 가장 기초적인 이온전도도부터 시작해서 부족함이 많았죠. 그러나 오랜 기간 전 지구적인 배터리 과학자들의 노력으로 고체전해질 중에도 우수한 후보 선수들이 하나둘씩 발굴되고 있습니다.

---

167) 젤폴리머전해질은 액체전해질을 포함하므로 고체전해질이 아닌, 이른바 반고체전해질임. 이 책에서는 고체전해질의 범주에 포함해 논의하였음.

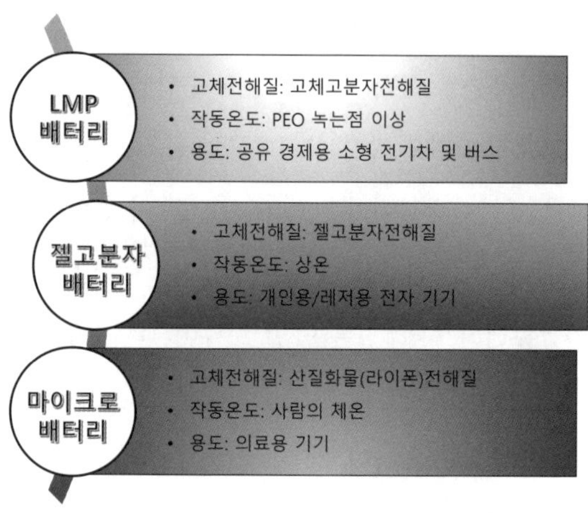

리튬이온이 내부에서 움직일 수 있는 고체전해질을 적용하여 상업적으로 성공한 전고체전지.

지금 가장 주목 받는 고체전해질 후보로서 세라믹전해질이 있습니다. 세라믹전해질은 산화물계와 황화물계 고체전해질로 나눠지는데 각각을 대표하는 '가넷 기반 Ga-LLZO'와 '염소가 도핑된 아지로다이트'가 눈에 띕니다.

특히 황화물계 고체전해질은 이온전도도가 우수하고 외부에서 힘을 받으면 산화물계 고체전해질 대비 변형이 잘 일어납니다. 무르다는 특징이 있는 것이죠. 이렇게 변형이 잘 되는 특징은 리튬이온배터리에 사용되었을 때 외부에서 상대적으로 작은 압력을 가해도 양극이나 음극과의 접촉저항이 낮아져 유리합니다. 즉 예선에서 중점적으로 본 이온전도도라는 기본 특성뿐만 아니라 리튬이온배터리에 조립되어 한 팀이 되어 움직일 때 시너지가 날 가능성이 조금씩 보이는 것입니다.

무엇보다 이 책에서는 이온전도도의 뜻을 이해하기 위해 가장 기본적인 내용을 다루었습니다. 진공, 공기, 액화기체, 액체, 고체에 이르기까지 리튬이온이 움직일 수 있는 다양한 환경[168]에 대해서 살펴보았습니다. 특히 평소 그 속을 직접 보고 느끼거나 추측하기 힘든 고체에 대해 상세히 살펴보았습니다. 고체에 대한 선입견을 깰 때 고체 안에서도 조건이 맞으면 리튬이온이 액체 안에서 움직일 때보다 더 빠르게, 마치 바쁜 회사원이 만원 지하철에서 '내립니다!' 외치며 재빨리 내리듯, 움직일 수 있다는 것도 알게 되었습니다. 이 책을 통해 얻은 각각의 환경 안에서 리튬이온이 움직이는 방식에 대한 기초적인 이해는 향후 독자가 어떤 전해질을 만나더라도 이해할 수 있는 디딤돌이 되리라 생각합니다.

필자가 이 책을 쓰고 있는 현재 전기차가 **캐즘(Chasm)**을 지나고 있다는 보도도 심심치 않게 많이 들려옵니다.[2] 그런데 전기차가 캐즘을 지나고 있다는 것은 무슨 뜻일까요? 이를 이해하기 위해서는 1962년 사회과학자 로저스(Everett Rogers)가 제안한 **기술 수용 주기(The Technology Adoption Cycle)** 이론을 잠시 살펴볼 필요가 있습니다.[3] 다음 그림을 참조하세요.

---

168) 리튬이온이 지날 수 있는 다양한 환경 중 '플라즈마(Plasma)'는 제외함.

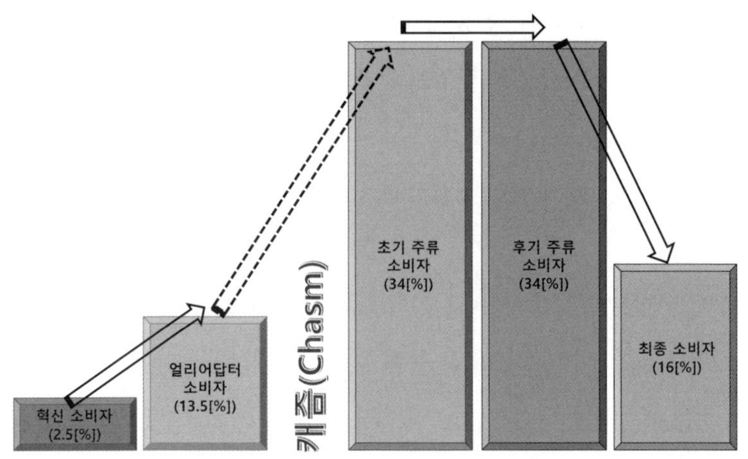

사회학자 로저스가 제안한 기술 수용 주기(The Technology Adoption Cycle)에 사업전략가 무어가 캐즘이라는 개념을 추가합니다. 새로운 기술을 바탕으로 한 혁신적인 제품이 시장에 확산하는 5단계 주기 중 얼리어답터 소비자 그룹에서 초기 주류 소비자 그룹으로 확산하기 전 캐즘으로 표현되는 큰 어려움을 극복해야 합니다.

로저스는 내연기관차가 주류인 시장에 전기차처럼 리튬이온배터리라는 새로운 기술을 기반으로 한 혁신적인 제품이 확산하는 과정을 5단계 주기로 나누었습니다. 이후 1991년 사업 전략가인 무어(Geoffrey Moore)는 그의 저서 'Crossing the Chasm'에서 로저스의 기술 수용 주기 안에 있는 각 주기에서 다음 주기로 넘어가기 전에 항상 어려움이 따른다는 것을 이야기합니다.

각 그룹에 속한 소비자의 행동양식, 가치관, 필요에 따라 새로운 기술이 사용된 혁신적인 제품이 시장에 확산하는 속도가 달라지는 것이죠. 특히 얼리어답터 소비자 그룹에서 초기 주류 소비자 그룹으로 시장이 확대되는 단계에서 어려움이 가장 크다고 보았고, 이 두 그룹 사이의 간극(Gap)

을 캐즘(Chasm)이라 불렀습니다.

전기차가 지나고 있는 캐즘은 판매량이 전년 대비 30[%]대로 떨어진 2023년부터 시작된 것으로 보고 있습니다.[4] 이 시기까지 혁신 소비자나 얼리어답터 소비자 그룹에 속한 사람들은 전기차를 이미 구매했다고 볼 수 있는 것이죠. 이제 자동차 시장의 전체 파이 중 가장 큰 부분의 하나인 초기 주류 소비자 그룹으로 전기차가 확산하기 전 단계에서 어려움을 겪는 중입니다. 전기차는 캐즘을 건너 초기 주류 소비자들의 선택을 받아 확산될 수 있을까요?

혁신 소비자나 얼리어답터 소비자는 전기차라는 새로운 기술에 대해 상당히 긍정적인 이미지를 갖고 있으며 환경친화적인 가치관에도 부합하기 때문에 이 두 그룹의 소비자에게 전기차는 빠르게 확산하였습니다.

그런데 앞으로 전기차를 구매할 초기 주류 소비자 그룹은 보통 실용적인 가치관을 갖습니다. 현재 전기차에 비해 리튬이온배터리 기술(화재 안전성, 주행거리, 충전속도 등)의 향상, 보다 낮은 가격, 충전시설 확충 등이 실현되는 시기를 기다리고 있을 수도 있습니다. 즉 이전 두 그룹의 소비자와는 다른 가치관과 행동양식을 갖는 것이죠. 특히 리튬이온배터리의 화재 안전성은 초기 주류 소비자가 갖는 중요한 기준이 될 수 있습니다.

이런 맥락에서 전기차가 캐즘을 지나고 있는 현시점은 리튬이온배터리 관련 기술의 점프가 필요한 시기와 겹치는 것 같습니다. 특히 고체전해질이 화재안전성을 대폭 개선하고 성능도 우수한 'Advanced Li-ion Battery'가 되는데 기여할 수 있는 시기입니다. 과연 고체전해질은 리튬이온배터리의 미래를 변화시키고 나아가 전기차가 캐즘을 건너도록 도움을 줄 수 있을까요?

최근 미국의 스타트업(Start-up)인 QS사와 대만 P사의 산화물계 고체전해질 상용화 일정 관련 B샘플[169] 생산 마일스톤(Milestone) 달성[5]이라는 고무적인 소식이 들려옵니다.[6] 특히 QS사와 독일의 자동차 회사 V사와의 대량 생산을 위한 협력이 강화되고 있는 것으로 보도가 되고 있죠. QS사는 세라믹전해질(산화물계)[7]을 생산하고 있으며, 소위 **무음극 리튬금속전지[170]'**에 적용하고 있습니다.[8] 특히 무음극 리튬금속전지의 충전, 방전 시 발생하는 약 15[%]의 큰 부피 변화를 수용할 수 있도록 'Flex Frame'이라는 새로운 **하이브리드 폼팩터(Hybrid Form Factor)[171]**를 도입하였습니다.[9]

또 다른 미국의 스타트업인 F사와 SP사는 황화물계 고체전해질을 생산하고 있는데 각각 B샘플 및 A샘플 생산 마일스톤을 달성하였습니다.[10] 다양한 자동차 회사와 실차 테스트(Vehicle Test)[172] 및 대량 생산 관련 협력 중이죠.[11]

일본에서는 황화물계 고체전해질의 원조 격인 T사와 I사가 상호 협력하며 고체전해질 원료(Li_2S)의 대량 생산을 위한 공장을 건설 중입니다.[12] 중국의 C사는 황화물계 고체전해질이 사용된 전고체전지의 B샘플 제조 단계이고[13], B사는 황화물계 고체전해질이 사용된 전고체전지의 C샘플

---

169) A샘플은 기술 구현 가능성이, B샘플은 대량 생산 가능성이 검증된 샘플임. C샘플은 대량 생산 프로세스로, 예를 들어 파일럿 공장에서, 제조된 샘플임.

170) 리튬이온배터리의 4대 핵심 재료 중 양극만 남기고 액체전해질, 분리막, 흑연을 제거한 구조를 갖는다. 충전 시 양극에서 나온 리튬이온이 고체전해질을 지난 후 집전체로부터 전자를 받아 리튬금속으로 환원되어 집전체 표면에 바로 전착(Electrodeposition)되는 배터리임.

171) 각형과 파우치의 장점을 취한 형태. 충, 방전 시 부피 변화를 수용할 수 있는 기계적인 메커니즘이 추가됨.

172) 부품을 실제 차량에 부착하여 성능을 테스트하는 것.

생산 단계[173][14]에 도달했습니다. B사는 현재 실차 테스트 중임을 대중 매체에 발표하고 있습니다. 상용화 일정에 빠른 행보를 보입니다.[15]

국내 배터리 3사 중 하나인 S사도 황화물계 고체전해질이 적용된 전고체전지를 파일럿 공장에서 제조하는 C샘플 단계 도달이 단기간 내 이뤄지리라 예상됩니다.[16] 게다가 유럽에 있는 스타트업(예, 영국의 I사는 산화물계 전고체전지 관련 A샘플 제조 단계[17]임)도 전고체전지 관련 연구개발에서는 빠지지 않고 있죠.

아시아의 한국, 일본, 대만, 중국과 더불어 미국, 유럽 사이에 전고체전지 주도권을 잡기 위한 글로벌 경쟁이 치열하게 전개되고 있는 양상입니다. 물론 기술적인 어려움의 극복과 함께 가격이라는 경제적인 측면도 고려되어야 하므로, 조심스럽게 기대하면서 가까운 미래에 '최종적인 상용화 성공'에 도달하는지 지켜봅시다.

그런데 앞서 간략히 살펴본 '복합전해질(Composite Electrolyte, ① 고분자 + ② 세라믹전해질 입자 + ③ 액체전해질)'의 경우 이를 적용한 전기차(중국 S사의 MG4)가 2025년에 실제 출시된다는 보도[18]가 있었습니다. '반고체전해질'로도 불리는 복합전해질이 사용된 리튬이온배터리가 대량 생산되는 것이죠.[174] 이러한 보도는 전고체전지도 가까운 미래에 상용화되리라는 기대를 함께 높아지게 합니다.

혁신적인 배터리 기술 관련 비단 재료공학이나, 화학, 화학공학뿐 아니라 기계공학 및 항공공학 전공의 과학자와 엔지니어들의 협력이 절대적으로 필요하다는 것이 QS사의 CTO(Chief Technology Officer, 기술 총괄

---

173) 파일럿 공장에서 황화물계 고체전해질을 사용한 전고체전지 샘플을 생산한 단계.

174) '복합전해질'과 '젤고분자전해질' 모두 액체전해질이 포함되므로 '반고체전해질'로 분류된다.

임원)가 강조하는 바입니다. 어려운 기술적인 문제를 해결하기 위해서는 모든 과학·공학 분야의 탤런트 사이의 협력이 필요하다는 메시지입니다.

저자는 이 책에서 전고체전지에 대한 낙관론이나 회의론을 상세히 소개하는 데 지면을 할애하기보다는 전고체전지의 핵심 부품으로 부상한 고체전해질의 가장 기본적인 과학적인 원리 및 관련 이슈에 집중하여 이야기하였습니다.[175] 특히 고체전해질이 사용되는 전고체전지에 대한 궁금증과 호기심이 있는 청소년과 일반대중 그리고 배터리 산업계의 입문자를 염두에 두며 글을 썼죠.

아무쪼록 본서가 '전고체전지는 무엇일까?'하는 독자들의 궁금증에 대해 무더운 여름날 마시는 얼음이 들어간 시원한 수박 주스처럼 만족스러운 답변이 되었기를 기원합니다. 그리고 이 책에서 이야기한 내용을 기초로 고체전해질 혹은 전고체전지 관련해 어떤 주제를 만나더라도 이해할 수 있는 응용력을 갖추면 좋겠습니다. 한발 더 나아가, 성공한다면, 미래를 변화시킬 **게임 체인져(Game Changer)**가 될 전고체전지라는 새로운 에너지저장장치에 대한 관심을 이어 나가는 계기가 되길 바랍니다. 고체전해질과 전기차 관련 배터리과학자들은 과연 어떤 미래를 만들어낼 수 있을까요?

---

175) 전고체전지 관련 다양한 플레이어들의 상세 현황은 관련 자료 참고.

보충 설명

본문에 특정 개념이 등장할 때 가능하면 해당 쪽이나 각주에 설명을 덧붙이고자 노력하였습니다. 하지만 중요하고 기본적인 내용이지만 본문에서 설명을 계속 이어 나가면 내용의 흐름과 이해에 오히려 방해될 수도 있어 이를 따로 떼어 자세한 설명을 덧붙이고 싶었습니다. 이러한 개념을 본문에 등장하는 순서대로 번호를 붙여 정리하였습니다. 좀 더 깊이 있는 설명이 필요한 독자들에게 도움이 되길 기대합니다. 다만 지면 관계상 생략한 내용은 관련 자료를 찾아볼 것을 권합니다.

1. 반데르발스 힘 vs. 런던 분산력

과학자들은 ① 반데르발스 힘(van der Waals Force), ② 런던 분산력(London Dispersion Force), ③ 수소결합(Hydrogen Bonding)[176]을 포함하는 분자 간 약한 인력을 '반데르발스 힘'으로 분류한다.[1] 반면 ④ 공유결합(Covalent Bonding), ⑤ 이온결합(Ionic Bonding), ⑥ 금속결합(Metallic Bonding)을 포함하는 상대적으로 강한 인력을 '화학결합(Chemical Bonding)'으로 분류한다.[2] 다음 그림 참조. '화학결합'은 '반데르발스 힘'보다 결합 에너지(Bonding Energy)[177]가 훨씬 더 크다. 따라서

---

176) '③ 수소결합'은 예를 들어 극성분자인 물분자(H_2O) 사이에 작용하는 인력이다. 보충 설명 5 참고.

177) 결합 에너지(단위: $[kJ \cdot mol^{-1}]$)는 '화학결합'이나 '반데르발스 힘'에 의한 인력의 크기를 의미

리튬이온 관점에서 화학결합을 하는 원자나 분자로 네트워크가 만들어진 (뭉친) 고체 내부를 뚫고 이동하기가 일반적으로 더욱 어렵다. 이는 본문의 고체전해질과 직접적으로 관련된 내용이다.

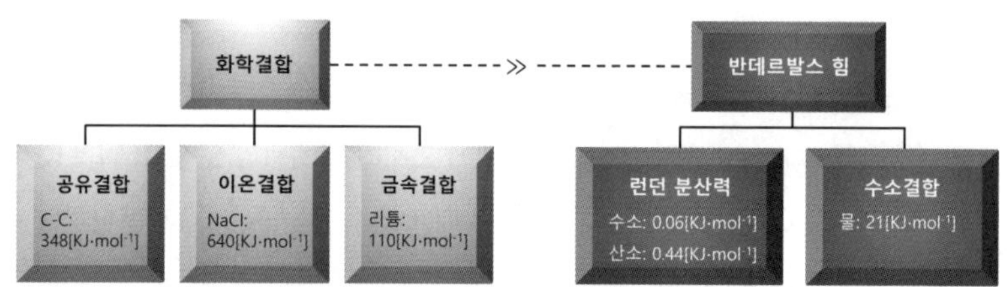

화학결합과 반데르발스 힘의 종류 및 결합 에너지 크기 사례.

여기서는, 다소 헷갈리는, 가장 약한 인력(불활성 기체나 무극성분자 사이의 인력)인 ① 반데르발스 힘과 ② 런던 분산력 관련 해당 용어가 나오게 된 배경에 대해서 간략히 알아본다. 반데르발스 힘은 1910년에 노벨 물리학상을 받은 네덜란드의 과학자 반데르발스(Johannes Diderik van der Waals)가 발견한다.[3] 반데르발스는 1800년대 프랑스의 과학자 에밀 클라페롱(Émile Clapeyron)[4]이 제시한 이상기체법칙(Ideal Gas Law)[5] (아래 식(1))을 실제 기체에 맞도록 보정하는데, 보정한 식(2)를 반데르발스 상태방정식(van der Waals Equation)[6]이라 한다. 이 과정에서 불활성 기체나 무극성 분자라도 일정 거리(0.1[nm])[7] 만큼 가까워지면 인력이 발생하고, 이를 넘어 더욱더 가까워지면 척력이 발생한다는 것을 처

하는데 인력으로 붙어 있는 분자나 원자 1몰을 분자나 원자 각각으로 아주 멀리 떼어내는 데 필요한 에너지(일)(단위: [kJ])이다.

음으로 발견한다. 즉 이상기체법칙에서는 기체 원자나 분자 사이에 인력이나 척력이 없고, 부피도 없는 하나의 점으로 보았는데 실상은 인력과 척력이 있고 부피도 있다는 것을 발견한 것이다. 그래서 이후 불활성 기체나 무극성 분자 사이의 인력은 이를 발견한 과학자 반데르발스의 이름을 따라 반데르발스 힘이라 한다.[8] 참고로 아르곤(Ar) 기체 사이에는 $7.7[kJ \cdot mol^{-1}]$의 반데르발스 힘이 작용한다.

$$P \times V = n \times R \times T \cdots (1)$$

$$\left[P + a \times \left(\frac{n}{V} \right)^2 \right] \times \left(\frac{V}{n} - b \right) = R \times T \quad \cdots (2)$$

P는 기체의 압력 $[Pa]$

V는 기체의 부피 $[m^3]$

n은 기체의 몰수 $[mol]$

R은 기체상수 $(8.314[J \cdot mol^{-1} \cdot K])$

T는 절대온도 $[T]$

a는 기체 사이에 실제 존재하는 인력을 보정하는 계수 $[Pa \cdot m^6]$

b는 기체분자의 실제 부피를 보정하는 계수 $[m^3 \cdot mol^{-1}]$

한편, 1930년 과학자 런던(Fritz London)은, 독자적인 연구 결과를 기반으로, 불활성 기체나 무극성분자 사이에 작용하는 인력을 '임시 쌍극자(Temporary Dipole)'라는 개념을 처음으로 도입하여 쉽게 설명한다.[9] 런던은 임시 쌍극자가 불활성 기체나 무극성분자 내에 있는 전자 분포의 순간적인 변화(등락, Fluctuation) 때문에 발생하는 '임시 부분전하'로 인해 만들어진다고 설명한다. 즉 불활성 기체나 무극성분자가 차지하는 전체 공간 중 어느 한 부분에 전자가 순간적으로 몰리면 전자가 모인 부분은 (-)극이 되고 나머지 부분은 (+)극이 되는데 이렇게 '순간적으로 잠시 발생한 (-), (+) 부분전하'를 '임시 쌍극자(Temporary Dipole)'라 한 것이다. [178)(10] 어떤 한 무극성분자에 만들어진 임시 쌍극자의 (+)극은 다른 하나의 무극성분자에 만들어진 임시 쌍극자의 (-)극에 끌리게 되어 인력이 발생한다는 원리이다. 이후 임시 쌍극자에 의한 인력은 과학자 런던의 이름을 따라 '런던 분산력'이라 불린다. 런던 분산력은 원자나 분자 사이에 작용하는 여러 종류의 인력 중 가장 약하다. [11] 예를 들어 수소분자(H_2) 사이에는 $0.06[kJ \cdot mol^{-1}]$, 산소분자(O_2) 사이에는 $0.44[kJ \cdot mol^{-1}]$의 런던 분산력이 작용한다. [12] 사실 과학자 런던이 도입한 임시 쌍극자 개념은 불활성 기체나 무극성분자 사이에 작용하는 인력의 '메커니즘 설명'에 매우 유용하다. 그럼에도 과학자들은 불활성 기체나 무극성분자 간 인력을 가리킬 때 '런던 분산력'보다는 앞서 본 '반데르발스 힘(van der Waals Force)'이라는 용어를 더 자주 사용한다. 그 이유는 이상기체법칙을 바로잡는 과정에서 알게 된 반데르발스의 힘을 런던 분산력보다 더 근본적이고 넓은 의미[179]로 간주하기 때문이다. 결국 반데르발스 힘과 런던 분산력은 모두 불활성 기체나 무극성분자 사이의 인력을 설명하는 용어였는데 과학자들은 반데르발스 힘을 더 근본적이고 넓은 의미로 보아 수소결합까지를 포함하는 것으로 의

---

178) 극성분자(예, 물분자)에 있는 부분전하는 '항상' 분자 내에 있으므로 '영구 쌍극자(Permanent Dipole)'를 만든다. 영구 쌍극자는 보통 줄여서 쌍극자라 한다.

179) 예를 들어 물분자는 '영구 쌍극자'를 갖고 있어 분자 간 상호 작용을 한다. 물분자 간 상호 작용을 '수소결합'이라 하는데 런던 분산력과 함께 반데르발스 힘으로 분류된다. 보충 설명 1 그림 참고.

미를 확장한 것이다. '③ 수소결합'의 의미는 보충 설명 5 참고.

2. 만약 홈런이 되었더라면?

2024년 10월 미국 프로야구를 보면 이른바 '가을야구'가 한창 진행 중이었다. 이 중 2024년 10월 10일에 있었던 뉴욕 양키스와 캔자스시티 로열스 경기 중 일어났던 일화를 소개한다.[13] 경기 장소는 캔자스시티 로열스의 홈구장이었다.[14] 이날따라 바람은 외야에서 내야 방향으로 불었는데 특히 우익수 쪽에서 $2.4 \sim 2.7[m \cdot s^{-1}]$ 수준으로 강하게 불었다. 캔자스시티는 5회와 7회 공격에서 홈런성 타구가 두 번 모두 뉴욕의 우익수에게 담장 바로 앞에서 잡히면서 최종 스코어 3:1로 패한다. 바람이 잠잠하였다면 우익수 쪽으로 날아가던 야구공은 틀림없이 담장을 훌쩍 넘어가 홈런이 되었을 것이다. 야구공이 공기 속에서 날아갈 때 받는 저항력(Drag)이 야구 경기에 결정적인 영향을 미친 사례이다. 한 스포츠 과학자의 통계를 보면 우익수가 있는 곳에서 타자 쪽으로 부는 맞바람 속도가 $2.2[m \cdot s^{-1}]$이면 우익수 방향으로 날아가는 야구공의 비거리가 10[%] 줄어든다고 하는 분석이 있다.[15]

3. 자연에 있는 리튬의 상태 및 활용

자연에서 리튬을 포함하고 있는 것은 원광석인 페그마타이트(Pegmatites)[16]이다. 원광석에는 리튬이 많이 포함된 것(광석)과 그렇지 않은 것(맥석)이 있다. 이들을 분리하는 선광 작업을 하면 스포듀민

(Spodumene)[17] 혹은 페탈라이트(Petalite) 광석이 얻어진다.[18] 이를 원광석과 구분하여 정광이라 부른다. 스포듀민을 구성하는 성분은 Li_2O, Al_2O_3, $4 \cdot SiO_2$이고[19] 리튬 함량 수준은 6~7[%][20]이다. 페탈라이트는 Li_2O, Al_2O_3, $8 \cdot SiO_2$로 구성되고[21] 리튬 함량 수준은 1.4~2.2[%][22]이다. 정광 안의 리튬 함량은 산화리튬(Li_2O)의 함량을 기준으로 한다. 스포듀민의 리튬 함량은 페탈라이트 대비 3배 이상이다. 정광을 1,000°C로 가열하고 산으로 처리하여 탄산리튬(Li_2CO_3)을 추출한다.[23] 한편, 자연에서 리튬염이 물에 녹아 있는 것을 리튬염 브라인(Brine, 염수)이라 하는데 리튬이온의 양이 많은 우수한 리튬염 브라인은 아르헨티나, 칠레, 볼리비아의 3국에서 주로 얻어진다.[24] 예를 들어 칠레의 리튬 브라인은 2,700[*ppm*], 즉 0.27[%][25]의 리튬이온을 포함하고 있다.[26] 소금 염전에서 수분을 증발시켜 소금(NaCl)을 얻는 것과 유사하게[27] 리튬염 염전에서 수분을 증발시켜 농축한 리튬 브라인을 탄산나트륨(Na_2CO_3)으로 처리하면 탄산리튬이 석출된다.[28] 탄산리튬의 중요성은 그것이 전구체(Precursor)와 함께 리튬이온배터리의 양극재를 만드는 데 사용되는 핵심 재료라는데 있다. 180)[29]

4. 가벼운 원소 A는 무거운 원소 B 안에서 떠오를까?

A원소는 가볍고 원소 사이에 강한 인력이 작용하는 '화학결합'의 일종인 금속결합을 하고, B원소는 무겁고 원소 사이에 약한 인력인 '반데르발

---

180) 예를 들어 양극재인 탄소가 코팅된 리튬인산철(LiFePO₄)은 철(Fe) 관련 전구체, 인(P) 관련 전구체, 탄소(C) 관련 전구체와 리튬 소스인 탄산리튬을 반응시켜 생산한다.

스 힘'이 작용한다고 가정하였다. 아래 예 참조. 아래 예에서 논의 및 계산의 편리성을 위해 무게와 결합 에너지 관련 수치는 임의로 가정하였다. 가볍지만 원자가 모였을 때 밀도가 큰 물질 A가, 무겁지만 원자가 모였을 때 밀도가 작은 물질 B 안에서 가라앉는다. 그런데 만일 A원소가 모여 금속결합을 하지 않고 하나씩 따로 떨어져 기체로 있게 되면 B원소 안에서 뜬다. 금속을 끓는 점 이상으로 가열하면 기체가 되어 공기 중에 뜨는 이유이다. 같은 맥락에서 리튬금속도 끓는 점 이상으로 가열되어 기체가 되면 공기 중에 뜨는 것이다.

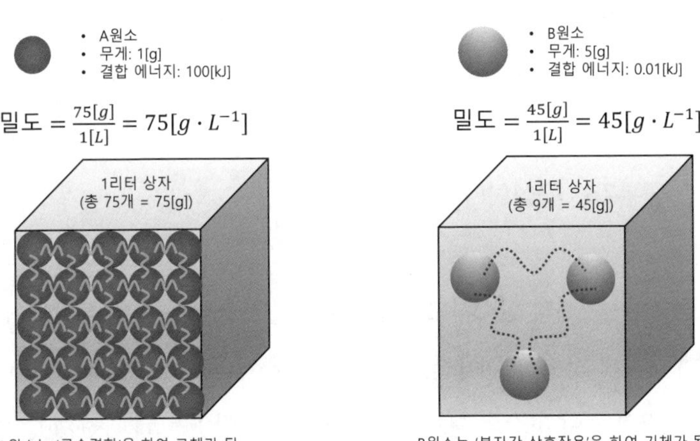

$$밀도 = \frac{75[g]}{1[L]} = 75[g \cdot L^{-1}]$$

$$밀도 = \frac{45[g]}{1[L]} = 45[g \cdot L^{-1}]$$

A원소는 '금속결합'을 하여 고체가 됨

B원소는 '분자간 상호작용'을 하여 기체가 됨

A원소는 B원소보다 가볍지만 원소 간 인력이 강하여 밀도가 큰 고체가 되고, B원소는 원소간 인력이 약하여 밀도가 작은 기체가 되었습니다. A원소로 된 고체는 B원소로 된 기체 안에서 뜨지 못하고 가라앉습니다. 본 그림의 예에서 A원소와 B원소의 무게와 결합 에너지, 1리터 안에 있는 원소의 개수는 논의와 계산의 편의를 위해 임의로 가정하였습니다.

5. 수소결합

수소결합은 예를 들어 수소원자에 발생하는 양의 부분전하(δ^+)와 산소원자에 발생하는 음의 부분전하(δ^-)로 인해 물분자 사이에 작용하는 인력을 말하는데, '수소원자의 부분전하에 주목'하여 '수소결합(Hydrogen Bonding)'이라 한다.[30] 물분자 사이에 작용하는 수소결합의 결합 에너지 크기는 21$[kJ \cdot mol^{-1}]$이다.[31] 물분자 구조 및 물분자 네크워크 관련 내용은 보충 설명 6과 7 참조. 그러니까 수소결합은 수소에 양의 부분전하가 있으면서 분자 간 상호작용을 하는 특별한 경우를 따로 지칭하는 것이다. 한편, 과학자들은 수소결합을 근본적이고 포괄적인 의미를 갖는다고 보는 반데르발스 힘에 포함시킨다. 보충 설명 1의 그림 참고.

6. 물분자는 극성이다!

물분자는 1개의 산소와 2개의 수소가 전자를 공유하면서 만들어진, 즉 공유결합에 의해 만들어진 분자이다. 물분자(H_2O) 한 개를 주목해서 보면 산소의 핵이 수소의 핵보다 공유되는 전자쌍(:)을 더 강하게 당기기 때문에 공유되는 전자쌍(:)은 산소의 핵 방향으로 끌려가 더 가깝게 위치한다. 이 때문에 산소(산화수 -2)에는 음의 부분전하(δ^-)가 만들어지고, 2개의 수소(산화수 +1)에는 양의 부분전하(δ^+)가 만들어진다. 다음 그림 참조. 물분자처럼 양의 부분전하와 음의 부분전하가 분자내에 있는 경우 이를 극성분자(Polar Molecule)라 한다. 또한 물분자는 수소 2개가 산소를 중심으로 'V'자 모양을 하고 있고, 안쪽 각(화학결합 각)은 104.5도이

다.[32] 지름은 대략 $2.75 \times 10^{-10} [m]$이다.[33]

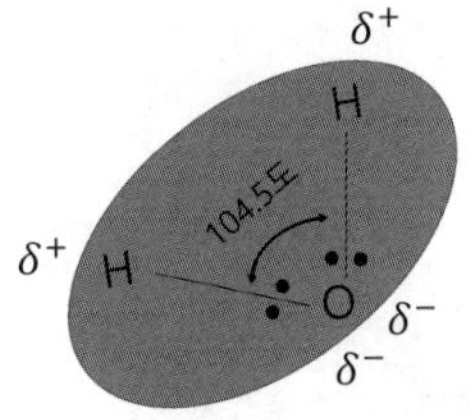

산소 1개와 수소 2개가 공유결합하여 만들어진 물분자.

7. 물분자 네트워크

물분자는 극성분자(보충 설명 6 참고)이고, 수소결합(보충 설명 5 참고)을 한다는 것은 너무나 중요한 특성이다. 지구에 있는 물이 기체나 고체가 아닌 대부분 액체로 존재하는 이유이기도 하다.[181][34] 또한 물이 자연스럽게 유동성을 갖고 흐르는 액체로 있는 원인이다. 무엇보다 액체전해질이 있게 한 핵심적인 특성이기도 하다. 수소결합은 2개의 물분자 사이의 상호 작용에만 국한되는 것이 아니라 주변에 있는 모든 물분자 하나하나가 갖는 양과 음의 부분전하가 서로 붙어 있도록 작용하기 때문에 물분자들은 매우 촘촘하게 모여 있다.[35] 이렇게 촘촘히 모여 있는 물분자들은 하나의 네트워크를 이룬다. 다음 그림 참조. 따라서 물속에서 리튬이온은 물분자로 구성된 네트워크를 뚫고 움직여야 한다. 한편, 고체인 얼음 안에 있는 물분자는 분자 사이의 각도와 거리가 일정한 모양(육각형,

---

181) 해수면(대기압: $1[atm]$)에서 물의 어는점은 $0[℃]$이고, 끓는점은 $100[℃]$이다. 지구의 평균 온도는 $15[℃]$이므로 해수면 기준으로 대부분의 물은 액체이다.

Hexagonal[(36)]을 갖추어 모이는 결정(Crystal)이 되는데 밀도가 액체인 물보다 오히려 작다.[182)(37)] 고체인 얼음이 액체인 물에서 뜨는 원인이다.[183)]

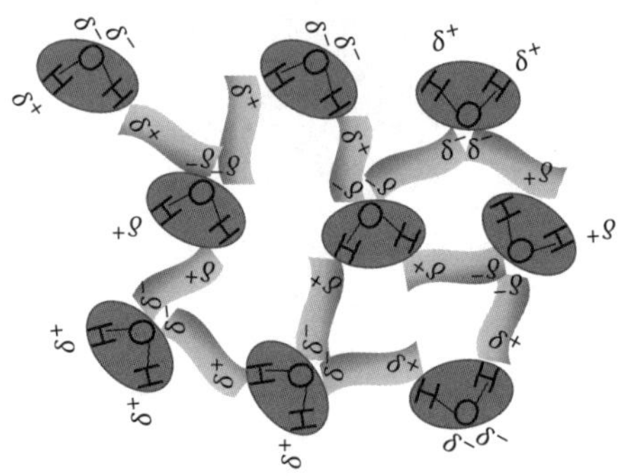

극성분자인 물분자는 분자 내 부분전하로 인해 이웃한 물분자의 '+(수소)' 부분전하와 '-(산소)' 부분전하가 서로 잡아당깁니다. 이를 수소결합이라 합니다. 많은 수의 물분자가 상호 작용(반데르발스 힘)에 의해 촘촘하게 모여 있는 것을 네트워크로 표현해 보았습니다.

8. 상온이온성액체

최초의 상온이온성액체(RTIL, Room Temperature Ionic Liquid)[(38)]인 질산에틸암모늄(Ethylammonium Nitrate, $[CH_3CH_2NH_3]^+[NO_3]^-$)[(39)]은 1914년 과학자 월든(Walden)이 발견한다.[(40)] 질산에틸암모늄의 녹는점은 9[°C]이다. 즉 상온(25[°C])에서 양이온($[CH_3CH_2NH_3]^+$)과 음이온($[NO_3]^-$)으로 해리되어 있고, 흐르는 액체이다.[(41)] 하지만 리튬이온배터리의 충전, 방전 동안 필요한 리튬이온을 처음부터 갖는 RTIL은 아직 없어 곧바로 리

---

182) 압력 1[atm], 온도 0[°C]에서 얼음의 밀도는 0.9168[$g \cdot cm^{-7}$], 물의 밀도는 0.9999[$g \cdot cm^{-7}$]이다.
183) 밀도가 작은 물질이 밀도가 큰 물질 안에서 뜬다. 보충 설명 4 참조.

튬이온배터리의 액체전해질로 사용될 수 없다. 그래서 배터리과학자들은 RTIL을 현재 사용되는 유기용매 대신 리튬염을 녹이는 용매로 사용할 수 있는지 연구 중이다.[42] 이것이 만일 가능하다면 발화점이 높은 RTIL의 장점을 살려 리튬이온배터리의 화재 안전성을 향상할 수 있다. 예를 들어 RTIL 중 연구가 많이 되는 $[BuEtPyrrol^+][NTf_2^-]$의 발화점[184][43]은 368[°C][44]이고, 액체전해질에 자주 사용되는 유기용매의 발화점은 EC 143[°C], DMC 17[°C], EMC 23.9[°C]이다.[45] 유기용매의 발화점과 비교하여 차이가 상당히 크다. RTIL의 최대 장점인 높은 발화점은 액체전해질 화재 안전성 문제를 극복할 수도 있다는 희망을 준 특성이다. 그러나 본문에서도 이미 이야기한 것처럼 높은 점도(유기용매 점도[46] 대비 약 10~60배)와 보조 용매를 사용하더라도 낮은 이온전도도(Conductivity), 낮은 리튬이온 이동수(Transport Number)[47](예, 0.045)로 인해 아직은 리튬이온배터리에 적용되지 못하고 있다.

9. 과학자 뉴톤의 점도 관련 연구

영국의 과학자 뉴톤(Issac Newton)은 유압 펌프를 사용하여 압력을 유체에 가한 후 파이프 안을 흐르는 유체를 관찰하였다. 뉴톤은 유체의 속도가 파이프 벽에서는 영(Zero, 0)이고 점차 커지다 파이프의 중심에서 최대가 되는 것을 발견한다. 그리고 이처럼 위치에 따라 유체의 속도가 변화하는 것은 외부 압력에 대한 유체의 '내부 저항력(τ)' 때문임을 알아내

---

184) 점화원 없이 스스로 불이 붙는 온도.

고, 이를 정리하여 점도(μ)를 포함한 식(1)을 제안한다.[48] 식(1)에서 점도(μ)가 크면 내부 저항력(τ)도 크다는 것을 알 수 있다($\tau \propto \mu$).

$$\tau = \mu \times \frac{\Delta u}{\Delta y} \quad \cdots (1)$$

τ는 외부 압력에 대해 유체 내부에 발생하는 저항력 [Pa]

μ는 점도[$Pa \cdot s$]

$\frac{\Delta u}{\Delta y}$는 파이프 표면에서 중심까지 유체 속도 증가 기울기 [s^1]

10. 액체전해질을 흐르는 전류

액체전해질을 통과하여 흐르는 전류는 그 안에 있는 이온이 관여한다는 것을 처음 제안한 과학자는 아레니우스(Arrhenius)이다.[49] 전류는 보통 전자(e^-)의 흐름으로 알려져서 액체전해질을 통해 전류가 흐르는 것은 이온이 이동하는 것(이온의 흐름) 때문이라는 이야기를 들으면 언뜻 이해가 잘 안 된다. 그러니 그의 제안에 동시대의 많은 과학자들도 '과연 그럴까?'하고 의심한 것은 크게 이상한 일이 아니었다. 하지만 그의 이론이 옳다는 것이 결국 나중에 밝혀진다. 지금부터 전류가 액체전해질을 통과하여 흐르는 메커니즘을 찬찬히 살펴보자. 예를 들어 소금(NaCl)을 가열하여 녹여 만든 액체전해질을 준비하자.[185][50] 녹은 소금 안에 있는 전극 사이에서 전기장의 힘으로 움직이는 나트륨이온(Na^+)과 염소이온(Cl^-)의 움

---

185) 녹은 염은 액체전해질이다.

직임이 어떻게 전자의 흐름으로 바뀌는지 관찰하자. 아래 그림 참조.

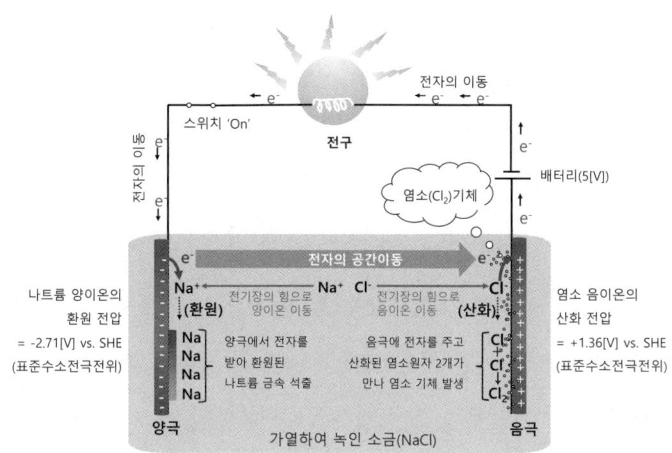

음극과 양극 표면에 다가온 음이온(Cl⁻)은 전자를 주고, 양이온(Na⁺)은 전자를 받아 산화, 환원 반응이 각각 일어납니다. '산화, 환원 반응이 한 쌍'으로 일어나면 '하나의 전자'는 양극에서 음극으로 한 번에 크게 점프하듯 이동합니다.

　우선 스위치를 'On' 하면 양극과 음극 사이에는 전기장이 발생하는데 각 이온은 정전기력을 받아 이동한다. 이때 양이온과 음이온 각각 하나씩에 주목하여 보자. 음이온인 염소이온은 음극을 향해 이동한 후 접촉한다. 이때 염소 음이온(Cl⁻)에 있던 전자 하나가 음극으로 이동한다. 이렇게 전자 하나가 염소 음이온(Cl⁻)에서 나가는 것을 산화라 한다. 그리고 염소 음이온(Cl⁻)은 염소 원자(Cl)가 된 후 주변에 있는 또 다른 염소 원자(Cl)와 만나 염소 기체(Cl₂)가 된다.[186] 염소 기체는 음극 표면에서 뽀글뽀글 올

---

186) 염소 원자 2개가 만나 염소 기체(Cl₂)가 되는 반응은 깁스 자유에너지가 낮아지는 자발적 반응이다.

라온다. 한편, 나트륨 양이온(Na⁺)도 양극을 향해 이동한 후 접촉한다. 나트륨 양이온(Na⁺)은 양극에서 흘러온 전자를 받은 후 나트륨(Na) 금속으로 전극 표면에 석출된다. 이렇게 나트륨 양이온(Na⁺)으로 전자가 들어가는 것을 환원이라 한다. 음이온인 염소이온과 양이온인 나트륨이온이 전극에 접촉하여 산화, 환원 반응이 일어나는 것을 전자의 관점에서 보면 왼쪽 전극에서 오른쪽 전극으로 '전자가 수영하는 것처럼 이동하는 것'이 아니라, '전자가 한 번에 공간 이동하는 것'과 같다. 즉 '왼쪽 전극(양극)에서 전자 하나가 나트륨 양이온(Na⁺)으로 들어감 → 염소 음이온(Cl⁻)에 있던 전자 하나가 오른쪽 전극(음극)으로 나감'과 같이 순간적으로 공간 이동하듯 이동하는 것이다. 중요한 점은 '산화와 환원 반응 한 쌍'은 '전자 하나의 움직임'에 대응한다는 것이다.[51] 이런 식으로 양극에 있던 전자 하나가 음극으로 흘러간 것이다! 마치 영화에서 볼 수 있는 초능력자의 순간적인 공간 이동과 비슷하다. 그런데 산화, 환원 반응을 통한 전자의 순간적인 이동이 잘 일어나기 위해서는 나트륨이온과 염소이온이 전기장에 의한 힘을 받아 움직일 때 주변 환경으로부터 오는 저항력이 없거나 작아 잘 움직이면 유리한 것이다. 또한 외부에 연결된 배터리 전압[V]의 크기가 '염소 음이온의 산화 전압과 나트륨 양이온의 환원 전압의 차(1.36[V]-(-2.71[V])=4.07[V])[187]' 이상일 때 산화 환원 반응이 원활히 잘 일어난다. 물론 '산화 환원 전압의 차' 이하에서도 반응은 진행되므로 이 점에 주의할 것!

---

187) 표준수소전극전위(SHE) 기준으로 계산함.

11. 전기장(E)은 무엇일까?

전기장(E)을 이해하기 위해 우선 물리 수업 시간에 배운 정전기력을 떠올려 보자. 정전기력은 전하를 띤 입자(예, 전자, 이온) 사이에 작용하는데 아래 그림과 같이 전하를 띤 두 개의 이온 사이에 작용한다고 가정해 보자. 반대 전하이면 인력이 작용하고, 같은 전하이면 척력이 작용한다.

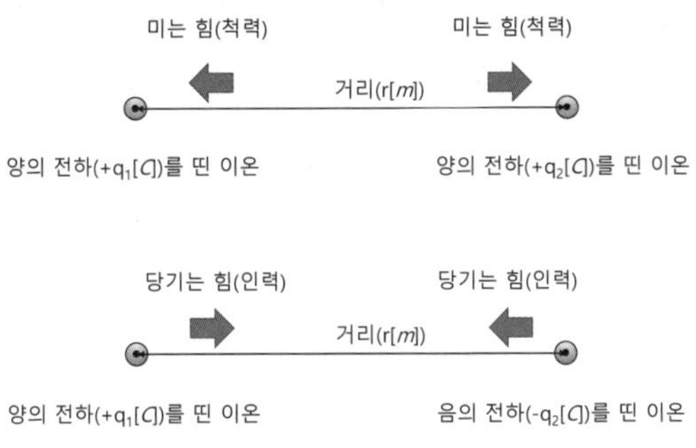

전하를 띤 두 개의 이온 사이에 정전기력이 작용합니다.

위의 그림과 같이 동일 혹은 반대 전하를 띤 두 개의 이온 사이에 작용하는 정전기력의 크기는 각 전하의 크기[C]와 떨어진 거리[m]에 따라 아래의 식(1)과 같이 계산된다. 식(1)은 쿨롱의 법칙(Coulomb's Law)으로 알려져 있는데 과학자 쿨롱(Coulomb)이 제안하였다. [52]

$$F = \pm k \times \left(\frac{q_1 \times q_2}{r^2} \right) \cdots (1)$$

F는 전하 q_1[C]인 이온과 전하 q_2[C]인 이온 사이의 정전기력 [N]

동일 부호 이온이면 '+(척력)', 반대 부호 이온이면 '-(인력)' 임

k는 쿨롱상수 ($8.988 \times 10^9 \, [N \cdot m^2 \cdot C^{-2}]$)

r은 두 이온 사이의 거리 $[m]$

그런데 두 전하의 크기 차이가 아주 크게 날 때가 있다. 예를 들어 액체 전해질 안에 있는 '물분자로 솔베이션된 이온'이 전극 사이에 놓일 때이다. 전극은 '전자를 공급하고, 받아 주는' 배터리의 '(-)터미널, (+)터미널'과 도선으로 연결되어 있기 때문에 전하가 매우 크다. 반면 '물분자로 솔베이션된 이온'은 매우 작은 전하를 갖는다. 이해를 돕기 위해 아래의 그림에서 전극을 '큰 전하를 가진 하나의 큰 입자'로 표시하였다. 그리고 큰 전하를 가진 하나의 큰 입자는 그 위치를 고정하였다.

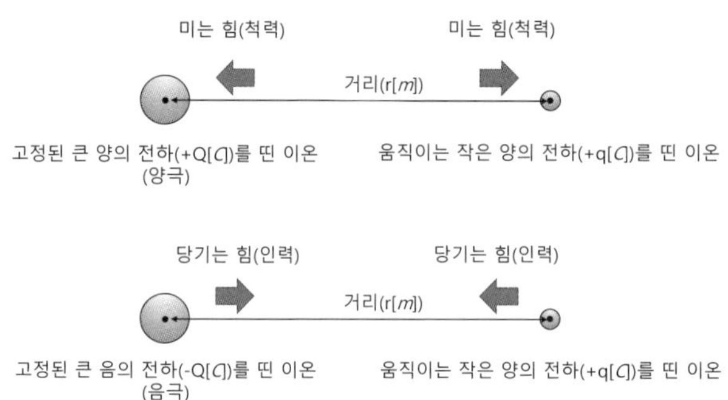

고정된 큰 전하와 작은 전하를 띤 움직이는 두 개의 이온 사이에 정전기력이 작용합니다.

큰 전하와 작은 전하를 띤 이온 사이에도 정전기력의 크기와 방향은 앞선 예와 마찬가지로 아래의 식(2)로 표현된다. 정전기력은 각 전하의 크기에 비례하고, 거리의 제곱에 반비례한다. 그런데 식(2)를 아래의 식(3)

과 같이 큰 전하를 띤 전극을 중심으로, 즉 작은 전하를 띤 입자(q)를 제외한 나머지 부분을 대괄호 '[ ]'로 묶고, 대괄호 '[ ]' 부분을 '전기장(E, Electric Field)'으로 정해 보면 어떨까? 그러면 전극 사이에 여러 종류의 움직이는 작은 전하를 띠는 이온을 필요에 따라 바꿔가면서 적용할 수 있다. 즉 전하를 띤 이온이 정해지면 떨어진 거리에 따라 전기장(E)의 세기가 정해지므로 그 안에 있는 이온이 받는 정전기력의 크기와 방향을 알 수 있다. [53] 즉 '전하가 작은 이온'에만 집중하면 되는 것이다.

$$F = \pm\, k \times \left(\frac{Q \times q}{r^2} \right) \;\cdots\; (2)$$

$$F = \pm \left[k \times \left(\frac{Q}{r^2} \right) \right] \times q = \pm\, E \times q \;\cdots\; (3)$$

F는 전하 $Q[C]$인 입자와 전하 $q[C]$인 입자 사이의 정전기력 $[N]$

동일 부호 전하이면 '+(척력)', 반대 부호 전하이면 '-(인력)'임

k는 쿨롱상수 ($8.988 \times 10^9 \, [N \cdot m^2 \cdot C^2]$)

r은 두 전하 사이의 거리 $[m]$

E(전기장)는 대괄호 '[　]' 부분이며, 단위는 $[N \cdot C^{-1}]$임

참고로 두 평행한 전극 사이에 형성된 전기장(E)의 단위 관련 위의 식에서 본 $[N \cdot C^{-1}]$과 함께 $[V \cdot m^{-1}]$도 자주 사용되므로 여기서 소개한다. [54] 당연히 이 두 단위는 동일한 의미이므로 상황에 따라 선택하여 사용할 수

있다. 아래 식(4)에 두 단위가 같다는 것을 보였다. [188)(55)

$$\left[\frac{N}{C}\right] = \left[\frac{N \cdot m}{C \cdot m}\right] = \left[\frac{J}{C \cdot m}\right] = \left[\frac{J/C}{m}\right] = \left[\frac{V}{m}\right] \quad \cdots (4)$$

12. 전기장 외에 다른 힘도 받을까?

액체전해질 안에서 용매분자로 솔베이션된 리튬이온이 받는 힘으로서 전기장에 의해 받는 힘 외에 어떤 종류의 힘이 작용하는지를 잘 이해하는 것은 액체전해질이 갖는 성분과 함량을 정하는 이유와 연관되므로 매우 중요하다. [189] 본문에서 살펴본 내용을 정리하면 액체전해질 안에 있는 리튬이온이 어떤 힘을 받는지 알 수 있다. [190] 우선 중력장에 의해 받는 '① 중력'과 물의 밀도와 관련 있는 '② 부력'이 있다. 그리고 '③ 전기장에 의한 힘'이 있다. 여기에 덧붙여 또 하나가 있는데 바로 리튬이온배터리 자체의 국부적인 열의 불균형 등으로 인해 액체전해질 안에서 발생하는 대류이다. 즉 '④ 액체전해질 흐름으로 인한 압력[56]'이다. 그리고 각 힘을 받아 솔베이션된 리튬이온이 움직이면 반대 방향으로 각 힘에 대항하는 '저항력'이 발생한다. 다음 그림 참조. 그런데 평상시에 '① 중력'과 '② 부력'은 서로 상쇄된다. '용매분자로 솔베이션된 리튬이온'이 액체전해질 안에서 둥둥 떠서 리튬이온배터리 안에 퍼져 있는 이유이다. 또한 평상시라면

---

188) 1[C]의 전하가 이동하여 1[J]의 일을 하면, 그 전위차를 1[V]로 정의한다. 따라서 [J/C]=[V]이다.

189) 액체전해질은 여러 종류의 염(주요 염, 보조 염), 유기용매(주요 용매, 보조 용매), 소량의 첨가제(다양한 염, 유기물)를 원하는 특성 구현을 위해 성분과 함량을 정하여 제조한 용액이다.

190) 무작위로 움직이는 브라운 운동은 고려하지 않는다.

대류와 같은 '④ 액체전해질 흐름으로 인한 압력'이 거의 발생하지 않으므로 '⑤ 액체전해질 흐름에 대한 저항력'도 고려하지 않는다. 그러면 용매 분자로 솔베이션된 리튬이온이 받는 최종 알짜힘은 간단히 말해 '③ 전기장으로부터 받는 힘'에서 '⑥ 전기장으로부터 받는 힘에 의한 이동에 대한 저항력'을 뺀 힘이다. 따라서 알짜힘이 세지기 위해서는 '③ - ⑥'이 작아야 한다. 즉 '⑥ 전기장으로부터 받는 힘에 의한 이동에 대한 저항력'이 작아야 최종적인 알짜힘이 세지므로 용매 분자로 솔베이션된 리튬이온이 잘 이동할 수 있다. 바로 '⑥ 전기장으로부터 받는 힘에 의한 리튬이동에 대한 저항력(이온전도도)'에 영향을 미치는 인자가 주요 연구 대상이 되는 이유이다.

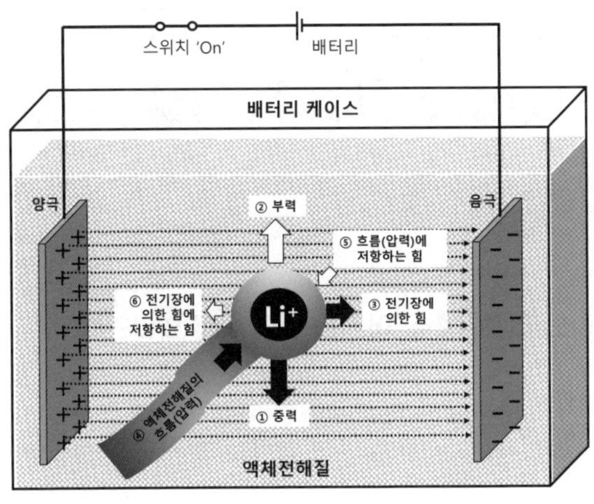

액체전해질 안에 있는 용매 분자로 솔베이션된 리튬이온에 작용하는 다양한 힘입니다. 리튬이온(Li^+) 한 개에 집중하여 보았습니다.

13. 주기율표에서 고체인 원소

표준조건에서 주기율표에 있는 총 118개의 원소 중 105개가 고체상태임. 아래 그림 참조.

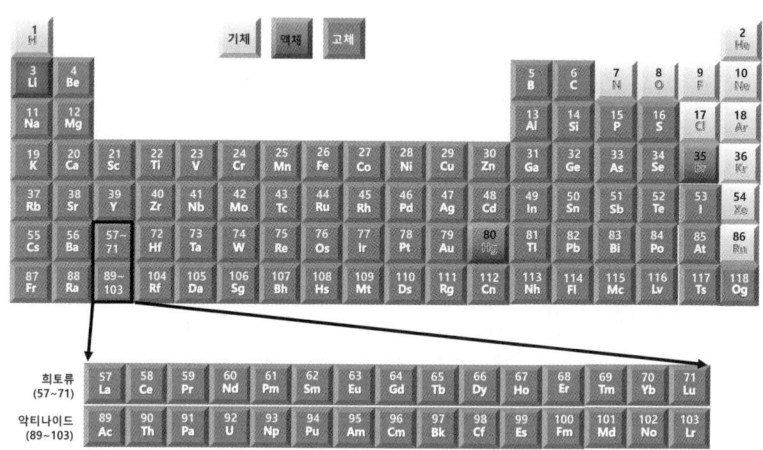

표준조건(온도 25[℃], 압력 1[atm])에서 주기율표에 있는 총 118개의 원소 중 기체 11개, 액체 2개, 나머지 105개는 고체입니다.

14. 리튬원자와 리튬금속 덩어리는 거의 비어 있다?

리튬의 예를 들어 원자는 거의 비어 있다는 것을 구체적으로 살펴보자. 원자 번호 3번인 리튬[191]의 핵에는 양성자 3개와 중성자 4개가 있고, 핵 주위에 배치되는 전자는 3개가 있다. 양성자, 중성자, 전자의 지름은 대략

---

191) 전자배치를 보면 Li:$1s^2 2s^1$(K껍질 s오비탈에 전자 2개, L껍질 s오비탈에 전자 1개)이다.

$10^{-15}[m]$[(57)] 수준이고, 리튬원자의 지름은 $10^{-10}[m]$[(58)] 수준이다. 리튬원자의 지름이 양성자, 중성자, 전자의 지름보다 대략 100,000배 정도 더 큰 것이다. 만일 양성자, 중성자, 전자를 지름이 $0.075[m]$인 야구공[(59)]에 비유하면 리튬원자는 지름이 $7.5[km]$인 아주 커다란 공에 비유할 수 있다. 즉 지름이 $7.5[km]$인 공의 중심에 야구공 7개(핵: 양성자 3개, 중성자 4개)를 모아서 놓는다. 야구공 2개(전자 2개)는 공의 중심으로부터 약 $4.5[km]$(1s 오비탈 위치)[192)(60)]에 놓고 나머지 1개(전자 1개)는 공의 중심으로부터 약 $7.5[km]$(2s 오비탈 위치)에 놓는다. 이렇게 비유적으로 보면 리튬원자는 사실상 텅 빈 상태라는 것이 확실하다. 그러면 리튬원자가 모여 만들어지는 리튬금속 덩어리도 실질적으로 텅 빈 상태인 것이다! 그런데 여기에 덧붙여 리튬원자가 많이 모여 금속 덩어리가 될 때 본문에서 본 이상적인 상태와 달리 내부에 가지런히 배열된 리튬이온 중 가끔 '하나씩 빠진 자리(Vacancy)'도 발생한다는 것이 알려져 있다. 이래저래 리튬금속 덩어리 안에는 빈공간이 많은 것이다.

15. 얼음 왕국에서는 엔트로피가 영(Zero, 0)이다?

과학자 볼쯔만(Boltzmann)은 절대 영도($0[K]$)에서 물질을 구성하는 원자나 분자의 움직임이 전혀 없고[193)(61)], 온도가 서서히 올라가면서 고체에서 액체, 기체로 상태가 변화되는 과정에 집중한다. 그리고 물질을 구성

---

192) 리튬 핵의 중심에서 2s 오비탈의 위치까지를 리튬이온(Li^+)의 반지름으로 가정함.

193) 과학자들의 연구에 따르면 절대 영도에서도 여전히 '아주 미세한' 원자의 움직임이 있다는 것이 밝혀졌지만 여기서는 움직임이 전혀 없는 것으로 가정함.

하는 원자나 분자가 운동하는 경우의 수가 점점 늘어난다는 것을 알게 된다. 온도가 올라가면 물질을 구성하는 원자나 분자가 점점 활발하게 운동한다는 의미이다. 볼쯔만은 어떤 물질을 구성하는 원자나 분자가 운동할 수 있는 경우의 수와 연관된 인자인 '엔트로피(S, Entropy)[62]'를 처음 제안한다. 아래 식(1) 참조.

$$S_{sys} = k \times ln\,W \quad \cdots \quad (1)$$

S_{sys}는 물질의 엔트로피$[J \cdot K^{-1}]$
k는 볼쯔만 상수($1.38 \times 10^{-23}\,[J \cdot K^{-1}]$)
ln은 e를 밑으로 하는 자연로그
W는 물질내 원자나 분자가 운동(배열) 가능한 모든 경우의 수

절대 영도($0[K]$)에서는 어떤 물질을 구성하는 원자나 분자는 전혀 움직이지 못한다. 그야말로 완전히 얼어붙은 것이다. 비유하자면 완전한 얼음 왕국이다. 완전한 얼음 왕국에서는 물질을 구성하는 원자나 분자의 움직임이 전혀 없으므로 어떤 물질 안에 있는 원자나 분자가 운동할 수 있는 경우의 수는 딱 한 가지(W=1)인 '정지한 상태'이다. 위의 엔트로피 식에 'W=1'을 대입하면 엔트로피는 영(0, Zero)이 되는 것을 확인할 수 있다. 이를 처음 발견한 과학자 네른스트(Nernst)는 이를 열역학 제3 법칙이라 하였다. 그러다 온도가 올라가면서 각 온도에서 예를 들면 원자가 '① 좌우 이동, ② 상하 이동, ③ 전후 이동, ④ 왼쪽에서 오른쪽으로 자전, ⑤ 오른쪽에서 왼쪽으로 자전, ⑥ 아래쪽에서 위쪽으로 자전' 등 운동할 수 있

는 경우의 수가 점차 늘어난다. [194][63] 이러한 상황은 위의 식(1)에서 'W'가 커지는 것과 같고, 이는 곧 해당 물질의 엔트로피(S_{sys})가 증가하는 것이다. 고체에서 액체로 그리고 기체로 될수록 운동할 수 있는 경우의 수가 커지면서 엔트로피도 증가하는 이유이다. 그런데 일상생활에서는 절대 영도를 경험하기가 불가능하다. 지구 표면의 연평균 온도는 15[°C][64]인데 절대 온도로 환산하면 288.15[K]이다. 즉 1년 365일 동안 태양으로부터 오는 복사열[65] 덕분에 인류는 절대 영도(0[K])보다 평균 288.15[K] 정도 높은 온도에서 생활하고 있는 것이다. 따라서 주변에 있는 기체, 액체를 구성하는 원자나 분자는 물론 고체를 구성하는 원자나 분자도 항상 운동하고 있다!

16. 최초의 전기차용 전고체전지(ASSB)

1983년 과학자 아르만드(Armand)가 '리튬염을 PEO 고분자에 녹인' 고체고분자전해질을 만들어 리튬이온배터리에 최초로 적용하는 시도를 한 후[66] 1996년 벨코어(Bellcore)사에 근무하던 과학자 타라스콘(Trascon)은 '리튬염을 PEO 고분자에 녹인' 고체고분자전해질을 적용한 리튬금속고분자(LMP, Li-metal Polymer)배터리를 제조한다. LMP 배터리는 공유경제용 전기차 블루카(Blue Car)에 적용되는데[67] 고체전해질이 상업적으로 사용된 최초의 전기차용 전고체전지(ASSB, All Solid State Battery)이다. LMP 배터리의 양극은 층간삽입 물질인 리튬바나듐산화물(LiV_3O_8)

---

194) 이런 경우 원자나 이온을 하나의 구로 보는 과학자 달턴(Dalton)의 원자 모델이 유용하다.

이, 음극은 리튬금속[195][68]이 사용된다.[69] 그런데 '리튬염을 PEO에 녹인' 고체고분자전해질은 상온에서 $10^{-8} \sim 10^{-7}[S \cdot cm^{-1}]$ 수준의 매우 낮은 이온전도도를 보인다. 이러한 단점을 극복하고자 블루카는 배터리팩의 온도를 PEO 고분자의 녹는점인 $60[°C]$[196]보다 높은 $70 \sim 80[°C]$로 유지한다. 이 온도 범위에서 PEO 고분자는 녹아 결정 지역이 없어지고 비정질 지역만 남는다. 그리고 이온전도도는 $10^{-4} \sim 10^{-3}[S \cdot cm^{-1}]$ 수준으로 높아진다.[70] 그런데 고온에서의 이온전도도조차 액체전해질 수준($10^{-2}[S \cdot cm^{-1}]$)까지는 향상되지 못한다. 이렇게 이온전도도는 액체전해질보다 낮지만, 고체고분자전해질에 한 가지 기대하는 바가 있었다.

음극으로 사용된 리튬금속은 흑연과 달리 과충전[197][71]을 하지 않더라도, 예를 들어 일정 '전압창(Voltage Window, 2.7~4.2[V])' 내에서만 충전, 방전 사이클이 진행되어도, 충전하는 동안 리튬금속 표면에 덴드라이트(Dendrite)[198]가 쉽게 발생한다.[72] 이때 리튬금속 표면에서 자라는 덴드라이트를 녹은 PEO 고분자가 '힘으로 버티고 눌러서' 자라지 못하게 억제하길 바라는 것이었다. 이것이 화재 안전성을 더욱 강화하고자 했던 LMP 배터리의 전체적인 콘셉트(Concept)이다. 그런데 리튬금속 표면에서 자라는 덴드라이트를 억제하기에 적합한지를 판단하는 기준으로 과학자 뉴먼(Newman)과 먼로(Monroe)가 제시한 '고체전해질의 전단 계

---

195) 리튬이온배터리에 사용되는 흑연 대신 리튬금속을 사용해야 무게 혹은 부피당 전기에너지의 크기가 상대적으로 더 커지기 때문에 음극 재료도 대체해야 더욱 이상적인 전고체전지가 된다.

196) PEO 고분자는 온도를 올리면 녹는 열가소성 고분자임.

197) 리튬 코발트 산화물과 흑연을 사용한 리튬이온배터리의 경우 보통 4.2[V] 이상으로 충전하는 것을 과충전이라 한다.

198) 리튬금속 표면에서 충전 시 나뭇가지가 자라듯이 뻗어 나오는 리튬금속을 덴드라이트라 한다.

수가 리튬금속 전단 계수(Shear Modulus, 2.8[GPa])의 2배인 5.6[GPa][73] 보다 더 커야 한다'는 것을 고려하면 녹은 PEO 고분자의 전단 계수[199][74] (1~10[MPa][200][75])는 너무 작다. 흥미로운 것은 그런데도 LMP 배터리가 사용된 공유 경제용 블루카나 블루버스(Blue Bus)에서 발생한 화재를 살펴보면 덴드라이트가 원인으로 지목된 사례는 아직 없다는 것이다.[76] 그렇다고 안심하기에는 이르다고 할 수 있다. 당연히 배터리과학자는 고체 고분자전해질의 전단 계수 향상을 위한 다양한 방법을 시도하고 있다.

17. 젤은 무엇일까?

젤고분자전해질(GPE, Gel Polymer Electrolyte)에 포함된 용어 '젤(Gel)' 은 일상생활 관련 제품 이름에서도 자주 볼 수 있다. 외출 전에 헤어스타일링할 때 사용하는 '헤어젤(Hair Gel)'이 대표적이다. 그렇다면 젤은 무엇일까? 젤은 콜로이드(Colloid)의 한 종류이므로 젤이 무엇인지 알기 위해 우선 콜로이드에 대해 알아볼 필요가 있다. 콜로이드는 어떤 매질 안에 작은 물질이 물리적으로 불균일하게 분산된 혼합물을 이르는 일반적인 용어이다.[77]. '매질'과 '매질에 분산된 물질'은 모두 기체, 액체, 고체가 될 수 있으므로 각 조합에 따라 콜로이드의 종류가 결정된다. 각 콜로이드의 이름과 뜻 및 예시는 아래의 도표 참조.[78] 콜로이드 분류에 따르면 젤은 '작은 액체 물질이 고체에 불균일하게 분포된 물질'이다. 우리가 맛있게 먹는 젤리가 바로 '젤'이다. 당연히 'PEO 고분자에 액체전해질이 불균일하

---

199) 전단력에 저항하여 변형되지 않으려는 경향의 크기.
200) 상온에서 PEO 고분자의 전단 계수는 1[GPa]인데 고온에서는 전단 계수가 많이 작아진다.

게 분산된 물질'도 젤이다. 그래서 본문에서처럼 '젤고분자전해질(GPE)'
로 부르는 것이다.

콜로이드의 종류[79]

매질	분산된 물질	부르는 이름 및 뜻	예시
액체	고체	솔(Sol): 액체 안에 고체 물질이 분산됨	페인트, 혈액, 탄소나노튜브 분산액
	액체	에멀전(Emulsion): 액체 안에 액체 물질이 분산됨	마요네즈, 우유
	기체	폼(Foam): 액체 안에 기체 물질이 분산됨	휘핑크림(Whipping Cream), 맥주
고체	고체	고체 솔(Solid Sol) 혹은 고용체(Solid Solution): 고체 안에 고체 물질이 분산됨	루비, 색깔 렌즈, 합금(Alloy)
	액체	**젤(Gel): 고체 안에 액체 물질이 분산됨**	**젤폴리머전해질(GPE)**, 젤리, 오팔(H_2O in SiO_2)
	액체	고체 에멀전(Solid Emulsion): 고체 특히 '굳은 지방'에 액체 물질이 분산됨	치즈, 버터
	기체	고체 폼(Solid Foam): 고체 안에 기체 물질이 분산됨	현무암, 마쉬멜로, 식빵
기체	고체	고체 에어로솔(Solid Aerosol): 기체 안에 고체 물질이 분산됨	연기, 먼지
	액체	액체 에어로솔(Liquid Aerosol): 기체 안에 액체 물질이 분산됨	안개

18. '리튬이온고분자배터리'에 있는 '고분자'의 뜻은?

실제 젤고분자전해질이 사용되지 않았어도 '리튬이온고분자배터리'라
불리는 경우가 있다. 이런 경우 이름에 있는 '고분자'는 무엇을 의미할까?

이때는 배터리의 포장재료가 고분자 재료인 파우치[201]라는 의미이다. [80]

포장재료가 금속인 원통형이나 각형(작은 상자 모양)이 아니라, 고분자인 파우치로 만들어졌다는 의미로 제품명에 '고분자'를 넣은 것이다. 파우치를 포장재료로 사용하면 원통형이나 각형의 표준화된 모양의 금속재료로 배터리를 포장하는 것과 비교하여 '면적과 두께를 자유롭게 재단할 수 있는 장점'이 있다. 파우치로 포장되는 리튬이온배터리가 갖는 폼팩터(Form Factor) 측면의 장점이다. 이를 부각하면서 '고분자'란 용어를 배터리 이름에 추가한 것이다. 이때는 원통형이나 각형 등 다른 리튬이온배터리와 포장재료를 빼곤 액체전해질 포함 동일하다고 볼 수 있다. 따라서 '리튬이온고분자배터리'라는 제품 이름에 사용된 '고분자'라는 말의 의미가 액체전해질 대신 젤고분자전해질을 사용한 리튬이온배터리를 의미하는 것인지, 아니면 포장재료가 고분자인 파우치라는 것을 강조한 것인지는 이를 생산한 회사에 확인할 필요가 있다.

19. 격자점과 결정구조

프랑스의 과학자 브라베(Auguste Bravais)는 1848년 육면체 모양을 변형시켜 만든 14가지의 3차원 입체에 '점을 찍어' 격자점을 표현한다. [81] 브라베는 육면체 모양의 가로(a), 세로(b), 높이(c)(단위: [Å])와 x, y, z축 사이의 각(a, β, γ)(단위: [°])을 변화시켜 14개 단위 셀을 만든다. 아래 도표 및 그림 참조. 격자점(Lattice Point)[82]은 예를 들어 고체 덩어리 안에 단원

---

201) 포장재료에 따라 배터리의 물리적인 형상(예, 원통형, 각형, 파우치)이 결정된다. 배터리의 물리적인 형상을 보통 폼팩터(Form Factor)라 한다.

자 혹은 다원자 그룹이 위치할 수 있는 이론적인 자리이다. '점이 찍힌' 14
가지 입체를 과학자 브라베의 이름을 따라 브라베의 14 격자(Bravais 14
Lattices) 혹은 단위 셀(Unit Cells)이라 한다. 14개의 단위 셀은 다시 7개
결정계(Crystal System)로 분류된다. [202)(83] 아래 도표 참조. 또한 아래 그
림에 보인 단위 셀은 입방정 결정계에 속하는 단순 입방정(Simple Cubic)
인데, 단순 입방정이 3차원적으로 계속 연결되어 모이면 고체 덩어리가
되는 사례를 보였다. 이때 고체 덩어리의 결정구조(Crystal Structure)를
단순 입방정이라 한다. [84] 또한 결정구조는 같고 격자점에 자리 잡은 단원
자 혹은 다원자 그룹의 종류만 달라지면(성분만 변하면) 그 고체 덩어리
는 동일 결정구조를 갖는다고 한다.

7개 결정계와 14개 단위 셀

결정계	No.	단위 셀
입방정(Cubic)	①	단순 입방정(Simple Cubic)
	②	면심 입방정(Faced-centered Cubic)
	③	체심 입방정(Body-centered Cubic)
육방정(Hexagonal)	④	단순 육방정(Simple Hexagonal)
정방정(Tetragonal)	⑤	단순 정방정(Simple Tetragonal)
	⑥	체심 정방정(Body-centered Tetragonal)
삼방정(Rhombohedral)	⑦	단순 삼방정(Simple Rhombohedral)
사방정 (Orthorhombic)	⑧	단순 사방정(Simple Orthorhombic)
	⑨	체심 사방정(Body-centered Orthorhombic)
	⑩	면심 사방정(Face-centered Orthorhombic)
	⑪	저심 사방정(Base-centered Orthorhombic)

202) 브라베의 14개 단위 셀 모양은 관련 자료 참고.

단사정	⑫	단심 단사정(Simple Monoclinic)
(Monoclinic)	⑬	저심 단사정(Base-centered Monoclinic)
삼사정(Triclinic)	⑭	단순삼사정(Simple Triclinic)

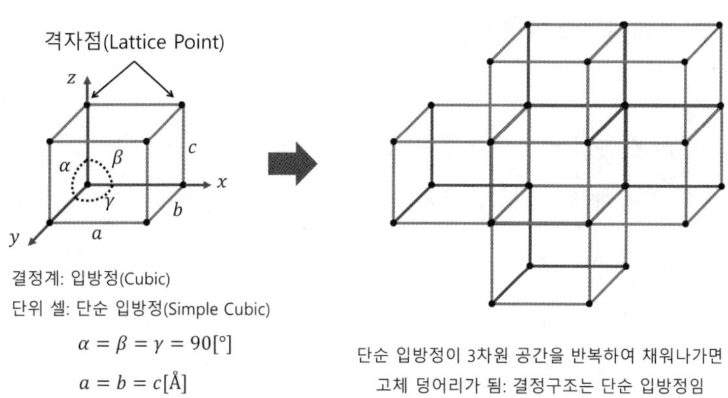

$$\alpha = \beta = \gamma = 90[°]$$

$$a = b = c[\text{Å}]$$

다수의 단순 입방정이 모여 만들어지는 고체 덩어리 사례.

고체 덩어리가 갖는 결정구조는 같지만, 격자점에 자리 잡은 단원자 혹은 다원자 그룹의 종류가 바뀌면(성분이 바뀌면) 특히 그 안에서 이동하는 리튬이온의 입장에서는 주변의 인력(환경)[203]이 변한 것이므로 이온 전도도에 영향을 미친다. 이러한 맥락에서 동일 결정구조 안에서 격자점에 있는 이온의 종류를 변화시키면서 제조한 세라믹 재료의 리튬이온 이온전도도 상대 비교 연구가 많이 진행된다. 그런데 격자점에 자리 잡은 이온의 종류가 달라지면 결정구조, 즉 단위 셀도 변형될 수 있다. 그래서 세라믹전해질을 연구하는 과학자들은 격자점에 자리 잡은 이온의 종류가

203) 활성화에너지(E_a)라고도 한다.

달라질 때 단위 셀의 변화도 함께 분석한다. 이처럼 세라믹전해질의 성분 변화와 함께 결정구조(단위 셀) 변화에 관심을 두는 것은 이온전도도 변화의 근본적인 원인을 파악할 수 있기 때문이다.

20. 아레니우스 식은 무엇일까?

음식은 겨울철보다 여름철에 빨리 상하고, 소금이나 설탕은 찬물보다는 뜨거운 물에 빠르게 녹는다. 그런데 음식물을 냉장고에 넣으면 부패하는 속도가 현저히 줄어든다. 즉 '온도'와 '화학반응 속도' 사이에 '어떤 관계'가 있음을 알 수 있는데 일상생활에서도 쉽게 볼 수 있는 사례이다. 온도는 열에너지를 측정한 것이므로 온도가 높으면 해당 환경 안에 있는 원자, 분자 혹은 이온이 낮은 온도 대비 활발한 운동을 한다.[85] 원자나 이온의 활발한 움직임은 화학반응 속도가 빨라지도록 하는 근본 원인이다. 1890년대 화학반응을 연구하던 과학자들 사이에 온도를 10[℃] 올리면 화학반응 속도는 대략 2배 빨라진다는 관찰 결과는 잘 알려져 있었다. 다만 관련 인자를 모아 수식적으로 표현하지는 못하였다. 그러다 1899년 스웨덴의 과학자 아레니우스(Svante Arrhenius)는 이전 연구를 종합하여 아레니우스 식을 제안한다.[86] 즉 화학반응 속도를 예측할 수 있는 식을 제안한 것이다. 아레니우스 식과 각 항에 대한 설명은 아래 식(1) 참고. 아레니우스 식의 핵심 인자는 활성화에너지(E_a)인데, 반응물이 생성물이 되는 중간 과정에서 필요한 최대 에너지의 크기이다. 동일 온도에서 활성화에너지가 작을수록 화학반응이 빠르게 일어난다.

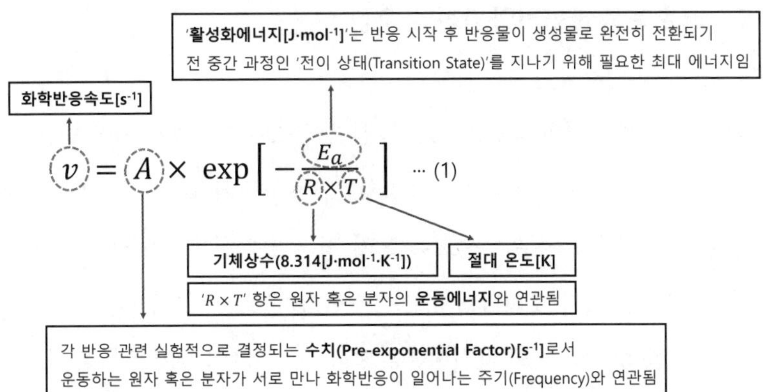

$$v = A \times \exp\left[-\frac{E_a}{R \times T}\right] \quad \cdots (1)$$

아레니우스 식은 화학반응 속도뿐 아니라 이미 본문에서 살펴본 것처럼 세라믹 안에서 움직이는 리튬이온의 이온전도도를 예측하는 식으로 사용할 수 있다. 더불어 앞서 본 고분자를 사용한 고체고분자전해질(SPE)도 아레니우스 식으로 이온전도도를 예측할 수 있으므로[87] 고체전해질로 사용되는 재료는 모두 아레니우스 식으로 이온전도도의 증가 혹은 감소하는 경향을 예측할 수 있는 것이다.[204] 아레니우스의 식의 의미를 고려할 때 '우수한 고체전해질'이란 결국 '활성화에너지가 매우 작아' 다른 세라믹 재료와 비교하여 '동일 온도에서 이온전도도가 월등히 큰 것'을 의미한다. 바로 이러한 특성을 보이는 고체전해질을 발굴하거나, 새롭게 합성하여 리튬이온배터리에 적용하는 것이 배터리과학자들의 중요한 연구 목표이다.[88]

---

204) 아레니우스 식은 다양한 현상에 적용할 수 있는 '다용도성(Versatility)'을 갖는다.

21. 나트륨-황 배터리의 방전 및 충전

나트륨-황 배터리의 방전을 보면 정전기력 포텐셜이 높은 '녹아 있는 2개의 나트륨원자 최외각 오비탈(Na: $1s^2 2s^2 2p^6 3s^1$)[89]'에 있는 전자 1개씩, 총 2개의 전자가 나와 외부 도선으로 흘러 정전기력 포텐셜이 낮은 '녹아 있는 황원자의 최외각 오비탈(S: $1s^2 2s^2 2p^6 3s^2 3p^4$)[90]'로 이동한다. 이때 측정되는 나트륨-황 배터리의 방전전압은 2[V]이다. 2개의 전자를 받은 황이온(S^{2-})과 베타-알루미나를 통과한 2개의 나트륨이온(Na^+) 및 주변에 녹아 있는 황원자가 만나 방전이 진행되는 동안 다양한 폴리황화나트륨(예, Na_2S_5, Na_2S_4, Na_2S_3, Na_2S_2)이 만들어진다.[91] 충전은 방전의 반대 과정이다.

22. 비화학량론 세라믹 재료

아마 화학 수업 시간에 화학량론(Stoichiometry)을 들어 보았을 것이다. 화학량론은 화학반응 전후 질량보존 법칙(질량은 만들어지거나 사라지지 않는다는 법칙)이 적용되므로 반응 전후 반응물과 생성물 안에 있는 각 원소의 개수는 보존된다는 의미이다.[92] 아래 식(1)은 고체인 나트륨 금속이 물에 녹아 있는 염산과 반응하여 생성물인 소금과 수소가 만들어지는 화학반응 사례이다. 소금(NaCl)은 생성된 후 물에 녹아 있고 수소는 기체가 되어 날아간다. 이 화학반응은 화학량론적인 반응이므로 반응 전후 각 원소의 개수가 동일하도록(질량이 보존되도록) 각 원소 앞에 적절한 계수를 붙여준다. 이 계수를 '화학량론 계수'라 한다.

$$2Na(s) + 2HCl(aq) \rightarrow 2NaCl(aq) + H_2(g) \cdots (1)$$

하지만 예를 들어 본문에 있는 것처럼 굿이너프 교수님이 새롭게 합성한 황화물계 세라믹전해질인 '티오-리시콘'은 'χ=0.75'일 때 리튬이온 이온전도도가 가장 큰데 비화학량론(Non-stoichiometry)적인 화학식 '$Li_{3.25}Ge_{0.25}P_{0.75}S_4$'이 된다. 사실 세라믹 재료에서는 비화학량론적인 화학식을 종종 볼 수 있는데 이는 프렝켈 결함과 쇼트키 결함 때문에 가능하다.[93] 즉 이론적인 자리[205]에 모든 이온이 정확히 위치하면 화학양론적인 세라믹인데 여기에서 벗어나면 비화학량론적인 세라믹이 되는 것이다. 다양한 비화학량론적인 세라믹을 합성할 때 원재료 비율과 공정 조건을 정밀하게 잘 조절하여 동일한 비화학량론 세라믹이 만들어지도록 해야 한다.

23. 상용화에 최초로 성공한 전고체전지

세라믹전해질 중 본문에서 살펴본 물질이 아닌, 즉 산화물계나 황화물계가 아닌, 라이폰(LIPON, Lithium Phosphorous Oxynitride)으로 불리는 산질화물(Oxynitride)[206][94]전해질이 마이크로배터리에 사용되어 이미 상용화에 성공하였다.[95] 마이크로배터리(Microbattery)는 미국 P사 연구소 연구원 리앙(Charles C. Liang)이 1969년 최초로 발명한다.[96] 이후 마이크로배터리 관련 연구가 활발히 진행된 곳은 오크리지국립연구

205) 이를 격자점(Lattice Point)이라 함. 보충 설명 18 참조.
206) 산화물 중 일부 산소가 질소로 대체되거나 질화물 중 일부 질소가 산소로 대체된 세라믹 재료.

소(Oak Ridge National Laboratory)이다. 이곳에 근무하던 과학자 베이츠(J.B. Bates)는 1992년 양극은 리튬 코발트 산화물, 고체전해질은 라이폰(LIPON, Lithium Phosphorous Oxynitride, $Li_{3.3}PO_{3.9}N_{0.17}$) 산질화물, 음극은 리튬금속을 차례대로 실리콘 기판 위에, 반도체를 제조하는 기술 중 하나인 스퍼터링(Sputtering)을 사용하여 마이크로배터리를 제조한다.[97] 이것이 오늘날 가장 널리 알려진 마이크로배터리이다. 단면의 상세 모양은 아래 그림 참조.

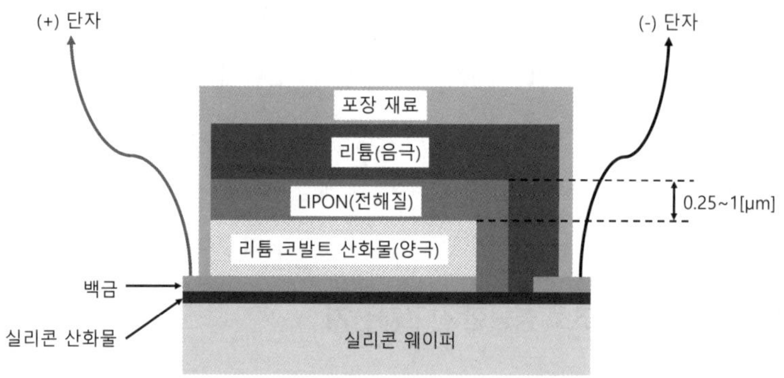

라이폰이 고체전해질로 사용된 마이크로배터리의 단면.

마이크로배터리는 반도체를 제조하는 기술[207]을 사용하여 실리콘 웨이퍼 위에 양극, 전해질, 음극을 한 층씩 얇은 막으로 쌓아 올려 만든다.[208)(98] 그래서 마이크로배터리는 '박막배터리(TFB, Thin Film Battery)'

207) 마이크로배터리를 제조하는 데 사용되는 반도체 관련 기술에는 진공증착(Vacuum Evaporation), PECVD(Plasma-enhanced Chemical Vapor Deposition), 스퍼터링(Sputtering) 등이 있다.
208) 최근에는 실리콘 웨이퍼에 복잡한 3차원 형상을 먼저 만들고 그 표면에 각 구성 재료를 쌓아

라 불리기도 한다. 물론 양극, 음극, 전해질이 모두 고체이므로 전고체전지이다. 과학자 베이츠가 적용한 라이폰의 이온전도도는 상온에서 $2\times10^{-6}[S\cdot cm^{-1}]$이다. 액체전해질의 상온 이온전도도와 비교하여 매우 작다. 그러나 리튬이온이 통과하여 움직이는 거리(전해질의 두께=$0.25\sim1[\mu m]$) 자체는 상당히 짧다.[99] 따라서 마이크로배터리가 충전, 방전하는 동안 리튬이온이 라이폰 사이를 이동하는 데 큰 문제가 없는 것이다. 다만 마이크로배터리는 현재 방전용량 수준(예, $0.5\sim5[mAh]$)[209][100]이 너무나 작아 생활 주변의 전자제품은 물론 전기차에 적용되기 어렵다. 게다가 일반적인 배터리와 비교하여 비싸다. 하지만 마이크로배터리는 액체전해질이 사용되지 않아 누액이 전혀 발생하지 않으므로 인체에 삽입되는 의료용 기기(보청기, 페이스메이커(Pacemaker) 등)[101]에는 꼭 필요하다. 즉 오래전 상용화된 전고체전지인 마이크로배터리는 인체 안전성 측면의 우수한 장점으로, 의료용으로 많이 사용되지만, 범용으로 사용되지는 못하고 있다. 즉 지금까지 틈새시장에 머물러 있는 것이다.

올려 에너지 및 전력밀도를 향상하는 연구가 진행 중임.

209) 작은 전자제품에 들어가는 리튬이온배터리의 방전용량은 $900[mAh]$, 자동차용은 $20\sim200[Ah]$이다.

미주(출처 및 참고자료)

프롤로그

(1) https://www.chosun.com/national/people/2024/04/09/CQMXPSYGZ5FUFET5INV2GYX2H4/〉 (Accessed 06 August 2024)
〈https://www.chosun.com/site/data/html_dir/2001/08/16/2001081670015.html〉 (Accessed 06 August 2024)
〈https://www.spochoo.com/news/articleView.html?idxno=102196〉 (Accessed 06 August 2024)
〈https://www.imaeil.com/page/view/2005090911360550082〉 (Accessed 06 August 2024)
(2) 〈https://www.hankyung.com/article/2024081163911〉 (Accessed 14 August 2024)
〈http://www.conslove.co.kr/news/articleView.html?idxno=82233〉 (Accessed 15 August 2024)
〈https://www.munhwa.com/news/view.html?no=2024081201039910126009〉 (Accessed 14 August 2024)
〈https://www.fpn119.co.kr/220592〉 (Accessed 14 August 2024)
(3) 〈https://dictionary.cambridge.org/us/dictionary/english/million-billion-thousand-etc-dollar-question〉 (Accessed 14 July 2025)
(4) 〈https://www.smedaily.co.kr/news/articleView.html?idxno=300305〉 (Accessed 14 August 2024)
〈https://www.womaneconomy.co.kr/news/articleView.html?idxno=225122〉 (Accessed 14 August 2024)
〈https://m.ddaily.co.kr/page/view/2024072916191480941〉 (Accessed 14 August 2024)
(5) 〈https://www.g-enews.com/article/Global-Biz/2025/06/20250626014419749be84d87674_1〉 (Accessed 15 July 2025)

〈https://www.youtube.com/watch?v=d0qETvi9FSY〉 (Accessed 15 July 2025)

(6) 〈https://www.youtube.com/watch?v=cfSSHYOrQNI〉 (Accessed 15 July 2025)

(7) 〈https://spectrum.ieee.org/solid-state-battery-production-challenges〉 (Accessed 15 July 2025)

〈https://time.com/6358257/lithium-ion-solid-state-ev-battery-innovation/〉 (Accessed 15 July 2025)

(8) 〈https://www.ytn.co.kr/_ln/0102_202408301054291621〉 (Accessed 27 August 2025)

〈https://www.autodaily.co.kr/news/articleView.html?idxno=535501〉 (Accessed 27 August 2025)

01. 전해질의 뜻을 알아보자

(1) Zhongchang Wang, Tingkun Gu, Takuya Kadohira, Tomofumi Tada, Satoshi Watanabe. Migration of Ag in low-temperature Ag2S from first principles. J. Chem. Phys. 128, 014704 (2008)

Chris E. Mohn, Marcin Krynski, Walter Kob and Neil L. Allan. Cooperative excitations in superionic PbF. Phil. Trans. R. Soc. A.37920190455

(2) Klaus Funke. Solid State Ionics: from Michael Faraday to green energy—the European dimension. Science and Technology of Advanced Materials. Volume 14, Issue 4, 2013

Hansen Wang, Zhiao Yu, Xian Kong, Sang Cheol Kim, David T. Boyle, Jian Qin, Zhenan Bao, and Yi Cui. Liquid electrolyte: The nexus of practical lithium metal batteries. Joule 6, 588~616, March 16, 2022

Klaus Funke. Solid State Ionics: from Michael Faraday to green energy—the European dimension. Sci. Technol. Adv. Mater. 14 (2013) 043502

〈https://www.qurator.com/blog/what-exactly-are-solid-state-batteries-and-how-do-they-work〉 (Accessed 28 September 2024)

(3) Theodore L. Brown, H. Eugene LeMay, Jr., Bruce E. Bursten. Chemistry The Central Science 7 Edition, Prentice-Hall, pp. 115~119, 1997

〈https://chem.libretexts.org/Courses/Valley_City_State_University/Chem_121/

Chapter_4%3A_ Solution_Chemistry/4. 1%3A_Electrolytes⟩ (Accessed 30 September 2024)

(4) ⟨https://www.forest.go.kr/kfsweb/kfi/kfs/mwd/selectMtstWordDictionary. do;jsessionid= gCpZOpWcjA0ngCxf2a60Tx5wbaCtCVlmLy04Fr2647FIidD0zTpo62aIq OhcU6eh. frswas02_servlet_engine5?pageIndex=45&pageUnit=10&wrdSn=10482&sear chWord=D&searchType=2&wrdType=0&searchWrd=&mn=NKFS_04_07_03&orgId=⟩ (Accessed 24 September 2024)

(5) ⟨https://www.britannica.com/science/hydrogen-chloride⟩ (Accessed 28 September 2024) ⟨https://www.britannica.com/science/ammonia⟩ (Accessed 28 September 2024) ⟨https://pubchem.ncbi.nlm.nih.gov/compound/Acetic-Acid⟩ (Accessed 29 September 2024) ⟨https://pubchem.ncbi.nlm.nih.gov/compound/Nonanoic-acid⟩ (Accessed 29 September 2024)

(6) ⟨https://www.britannica.com/science/sodium-hydroxide⟩ (Accessed 28 September 2024) ⟨https://corp.tutorocean.com/chemistry/is-sodium-hydroxide-naoh-an-acid-or-base/⟩ (Accessed 28 September 2024) ⟨https://www.sigmaaldrich.com/PH/en/technical-documents/technical-article/ chemistry-and-sy nthesis/acid-base-chart?srsltid=AfmBOoryBG5a3oJ8HDS0pEA4qBiHM reyWk5fxCHmXvBtzDQ-xfdiAY5s⟩ (Accessed 29 September 2024)

(7) Justus Masa, Stefan Barwe, Corina Andronescu, Wolfgang Schuhmann. On the Theory of Electrolytic Dissociation, the Greenhouse Effect, and Activation Energy in (Electro)Catalysis: A Tribute to Svante Augustus Arrhenius. Chemistry - A European Journal (10.1002/chem.201805264) Theodore L. Brown, H. Eugene LeMay, Jr. Chemistry The Central Science, 7 Edition. Prentice Hall, pp. 573~613, 1997 ⟨https://chem.libretexts.org/Courses/Mount_Royal_University/Chem_1202/Unit_2%3A_ Acids_and_Bases/15.07%3A_Ions_as_Acids_and_Bases⟩ (Accessed 10 January 2025)

(8) Theodore L. Brown, H. Eugene LeMay, Jr., Bruce E. Bursten. Chemistry The Central Science 7 Edition, Prentice-Hall, pp. 576~580, 1997

(9) Theodore L. Brown, H. Eugene LeMay, Jr., Bruce E. Bursten. Chemistry The Central Science 7 Edition, Prentice-Hall, pp. 54~56, 1997

(10) ⟨https://www.britannica.com/science/inorganic-compound⟩ (Accessed 29

September 2024)

02. 상상으로 만들어 본 진공전해질

(1) 〈https://www.youtube.com/watch?v=UyzBoUvN3PM〉 (Accessed 06 October 2024)

〈https://science.nasa.gov/mission/voyager/mission-overview/〉 (Accessed 07 December 2024)

(2) 〈https://spaceplace.nasa.gov/interstellar/en/〉 (Accessed 06 October 2024)

〈https://en.wikipedia.org/wiki/Interstellar_medium〉 (Accessed 06 October 2024)

(3) 〈https://theskylive.com/voyager1-info〉 (Accessed 17 July 2025)

(4) 〈https://theskylive.com/how-far-is-voyager2〉 (Accessed 17 July 2025)

(5) 〈https://edition.cnn.com/2025/03/05/science/voyager-probes-turn-off-instruments/index.html〉 (Accessed 07 March 2025)

(6) 〈https://en.wikipedia.org/wiki/Gravity_(2013_film)〉 (Accessed 12 August 2024)

〈https://en.wikipedia.org/wiki/Gravity_(2013_film)〉 (Accessed 16 August 2024)

(7) 〈https://www.nasa.gov/wp-content/uploads/2018/06/stemonstrations_orbits.pdf〉 (Accessed 16 August 2024)

(8) 〈https://www.planetary.org/space-missions/chinese-space-station〉 (Accessed 16 August 2024)

〈https://www.space.com/tiangong-space-station〉 (Accessed 16 August 2024)

(9) 〈https://www.quora.com/What-is-the-difference-between-air-and-atmosphere〉 (Accessed 07 December 2024)

(10) 〈https://www.torr.com/evangelista-torricelli〉 (Accessed 03 September 2024)

〈https://www.leybold.com/en-us/knowledge/vacuum-fundamentals/vacuum-measurement/torric elli-mercury-barometer〉 (Accessed 05 September 2024)

(11) 〈https://www.quora.com/What-is-the-vacuum-pressure-like-in-space〉 (Accessed 18 August 2024)

〈https://www.industrialspec.com/about-us/blog/detail/vacuum-unit-conversion-chart-ism-tech nical-resource?srsltid=AfmBOoo1Fu2SgEbz9ue9YmJL0yP2C8vzovAs-VlROqfj0M9Sp5zuCy1t〉 (Accessed 18 August 2024)

〈https://www.newworldencyclopedia.org/entry/Vacuum〉 (Accessed 18 August 2024)

(12) 〈https://www.quora.com/What-is-interstellar-1〉(Accessed 20 December 2024)

〈https://www.merriam-webster.com/dictionary/interstellar〉(Accessed 07 December 2024)

(13) 〈https://spaceplace.nasa.gov/galaxy/en/〉(Accessed 07 December 2024)

〈https://spaceplace.nasa.gov/galaxy/en/〉(Accessed 07 December 2024)

(14) 〈https://www.sciencefocus.com/space/is-space-a-perfect-vacuum〉(Accessed 06 October 2024)

(15) 〈https://spacemath.gsfc.nasa.gov/weekly/7Page85.pdf〉(Accessed 16 August 2024)

(16) 〈https://www.quora.com/Why-doesnt-the-Sun-attract-the-objects-in-space〉(Accessed 12 August 2024)

(17) 〈https://phys.libretexts.org/Bookshelves/University_Physics/University_Physics_(OpenStax)/ Book%3A_University_Physics_I_-_Mechanics_Sound_Oscillations_and_Waves_(OpenStax)/06%3A_Applications_of_Newton's_Laws/6.06%3A_Centripetal_Force〉(Accessed 17 March 2025)

〈https://www.sciencefacts.net/centrifugal-force.html〉(Accessed 17 March 2025)

(18) 〈https://www.wtamu.edu/~cbaird/sq/2013/02/16/what-could-a-space-ship-do-if-it-stopped- because-it-ran-out-of-fuel/〉(Accessed 23 September 2024)

〈https://sky-lights.org/2021/06/14/qa-how-we-knew-space-was-a-vacuum/〉(Accessed 06 October 2024)

(19) 〈https://www.nhm.ac.uk/discover/what-is-space-junk-and-why-is-it-a-problem.html〉(Accessed 16 August 2024)

(20) 〈https://www.youtube.com/watch?v=BejM1biN_8k〉(Accessed 16 August 2024)

(21) 〈https://www.youtube.com/watch?v=gmwT4j8d4BY〉(Accessed 16 August 2024)

(22) 〈https://www.britannica.com/technology/television-technology〉(Accessed 02 October 2024)

〈https://electronicspost.com/function-of-electron-gun-assembly-in-crt-cathode-ray-tube/〉(Accessed 02 October 2024)

〈https://www2.physics.ox.ac.uk/accelerate/resources/demonstrations/cathode-ray-tube〉(Accessed 21 December 2024)

(23) 〈https://www.sciencemadness.org/talk/viewthread.php?tid=158457〉(Accessed 02 October 2024)

(24) 〈https://risp.ibs.re.kr/html/risp_kr/information/information_0302.html〉 (Accessed 08 December 2024)

(25) 〈https://cds.cern.ch/record/1047079/files/p389.pdf〉 (Accessed 02 October 2024)

(26) 〈https://www.cambridge.org/core/journals/mrs-bulletin/article/abs/vacuum-systems-for- synchrotron-light-sources/EBBAB61434DF539F8B08385A26DF1304〉 (Accessed 02 October 2024)

(27) Prabir K. Roy, Wayne G. Greenway, Dave P. Grote, Joe W. Kwan, Steven M. Lidia, Peter A. Seidl, William L. Waldron. Lithium ion sources. Nuclear Instruments and Methods in Physics Research A733 (2014) 112-118

(28) 〈https://www.evlithium.com/Blog/4680-battery-power-innovation.html〉 (Accessed 22 December 2024)

(29) 〈https://www.automotivemanufacturingsolutions.com/ev-battery-production/teslas-ev- battery-production-and-global-gigafactory-network/45873.article〉 (Accessed 22 December 2024)

(30) 〈https://online.stanford.edu/what-is-entrepreneurship〉 (Accessed 21 December 2024)

03. 상상으로 만들어 본 공기전해질

(1) 〈https://www.history.com/news/humans-evolution-neanderthals-denisovans〉 (Accessed 05 September 2024)

(2) 〈https://humanorigins.si.edu/education/introduction-human-evolution〉 (Accessed 05 September 2024)
〈https://humanjourney.us/ancestors/our-hominid-predecessors/homo-sapiens/?gad_source=1〉 (Accessed 05 September 2024)

(3) 〈https://www.nasa.gov/wp-content/uploads/2023/05/dressing-for-altitude-nov-2017.pdf〉 (Accessed 12 August 2024)
〈https://www.noaa.gov/jetstream/atmosphere/layers-of-atmosphere〉 (Accessed 16 August 2024)
〈https://education.nationalgeographic.org/resource/atmosphere/〉 (Accessed 04 September 2024)

(4) 〈https://www.grc.nasa.gov/www/k-12/airplane/atmosphere.html〉 (Accessed 12 August 2024)

(5) 〈https://m.health.chosun.com/svc/news_view.html?contid=2022040701871〉 (Accessed 15 August 2024)

(6) 〈https://education.nationalgeographic.org/resource/atmospheric-pressure/〉 (Accessed 18 July 2024)

〈https://en.jumo.at/web/services/faq/pressure-measurement/international-pressure-units〉 (Accessed 18 July 2024)

〈https://www.youtube.com/watch?v=JNOg1OsxMUw〉 (Accessed 18 July 2024)

(7) 〈https://www.noaa.gov/jetstream/atmosphere/air-pressure〉 (Accessed 12 August 2024)

(8) 〈https://education.nationalgeographic.org/resource/mount-everest/〉 (Accessed 21 August 2024)

(9) 〈https://socratic.org/questions/the-summit-of-mount-everest-can-be-at-a-temperature-of- 50-c-and-the-pressure-at-〉 (Accessed 21 August 2024)

(10) 〈https://www.noaa.gov/jetstream/atmosphere〉 (Accessed 19 July 2024)

(11) 〈https://www.australianenvironmentaleducation.com.au/education-resources/what-is-water/〉 (Accessed 04 September 2024)

(12) 〈https://gpm.nasa.gov/resources/faq/how-does-water-cycle-work〉 (Accessed 18 August 2024)

(13) 〈https://coolcosmos.ipac.caltech.edu/ask/65-What-keeps-our-atmosphere-attached-to-Earth-〉 (Accessed 26 August 2024)

(14) 〈https://science.howstuffworks.com/nature/climate-weather/atmospheric/wind-can-blow- you-away-right-speed.htm#:~:text=To%20move%20a%20person%2C%20particularly,storm%20on%20the%20Beaufort%20Scale.〉 (Accessed 21 August 2025)

(15) 〈https://en.wikipedia.org/wiki/John_William_Strutt,_3rd_Baron_Rayleigh〉 (Accessed 12 December 2024)

〈https://www.britannica.com/biography/John-William-Strutt-3rd-Baron-Rayleigh〉 (Accessed 12 December 2024)

〈https://en.wikipedia.org/wiki/Drag_equation〉 (Accessed 12 December 2024)

(16) 〈https://www.grc.nasa.gov/www/k-12/WindTunnel/history.html〉 (Accessed 17

August 2024)

(17) 〈https://www.grc.nasa.gov/www/k-12/VirtualAero/BottleRocket/airplane/drageq.html〉 (Accessed 24 July 2024)

〈https://www.grc.nasa.gov/www/k-12/VirtualAero/BottleRocket/airplane/dragco.html〉 (Accessed 24 July 2024)

〈https://www1.grc.nasa.gov/beginners-guide-to-aeronautics/drag-equation/〉 (Accessed 24 July 2024)

〈https://www.grc.nasa.gov/www/k-12/BGP/Sue/drag_equation_ans.htm〉 (Accessed 24 July 2024)

(18) 〈https://en.wikipedia.org/wiki/Drag_coefficient〉 (Accessed 17 March 2025)

(19) 〈https://en.wikipedia.org/wiki/Negative_air_ions〉 (Accessed 05 October 2024)

(20) 〈https://www.britannica.com/science/ionization-energy〉 (Accessed 06 October 2024)

(21) 〈https://wwwn.cdc.gov/tsp/substances/ToxChemicalListing.aspx?toxid=27〉 (Accessed 19 December 2024)

〈https://www.cnsc-ccsn.gc.ca/eng/resources/fact-sheets/naturally-occurring-radioactive-material/〉 (Accessed 19 December 2024)

(22) 〈https://www.britannica.com/science/alpha-particle〉 (Accessed 05 October 2024)

〈https://www.britannica.com/science/alpha-decay〉 (Accessed 05 October 2024)

〈https://www.youtube.com/watch?v=VeXpMijpazE〉 (Accessed 19 December 2024)

(23) 〈https://www.alphalabinc.com/about-air-ions/〉 (Accessed 05 October 2024)

(24) 〈https://www.britannica.com/science/photoelectric-effect〉 (Accessed 22 September 2025)

(25) 〈https://chemistry.stackexchange.com/questions/89746/what-is-the-lewis-structure-of-ozonide-ion〉 (Accessed 06 October 2024)

(26) Shu-Ye Jiang, Ali Ma and Srinivasan Ramachandran. Negative Air Ions and Their Effects on Human Health and Air Quality Improvement. Int. J. Mol. Sci. 2018, 19, 2966

(27) 〈https://lithiumfuture.org/map.html〉 (Accessed 04 October 2024)

(28) 〈https://www.chem.fsu.edu/chemlab/chm1045/mole.html〉 (Accessed 25 December 2024)

(29) 〈https://unacademy.com/content/question-answer/chemistry/what-is-

the-molecular-weight- of-air/#:~:text=Air%20is%20a%20mixture%20of%20 several%20gasses%20where%20the%20two,carbon%20dioxide%20of%20about%20 0.03%25.&text=We%20get%2028.96%20g/mol,the%20molecular%20weight%20of%20 Air.⟩ (Accessed 25 December 2024)

(30) ⟨https://www.aqua-calc.com/page/density-table/substance/lithium⟩ (Accessed 25 December 2024)

(31) ⟨https://www.syfy.com/syfy-wire/this-planet-is-so-hot-it-makes-metals-vaporize#:~:text= Turned%20out%20that%20metals%20can,you%20could%20puff%20 one%20breath.⟩ (Accessed 10 March 2025)

(32) ⟨https://www.princeton.edu/~maelabs/mae324/glos324/lithium.htm⟩ (Accessed 25 December 2024)

⟨https://ch301.cm.utexas.edu/section2.php?target=atomic/bonding/ionic-radii.html⟩ (Accessed 30 August 2024)

⟨https://byjus.com/question-answer/compare-ionic-radio-of-mg2-and-li1/⟩ (Accessed 30 August 2024)

(33) ⟨https://water.lsbu.ac.uk/water/water_molecule.html⟩ (Accessed 25 December 2024)

(34) Susan B. Rempe, Lawrence R. Pratt, Gerhard Hummer, Joel D. Kress, Richard L. Martin, and Antonio Redondo. The Hydration Number of Li in Liquid Water. J. Am. Chem. Soc. 2000, 122, 966-967

⟨https://chem.libretexts.org/Bookshelves/General_Chemistry/Map%3A_Chemistry_ and_ Chemical_Reactivity_(Kotz_et_al.)/11%3A_Intermolecular_Forces_and_ Liquids/11.2%3A_Interactions_between_Ion_and_Molecules_with_a_Permanent_ Dipole⟩ (Accessed 27 January 2025)

(35) Shengnan Fan, Lu Jiang, Zhiqian Jia, Yu Yang, and Li'an Hou. Comparison of Adsorbents for Cesium and Strontium in Different Solutions. Separations 2023, 10, 266

(36) Prabir K. Roy, Wayne G. Greenway, Dave P. Grote, Joe W. Kwan, Steven M. Lidia, Peter A. Seidl, William L. Waldron. Lithium ion sources. Nuclear Instruments and Methods in Physics Research A 733 (2014) 112-118

04. 잠깐! 액화기체전해질은 실제 만들 수 있다

(1) ⟨https://en.wikipedia.org/wiki/Archimedes%27_principle⟩ (Accessed 10 March 2025)

(2) ⟨https://www.britannica.com/science/buoyancy⟩ (Accessed 10 March 2025)

(3) ⟨https://www.thoughtco.com/density-of-air-at-stp-607546⟩ (Accessed 21 August 2025)

(4) ⟨https://demaco-cryogenics.com/cryogenics/liquid-nitrogen-characteristics-production-and- application/⟩ (Accessed 31 December 2024)

(5) Cyrus S. Rustomji, Yangyuchen Yang, Tae Kyoung Kim, Jimmy Mac, Young Jin Kim, Elizabeth Caldwell, Hyeseung Chung, Y. Shirley Meng. Science 10.1126/science.aal4263 (2017)

(6) ⟨https://webbook.nist.gov/cgi/cbook.cgi?ID=106-97-8&Type=IR-SPEC&Index=QUANT-IR,24⟩ (Accessed 11 March 2025)

⟨https://cameochemicals.noaa.gov/chris/BUT.pdf⟩ (Accessed 11 March 2025)

(7) ⟨https://www.engineeringtoolbox.com/propane-butane-mix-d_1043.html⟩ (Accessed 22 July 2025)

(8) ⟨https://cameochemicals.noaa.gov/chemical/8823⟩ (Accessed 22 July 2025)

(9) ⟨https://www.ebi.ac.uk/chebi/searchId.do?chebiId=CHEBI:28826⟩ (Accessed 09 October 2024)

⟨https://pubchem.ncbi.nlm.nih.gov/compound/Fluoromethane⟩ (Accessed 09 October 2024)

Hansen Wang, Zhiao Yu, Xian Kong, Sang Cheol Kim, David T. Boyle, Jian Qin, Zhenan Bao, and Yi Cui. Liquid electrolyte: The nexus of practical lithium metal batteries. Joule 6, 588-616, March 16, 2022

Daniel M. Davies, Yangyuchen Yang, Ekaterina S. Sablina, Yijie Yin, Matthew Mayer, Yihui Zhang, Marco Olguin, Jungwoo Z. Lee, Bingyu Lu, Dijo Damien, Oleg Borodin, Cyrus S. Rustomji, Y. Shirley Meng. A Safer, Wide-Temperature Liquefied Gas Electrolyte Based on Difluoromethane. Journal of Power Sources 493 (2021) 229668

⟨https://www.ebi.ac.uk/chebi/fr/searchId.do?printerFriendlyView=true&locale=null&chebiId=2882 6&viewTermLineage=null&structureView=applet&⟩ (Accessed 09 October 2024)

(10) Andreas J. Illies, Thomas Hellman Morton. Strong hydrogen bonding in the gas phase: fluoromethane⋯hydronium versus fluoromethane⋯ammonium. International Journal of Mass Spectrometry and Ion Processes, Volumes 167-168, November 1997, Pages 431-445

⟨https://www.quora.com/Is-CH3F-polar-or-non-polar⟩ (Accessed 22 July 2025)

(11) ⟨https://www.stenutz.eu/chem/solv6.php?name=freon+41⟩ (Accessed 09 October 2024)

⟨https://www.chem.purdue.edu/gchelp/liquids/critical.html⟩ (Accessed 09 October 2024)

(12) ⟨https://www.swcleanair.gov/epages/pollutantdetail.asp?id=4010⟩ (Accessed 22 July 2025)

(13) ⟨https://www.youtube.com/watch?v=CGQwqWqzkNA⟩ (Accessed 22 July 2025)

(14) Daniel M. Davies, Yangyuchen Yang, Ekaterina S. Sablina, Yijie Yin, Matthew Mayer, Yihui Zhang, Marco Olguin, Jungwoo Z. Lee, Bingyu Lu, Dijo Damien, Oleg Borodin, Cyrus S. Rustomji, Y. Shirley Meng. A Safer, Wide-Temperature Liquefied Gas Electrolyte Based on Difluoromethane. Journal of Power Sources 493 (2021) 229668

(15) ⟨https://www.m-chemical.co.jp/en/products/departments/mcc/c2/product/1200981_7910.html⟩ (Accessed 02 January 2025)

(16) 박명구, 이토록 쓸모 있는 리튬이온배터리 이야기. 맘에드림, p. 109, 2024

(17) ⟨https://en.wikipedia.org/wiki/Solubility⟩ (Accessed 02 January 2025)

(18) ⟨https://en.wikipedia.org/wiki/Dimethoxymethane⟩ (Accessed 02 January 2025)

⟨https://pubchem.ncbi.nlm.nih.gov/compound/Dimethoxymethane⟩ (Accessed 02 January 2025)

⟨https://www.waters.com/nextgen/kr/ko/education/primers/beginners-guide-to-preparative-sfc/pre parative-sfc-method-development.html⟩ (Accessed 02 January 2025)

(19) ⟨https://www.sigmaaldrich.com/PH/en/product/aldrich/935832?srsltid=AfmBOoqIE0D-muuyIDla1h6zacPn3w7s1WVbdRumdmkOfhL8gWNjYGxE⟩ (Accessed 02 January 2025)

(20) D. Golodnitsky. Secondary Batteries -Lithium Rechargeable Systems | Electrolytes: Single Lithium Ion Conducting Polymers. Encyclopedia of Electrochemical Power Sources, 2009, Pages 112-128

Dafaalla M.D. Babiker, Zubaida Rukhsana Usha, Caixia Wan, Mohmmed Mun Elseed Hassaan, Xin Chen, Liangbin Li. Recent progress of composite polyethylene separators for lithium/sodium batteries. Journal of Power Sources, Volume 564, 30 April 2023, 232853

(21) Yangyuchen Yang, Daniel M. Davies, Yijie Yin, Oleg Borodin, Jungwoo Z. Lee, Chengcheng Fang, Marco Olguin, Yihui Zhang, Ekaterina S. Sablina, Xuefeng Wang, Cyrus S. Rustomji, and Y. Shirley Meng. High-Efficiency Lithium-Metal Anode Enabled

by Liquefied Gas Electrolytes. Joule 3, 1986-2000, August 21, 2019

(22) Cyrus S. Rustomji, Yangyuchen Yang, Tae Kyoung Kim, Jimmy Mac, Young Jin Kim, Elizabeth Caldwell, Hyeseung Chung, Y. Shirley Meng. Liquefied gas electrolytes for electrochemical energy storage devices. Science, 15 Jun 2017, Vol 356, Issue 6345, p. eaal4263

(23) ⟨https://today.ucsd.edu/story/a-battery-breakthrough-inspired-by-a-can-of-compressed-air⟩ (Accessed 09 September 2025)

05. 현재 최고인 액체전해질

(1) ⟨https://www.fao.org/4/ac183e/AC183E02.htm⟩ (Accessed 23 August 2024)
⟨https://www.britannica.com/science/seawater⟩ (Accessed 23 August 2024)
⟨https://www.noaa.gov/jetstream/ocean/sea-water⟩ (Accessed 23 August 2024)

(2) ⟨https://www.iisd.org/ela/blog/back-to-basics-what-is-fresh-water/⟩ (Accessed 23 August 2024)

(3) ⟨https://manoa.hawaii.edu/exploringourfluidearth/chemical/properties-water/types-covalent- bonds-polar-and-nonpolar⟩ (Accessed 12 March 2025)

(4) ⟨https://chem.libretexts.org/Bookshelves/Inorganic_Chemistry/Supplemental_ Modules_and_ Websites_(Inorganic_Chemistry)/Chemical_Reactions/Chemical_ Reactions_Examples/Electrolytes⟩ (Accessed 30 September 2024)

(5) ⟨https://mtikorea.co.kr/product/high-purity-999-lithium-hexafluorophosphate-lipf6-for- battery-research/8102/display/1/⟩ (Accessed 24 September 2024)

(6) Yu Wang, Tairan Wang, Dejian Dong, Jing Xie, Yuepeng Guan, Yaqin Huang, Jun Fan, and Yi-Chun Lu. Enabling high-energy-density aqueous batteries with hydrogen bond-anchored electrolytes. Matter 5, 162-179, January 5, 2022

(7) ⟨https://www.tandfonline.com/doi/pdf/10.1080/02603598308078120⟩ (Accessed 24 August 2024)

(8) Achintya Kundu, Shavkat I. Mamatkulov, Florian N. Brünig, Douwe Jan Bonthuis, Roland R. Netz, Thomas Elsaesser, and Benjamin P. Fingerhut. Short-Range Cooperative Slow-down of Water Solvation Dynamics Around SO–Mg Ion Pairs. ACS Phys. Chem

Au 2022, 2, 506-514

(9) 〈https://en.wikipedia.org/wiki/Sulfuric_acid〉 (Accessed 09 January 2025)

(10) 〈https://www.neware.net/news/what-is-battery-acid/230/53.html〉 (Accessed 08 January 2025)

(11) 〈https://en.wikipedia.org/wiki/Potassium_hydroxide〉 (Accessed 09 January 2025)

(12) 〈https://batteryuniversity.com/article/bu-307-how-does-electrolyte-work〉 (Accessed 08 January 2025)

(13) 〈https://www.quora.com/What-makes-acids-and-bases-corrosive〉 (Accessed 29 September 2024)

Theodore L. Brown, H. Eugene LeMay, Jr., Bruce E. Bursten. Chemistry The Central Science 7 Edition. Prentice Hall, pp. 129~132, 1997

(14) 〈https://www.metrohm.com/en/applications/ab-application-bulletins/ab-434.html#:~:text= Summary,6%2C%20to%20form%20hydrofluoric%20acid.〉 (Accessed 09 January 2025)

〈https://chem.libretexts.org/Courses/Athabasca_University/Chemistry_350%3A_Organic_Chemist ry_I/02%3A_Polar_Covalent_Bonds_Acids_and_Bases/2.08%3A_Acid_and_Base_Strength〉 (Accessed 09 January 2025)

〈https://courses.lumenlearning.com/suny-chem-atoms-first/chapter/relative-strengths-of-acids -and-bases-2/〉 (Accessed 09 January 2025)

〈https://www.quora.com/Which-acid-is-stronger-HF-or-HCl〉 (Accessed 09 January 2024)

(15) 〈https://www.targray.com/li-ion-battery/battery-grade-lithium/lithium-hydroxide〉 (Accessed 09 January 2025)

〈https://en.wikipedia.org/wiki/Lithium_hydroxide〉 (Accessed 09 January 2025)

(16) 〈https://en.wikipedia.org/wiki/Lithium_hydride〉 (Accessed 09 January 2025)

〈https://www.quora.com/Why-is-LiH-basic-and-H2S-acidic-in-an-aqueous-solution〉 (Accessed 09 January 2025)

(17) 〈https://drs.illinois.edu/Page/SafetyLibrary/baseshydroxides〉 (Accessed 13 March 2025)

(18) 〈https://moltensalt.org/whatIsMoltenSalt.html〉 (Accessed 24 September 2024)

〈https://www.youtube.com/watch?v=wKgDJYY6Vkk〉 (Accessed 24 September 2024)

(19) Robin Roper, Megan Harkema, Piyush Sabharwall, Catherine Riddle, Brandon

Chisholm, Brandon Day, Paul Marotta. Molten salt for advanced energy applications: A review. Annals of Nuclear Energy, Volume 169, May 2022, 108924

(20) 〈https://www.sigmathermal.com/applications/molten-salts/〉 (Accessed 13 March 2025)

(21) 〈https://uknnl.com/innovation-science-and-technology/showreel/collaborations/molten-salt- technology-platform/〉 (Accessed 13 March 2025)

(22) 〈https://www.sigmaaldrich.com/PH/en/technical-documents/technical-article/materials- science-and-engineering/batteries-supercapacitors-and-fuel-cells/ionic-liquids-based-electrolytes-for-rechargeable-batteries?srsltid=AfmBOorqYAk-Z5Gex1WNMgEu5y_qhB4NfsejRuNdDSc05frxmKMVl1u9〉 (Accessed 26 September 2024)

〈https://en.wikipedia.org/wiki/Ionic_liquid〉 (Accessed 11 January 2025) 〈https://analyticalscience.wiley.com/content/article-do/ionic-liquids---odyssey〉 (Accessed 26 September 2024)

(23) 〈https://en.wikipedia.org/wiki/Jean_L%C3%A9onard_Marie_Poiseuille〉 (Accessed 20 August 2024)

Tain-Yen Hsia and Richard Figliola. Commentary: Through thick and thin. The Journal of Thoracic and Cardiovascular Surgery. Volume 158, Number 3, e117

(24) 〈https://sciencing.com/first-discovered-viscosity-17922.html〉 (Accessed 20 August 2024)

(25) 〈https://www.machinerylubrication.com/Read/31591/dynamic-kinematic-viscosity〉 (Accessed 19 July 2024)

(26) 〈https://resources.system-analysis.cadence.com/blog/msa2022-deriving-poiseuilles-law-from- dimensional-analysis〉 (Accessed 19 August 2024)

(27) Mazhar Mushtaq, Muhammad Abdul Mateen, Uh-Hyun Kim. Hyperglycemia associated blood viscosity can be a nexus stimuli. Clin Hemorheol Microcirc. 2019;71(1):103-112

(28) 〈https://www.sciencefacts.net/stokes-law.html〉 (Accessed 21 August 2024)

(29) 〈https://en.wikipedia.org/wiki/Stokes%27_law〉 (Accessed 18 March 2025)

(30) 〈https://www.damtp.cam.ac.uk/user/tong/fluids/fluids2.pdf〉 (Accessed 17 March 2025)

I.G. Currie. Fundamental Mechanics of Fluids 2nd Edition. McGraw-Hill, Inc., pp. 260-262, 1993

(31) E. R. Logan, Erin M. Tonita, K. L. Gering, Jing Li, Xiaowei Ma, L. Y. Beaulieu, and

J. R. Dahn. A Study of the Physical Properties of Li-Ion Battery Electrolytes Containing Esters. Journal of The Electrochemical Society, 165 (2) A21-A30 (2018)

(32) E. R. Logan, Erin M. Tonita, K. L. Gering, Jing Li, Xiaowei Ma, L. Y. Beaulieu, and J. R. Dahn. A Study of the Physical Properties of Li-Ion Battery Electrolytes Containing Esters. Journal of The Electrochemical Society, 165 (2) A21-A30 (2018)

(33) ⟨https://en.wikipedia.org/wiki/Volume_fraction⟩ (Accessed 05 January 2025)

(34) ⟨https://www.britannica.com/technology/parallel-circuit⟩ (Accessed 02 December 2024)
⟨https://www.britannica.com/technology/series-circuit⟩ (Accessed 02 December 2024)
⟨https://www.britannica.com/science/Kirchhoffs-rules⟩ (Accessed 02 December 2024)
Anthony Croft, Robert Davison, Martin Hargreaves. Engineering Mathematics. Pearson Education Limited, 3rd Edition, pp. 285~290, 2001
⟨https://www.grc.nasa.gov/www/k-12/airplane/tunwheat.html⟩ (Accessed 01 December 2024)
⟨https://goforaplusplus.wordpress.com/2011/09/08/wheatstone-bridge/⟩ (Accessed 01 December 2024)
⟨https://nationalmaglab.org/magnet-academy/history-of-electricity-magnetism/museum/wheats tone-bridge-1843/⟩ (Accessed 02 September 2024)

(35) Dafaalla M.D. Babiker, Zubaida Rukhsana Usha, Caixia Wan, Mohmmed Mun ELseed Hassaan, Xin Chen, Liangbin Li. Recent progress of composite polyethylene separators for lithium/sodium batteries. Journal of Power Sources, Volume 564, 30 April 2023, 232853

(36) Maya Horii, Rebecca J. Christianson, Heena Mutha, John Christopher Bachman. Modeling the effect of electrolyte microstructure on conductivity and solid-state Li-ion battery performance. Journal of Power Sources 528 (2022) 231177

(37) ⟨https://en.wikipedia.org/wiki/Molar_conductivity⟩ (Accessed 13 October 2024)

(38) ⟨https://www.doubtnut.com/qna/541510317⟩ (Accessed 20 March 2025)
⟨https://testbook.com/chemistry/molar-conductivity#:~:text=The%20formula%20for%20molar%20 conductivity%20is%20%CE%9Bm%20=%20(1000%20%C3%97%20k,is%20 76.66%20cm%C2%B2%20mol%E2%81%BB%C2%B9.⟩ (Accessed 20 March 2025)

(39) ⟨https://slideplayer.com/slide/15129264/⟩ (Accessed 02 September 2024)

Justus Masa, Stefan Barwe, Corina Andronescu, Wolfgang Schuhmann. On the Theory of Electrolytic Dissociation, the Greenhouse Effect, and Activation Energy in (Electro) Catalysis: A Tribute to Svante Augustus Arrhenius. Chemistry - A European Journal (10.1002/chem.201805264)

(40) Justus Masa, Stefan Barwe, Corina Andronescu, Wolfgang Schuhmann. On the Theory of Electrolytic Dissociation, the Greenhouse Effect, and Activation Energy in (Electro)Catalysis: A Tribute to Svante Augustus Arrhenius. Chemistry - A European Journal (10.1002/chem.201805264)

(41) ⟨https://en.wikipedia.org/wiki/Ion_transport_number⟩ (Accessed 01 September 2024)

(42) Guang Yang, Ilia N. Ivanov, Rose E. Ruther, Robert L. Sacci, Veronika Subjakova, Daniel T. Hallinan, and Jagjit Nanda. Electrolyte Solvation Structure at Solid⊠Liquid Interface Probed by Nanogap Surface-Enhanced Raman Spectroscopy. American Chemical Society A (DOI: 10.1021/acsnano.8b05038)

(43) Kangyu Zou, Peng Cai, Baowei Wang, Cheng Liu, Jiayang Li, Tianyun Qiu, Guoqiang Zou, Hongshuai Hou, Xiaobo Ji. Insights into Enhanced Capacitive Behavior of Carbon Cathode for Lithium Ion Capacitors: The Coupling of Pore Size and Graphitization Engineering. Nano-Micro Lett. (2020) 12:121

(44) Arthur von Wald Cresce, Mallory Gobet, Oleg Borodin, Jing Peng, Selena M. Russell, Emily Wikner, Adele Fu, Libo Hu, Hung-Sui Lee, Zhengcheng Zhang, Xiao-Qing Yang, Steven Greenbaum, Khalil Amine, and Kang Xu. Anion Solvation in Carbonate-Based Electrolytes. J. Phys. Chem. C 2015, 119, 27255-27264

Shuanghui Li, Bolin Chen, Zhenyuan Shi, Qingsong Tong, Jingzheng Weng. Optimizing strategies for high Li+ transference number in solid state electrolytes for lithium batteries: A review. Journal of Energy Storage, Volume 102, Part B, 20 November 2024, 114210

Alexandra J. Ringsby, Kara D. Fong, Julian Self, Helen K. Bergstrom, Bryan D. McCloskey, and Kristin A. Persson. Transport Phenomena in Low Temperature Lithium-Ion Battery Electrolytes. Journal of The Electrochemical Society, 2021 168 080501

Taku Sudoh, Keisuke Shigenobu, Kaoru Dokko, Masayoshi Watanabe and Kazuhide Ueno. Li transference number and dynamic ion correlations in glyme-Li salt solvate ionic liquids diluted with molecular solvents. Phys. Chem. Chem. Phys., 2022,24, 14269-14276

(45) P. Zhou, X. Zhang, Y. Xiang, Y. et al. Strategies to enhance Li+ transference number in liquid electrolytes for better lithium batteries. Nano Res. 16, 8055-8071 (2023)

(46) 박명구. 이토록 쓸모 있는 리튬배터리 이야기. 맘에드림, pp. 185~195, 2024

(47) 〈https://www.ossila.com/pages/solid-electrolyte-interphase〉 (Accessed 21 April 2025) Aiping Wang, Sanket Kadam, Hong Li, Siqi Shi and Yue Qi. Review on modeling of the anode solid electrolyte interphase (SEI) for lithium-ion batteries. npj Comput Mater 4, 15 (2018) Seong Jin An, Jianlin Li, Claus Daniel, Debasish Mohanty, Shrikant Nagpure, David L. Wood III. The state of understanding of the lithium-ion-battery graphite solid electrolyte interphase (SEI) and its relationship to formation cycling. Carbon 105 (2016) 52-76 Satu Kristiina Heiskanen, Jongjung Kim, Brett L. Lucht. Generation and Evolution of the Solid Electrolyte Interphase of Lithium-Ion Batteries. Joule, Volume 3, Issue 10, 16 October 2019, Pages 2322-2333

(48) 〈https://www.accessscience.com/highwire_display/entity_view/node/370286/focus_view〉 (Accessed 18 September 2025) 〈https://www.quora.com/What-force-causes-particles-to-follow-its-gradient-of-concentration -in-osmosis-and-diffusion〉 (Accessed 18 September 2025)

(49) 〈https://www1.grc.nasa.gov/beginners-guide-to-aeronautics/newtons-laws-of-motion/〉 (Accessed 14 March 2025)

(50) 〈https://web.pa.msu.edu/courses/2000fall/PHY232/lectures/efields/efieldlines.html〉 (Accessed 25 September 2024)

(51) 박명구. 이토록 쓸모 있는 리튬배터리 이야기. 맘에드림, pp. 164~167, 2024

(52) Tuan Anh Pham, Kyoung E Kweon, Amit Samanta, Mitchell T. Ong, Vincenzo Lordi, and John E. Pask. Intercalation of Lithium into Graphite: Insights from First-Principles Simulations (DOI: 10.1021/acs.jpcc.0c06842) Petr M. Chekushkin, Ivan S. Merenkov, Vladimir S. Smirnov, Sergey A. Kislenko, Victoria A. Nikitina. The physical origin of the activation barrier in Li-ion intercalation processes: the overestimated role of desolvation. Electrochimica Acta 372 (2021) 137843

(53) 〈https://www.hioki.com/global/learning/electricity/nyquist.html〉 (Accessed 28 July 2025)

(54) Seongsoo Park, Rashma Chaudhary, Sang A Han, Hamzeh Qutaish, Janghyuk

Moon, Min-Sik Park, Jung Ho Kim. Ionic conductivity and mechanical properties of the solid electrolyte interphase in lithium metal batteries. Energy Mater 2023;3:300005

06. 새롭게 떠오르는 고체전해질

(1) 〈https://blog.naver.com/a2zygote/220874512846〉 (Accessed 30 March 2025)

(2) 〈https://www.techtarget.com/whatis/definition/standard-temperature-and-pressure-STP#:~: text=Like%20STP%20and%20NTP%2C%20standard,:%201%20atm%20(101.325%20kPa)〉 (Accessed 24 March 2025)

(3) 〈https://www.quora.com/How-many-solids-and-how-many-liquids-are-in-the-periodic-table〉 (Accessed 16 January 2025)

〈https://blog.lgchem.com/2015/03/rare-earth-elements/〉 (Accessed 21 January 2025)

〈https://www.britannica.com/science/rare-earth-element〉 (Accessed 21 January 2025)

(4) William D. Callister, Jr. Materials Science and Engineering 4 Edition. John Wiley & Sons, Inc., p.5, 1997

(5) 〈https://www.britannica.com/science/polymer〉 (Accessed 23 January 2025)

(6) 〈https://www.britannica.com/science/organic-compound〉 (Accessed 23 January 2025)

〈https://www.conservation-wiki.com/wiki/Organic_Materials〉 (Accessed 23 January 2025)

(7) 〈https://www.britannica.com/science/molecular-weight〉 (Accessed 01 April 2025)

Tomasz Panczyk, Krzysztof Nieszporek, Pawel Wolski. Surface chemistry of degraded polyethylene terephthalate (PET): Insights from reactive molecular dynamics study. Applied Surface Science, Volume 654, 1 May 2024, 159493

(8) 〈https://www.britannica.com/science/polyethylene-terephthalate〉 (Accessed 23 January 2025)

Dr. G. Balamurugan, I. Mohammed Rafi. An Experimental Study on Plastic Paver Tiles (DOI:10.15680/IJIRSET.2021.1005023)

〈https://www.entecpolymers.com/products/resin-types/polyethylene-terephthalate-pet〉 (Accessed 23 January 2025)

(9) 〈https://www.chemistrysteps.com/lewis-structures-organic-chemistry/〉 (Accessed 23 January 2023)

William D. Callister, Jr. Materials Science and Engineering 4 Edition. John Wiley & Sons, Inc., pp. 437~460, 1997

(10) 〈https://chem.libretexts.org/Courses/Oregon_Institute_of_Technology/OIT%3A_ CHE_202_-_ General_Chemistry_II/Unit_6%3A_Molecular_Polarity/6.1%3A_ Electronegativity_and_Polarity〉 (Accessed 24 March 2025)

〈https://sites.science.oregonstate.edu/~gablek/CH336/Chapter17/polarity.htm〉 (Accessed 24 March 2025)

Shuaishuai Liu, Stephen W. Veysey, Leonard S. Fifield, Nicola Bowler. Quantitative analysis of changes in antioxidant in crosslinked polyethylene (XLPE) cable insulation material exposed to heat and gamma radiation. Polymer Degradation and Stability, Volume 156, October 2018, Pages 252-258

〈https://chem.libretexts.org/Bookshelves/Physical_and_Theoretical_Chemistry_ Textbook_Maps/S upplemental_Modules_(Physical_and_Theoretical_Chemistry)/ Chemical_Bonding/Fundamentals_of_Chemical_Bonding/Bond_Energies〉 (Accessed 24 March 2025)

(11) 〈https://www.technologyuk.net/science/matter/vsepr-and-molecular-geometry. shtml〉 (Accessed 27 January 2025)

〈https://www.chem.purdue.edu/gchelp/liquids/dipdip.html〉 (Accessed 27 January 2025)

〈https://chem.libretexts.org/Bookshelves/Physical_and_Theoretical_Chemistry_ Textbook_Maps/S upplemental_Modules_(Physical_and_Theoretical_Chemistry)/ Physical_Properties_of_Matter/Atomic_and_Molecular_Properties/Lewis_Structures〉 (Accessed 27 January 2025)

〈http://www.ktword.co.kr/test/view/view.php?m_temp1=5023&id=1357〉 (Accessed 27 January 2025)

〈https://chem.libretexts.org/Courses/Athabasca_University/Chemistry_350%3A_ Organic_Chemist ry_I/06%3A_An_Overview_of_Organic_Reactions/6.04%3A_Polar_ Reactions〉 (Accessed 27 March 2025)

(12) 〈https://chem.libretexts.org/Bookshelves/Physical_and_Theoretical_Chemistry_ Textbook_ Maps/Supplemental_Modules_(Physical_and_Theoretical_Chemistry)/ Physical_Properties_of_Matter/Atomic_and_Molecular_Properties/Lewis_Structures〉

(Accessed 27 January 2025)

〈http://www.ktword.co.kr/test/view/view.php?m_temp1=5023&id=1357〉 (Accessed 27 January 2025)

(13) 〈https://www.britannica.com/science/polymer〉 (Accessed 23 January 2025)

〈https://www.e-education.psu.edu/matse81/node/2205〉 (Accessed 23 January 2025)

〈https://www.britannica.com/science/polymerization〉 (Accessed 23 January 2025)

(14) Jiro Kumaki. Observation of polymer chain structures in two-dimensional films by atomic force microscopy. Polymer Journal volume 48, pages 3-14 (2016)

William D. Callister, Jr. Materials Science and Engineering 4 Edition. John Wiley & Sons, Inc., p. 437, 1997

W. Hu, The physics of polymer chain-folding, Physics Reports (2018)

(15) 〈https://www.quora.com/Which-intermolecular-forces-are-present-between-polyethylene- terephthalate-molecules〉 (Accessed 27 January 2025)

(16) Maria Laura Di Lorenzo. Crystallization of Poly(ethylene terephthalate): A Review. Polymers (Basel). 2024 Jul 10;16(14):1975

(17) 〈https://www.youtube.com/watch?v=ji_25I_q4LQ〉 (Accessed 25 March 2025)

(18) 〈https://physicsopenlab.org/2018/01/22/sodium-chloride-nacl-crystal/ (Accessed 02 April 2025)

(19) William D. Callister, Jr. Materials Science and Engineering 4 Edition. John Wiley & Sons, Inc., pp. 387~390, 1997

〈https://www.asbury.com/resources/education/graphite-101/structure-and-bonding/#:~:text=Alt hough%20graphite%20is%20considered%20an,as%20plants%2C%20animals%2C%20etc.〉 (Accessed 31 March 2025)

(20) 〈https://www.asbury.com/resources/education/graphite-101/structural-description/〉 (Accessed 26 March 2025)

(21) Y. J. Dappe, M. A. Basanta, F. Flores, and J. Ortega. Weak chemical interaction and van der Waals forces between graphene layers: A combined density functional and intermolecular perturbation theory approach. Physical Review B. 74, 205434, 2006

〈https://www.graphenea.com/pages/graphene#:~:text=Layers%20of%20graphene%20stacked%20o n,exfoliation%20of%20graphene%20from%20graphite.〉 (Accessed 27

March 2025)

(22) ⟨https://ec.europa.eu/health/scientific_committees/opinions_layman/en/energy-saving-lamps/ l-3/1-light-electromagnetic-spectrum.htm⟩ (Accessed 25 March 2026)

(23) ⟨https://www.sciencelearn.org.nz/images/526-resolving-power-of-microscopes⟩ (Accessed 4 July 2024)

Damber Thapa, Kaamran Raahemifar, William R. Bobier, and Vasudevan Lakshminarayanan. Comparison of super-resolution algorithms applied to retinal images. Journal of Biomedical Optics 19(5), 056002 (May 2014)

(24) ⟨https://www.youtube.com/watch?v=NSYjYV2hZQs⟩ (Accessed 25 March 2025)

(25) ⟨https://www.sr-research.com/eye-tracking-blog/background/visual-angle/⟩ (Accessed 7 July 2024)

(26) ⟨https://www.space.com/alpha-particles-alpha-radiation⟩ (Accessed 25 March 2025)
⟨https://www.britannica.com/science/alpha-particle⟩ (Accessed 25 March 2025)

(27) ⟨https://122.physics.ucdavis.edu/sites/default/files/files/Rutherford/rutherford122%202.pdf⟩ (Accessed 16 January 2025)

⟨https://www.youtube.com/watch?v=fLFXDdnJN5U⟩ (Accessed 16 January 2025)

(28) ⟨https://www.uobabylon.edu.iq/eprints/publication_11_28737_1438.pdf⟩ (Accessed 24 September 2025)

4 - Strengthening of metal alloys, Editor(s): Adrian P. Mouritz, Introduction to Aerospace Materials, Woodhead Publishing, 2012, Pages 57-90

(29) ⟨https://www.kps.or.kr/m/content/voca/list.php?page=200&et=en&key=S⟩ (Accessed 30 July 2025)

(30) ⟨https://cryo.gsfc.nasa.gov/introduction/temp_scales.html⟩ (Accessed 16 January 2025)

(31) ⟨https://www.polysciences.com/german/polyethylene-oxide-mw100000⟩ (Accessed 05 February 2025)

⟨https://sanyochemicalamerica.com/product/high-molecular-weight-polyethylene-glycol-peg/⟩ (Accessed 05 February 2025)

(32) Blumberg, A. A., Pollack, S. S. and Hoeve, C. A. J. J. Polym. Sci. (A) 1964, 2, 2499
Fenton, D. E., Parker, J. M., and Wright, P. V. P. (1973). Complexes of alkali metal ions with poly(ethylene oxide). Polymer 14:589

Peter V. Wright. Electrical Conductivity in Ionic Complexes of Poly(ethylene oxide). Br. Polym. J. 1975, 7, 319-327

(33) Sanatou Toe, Fabien Chauvet, Lucie Leveau, Jean-Christophe Remigy and Theo Tzedakis. Impact of unsolvated lithium salt concentration on the ions transport pathway in polymer electrolyte (LiTFSI-PEO): empirical mathematical model to predict the ionic conductivity. J Appl Electrochem 53, 1939-1951 (2023)

(34) N.K. Karan, D.K. Pradhan, R. Thomas, B. Natesan, R.S. Katiyar. Solid polymer electrolytes based on polyethylene oxide and lithium trifluoro-methane sulfonate (PEO-LiCFSO): Ionic conductivity and dielectric relaxation. Solid State Ionics 179 (2008) 689-696

(35) 〈https://www.britannica.com/science/complex-in-chemistry〉 (Accessed 03 February 2025)

(36) 〈https://www.youtube.com/watch?v=TbpR2Oli3pg〉 (Accessed 04 February 2025)

(37) Marc A. Shampo, PhD; Robert A. Kyle, MD; and David P. Steensma, MD. Hermann Staudinger - Founder of Polymer Chemistry. Mayo Clinic Proceedings, Volume 88, Issue 3, e23

Sun Jia Zhen. The effect of chain flexibility and chain mobility on radiation crosslinking of polymer. Radiation Physics and Chemistry. Volume 60, Issues 4-5, 2001, Pages 445-451

(38) Akira Takahashi, Masahiro Yamanishi, Atsushi Kameyama and Hideyuki Otsuka. Reversible modulation of polymer chain mobility by selective cage opening and closing of pendant boratrane units. Polym J (2024)

〈https://en.wikipedia.org/wiki/Persistence_length〉 (Accessed 05 February 2025)

〈https://bionumbers.hms.harvard.edu/bionumber.aspx?id=103112#:~:text=%22The%20idea%20of%20the%20persistence,50%20nm%20(~150%20bp).〉 (Accessed 05 February 2025)

Jong Ho Choi, Taejin Kwon, Bong June Sung. Macromolecules 2021, 54, 23, 11008-11018

(39) Janine L. Thoma, Hunter Little, Jean Duhamel, Lei Zhang and Kam Tong Leung. Persistence Length of PEGMA Bottle Brushes Determined by Pyrene Excimer Fluorescence. Polymers 2023, 15(19), 3958

(40) William D. Callister, Jr. Materials Science and Engineering 4 Edition. John Wiley & Sons, Inc., pp. 472~477, 1997

(41) M. Z. A. Munshi, B. B. Owens and S. Nguyen. Measurement of Li Ion Transport

Numbers in Poly(ethylene oxide)-LiX Complexes. Polymer Journal, Vol. 20, No. 7, pp. 597-602 (1988)

(42) 〈https://www.britannica.com/science/hydrocarbon〉 (Accessed 27 February 2025) Chao Xu, Bing Sun, Torbjorn Gustafsson, Kristina Edstrom, Daniel Brandell. Interface layer formation in solid polymer electrolyte lithium batteries: an XPS study and Maria Hahlin. J. Mater. Chem. A, 2014, 2, 7256

(43) H. Michael, F. Iacoviello, T. M. M. Heenan, A. Llewellyn, J. S. Weaving, R. Jervis, D. J. L. Brett, and P. R. Shearing. A Dilatometric Study of Graphite Electrodes during Cycling with X-ray Computed Tomography. Journal of The Electrochemical Society, 2021 168 010507

(44) Tessa Krause, Daniel Nusko, Luciana Pitta Bauermann, Matthias Vetter, Marcel Schäfer and Carlo Holly. Methods for Quantifying Expansion in Lithium-Ion Battery Cells Resulting from Cycling: A Review. Energies 2024, 17, 1566

(45) Jiaxu Zhang, Jiamin Fu, Pushun Lu, Guantai Hu, Shengjie Xia, Shutao Zhang, Ziqing Wang, Zhimin Zhou, Wenlin Yan, Wei Xia, Changhong Wang, and Xueliang Sun. Challenges and Strategies of Low-Pressure All-Solid-State Batteries. Adv. Mater. 2025, 37, 2413499

(46) Philipp Roering, Gerrit Michael Overhoff, Kun Ling Liu, Martin Winter and Gunther Brunklaus. External Pressure in Polymer-Based Lithium Metal Batteries: An Often-Neglected Criterion When Evaluating Cycling Performance? ACS Appl. Mater. Interfaces 2024, 16, 21932-21942

Adriano Schommer, Miguel Orozco Corzo, Paul Henshall, Denise Morrey, Gordana Collier. Stack pressure on lithium-ion pouch cells: A comparative study of constant pressure and fixed displacement devices. Journal of Power Sources 629 (2025) 236019

(47) Feuillade G., Perche P. Ion-conductive macromolecular gels and membranes for solid lithium cells. J. Appl. Electrochem. 1975;5:63-69

(48) Xiaoqi Yu, Zipeng Jiang, Renlu Yuan, Huaihe Song. A Review of the Relationship between Gel Polymer Electrolytes and Solid Electrolyte Interfaces in Lithium Metal Batteries. Nanomaterials (Basel). 2023 Jun 1;13(11):1789

(49) Md. Shahriar Ahmed, Mobinul Islam, Bikash Raut, Sua Yun, Hae Yong Kim and

Kyung-Wan Nam. A Comprehensive Review of Functional Gel Polymer Electrolytes and Applications in Lithium-Ion Battery. Gels 2024, 10, 563

(50) Wookil Chae, Bumsang Kim, Won Sun Ryoo and Taeshik Earmme. A Brief Review of Gel Polymer Electrolytes Using In-situ Polymerization for Lithium-ion Polymer Batteries. Polymers 2023, 15, 803

A. Du Pasquier, P.C. Warren, D. Culver, A.S. Gozdz, G.G. Amatucci, J.-M. Tarascon. Plastic PVDF-HFP electrolyte laminates prepared by a phase-inversion process. Solid State Ionics, Volume 135, Issues 1-4, 2000, Pages 249-257

Weili Li, Yuhui Wu, Jiawei Wang, Dong Huang, Lizhuang Chen, Gang Yang. Hybrid gel polymer electrolyte fabricated by electrospinning technology for polymer lithium-ion battery. European Polymer Journal, Volume 67, 2015, Pages 365-372

Xiaoyan Zhou, Yifang Zhou, Le Yu, Luhe Qi, Kyeong-Seok Oh, Pei Hu, Sang-Young Lee and Chaoji Chen. Gel polymer electrolytes for rechargeable batteries toward wide-temperature applications. Chem. Soc. Rev., 2024, 53, 5291-5337

(51) Mihir Kumar Purkait, Manish Kumar Sinha, Piyal Mondal, Randeep Singh, Chapter 1 - Introduction to Membranes, Editor(s): Mihir Kumar Purkait, Manish Kumar Sinha, Piyal Mondal, Randeep Singh. Interface Science and Technology. Elsevier, Volume 25, 2018, Pages 1~37

(52) Md. Shahriar Ahmed, Mobinul Islam, Bikash Raut, Sua Yun, Hae Yong Kim and Kyung-Wan Nam. A Comprehensive Review of Functional Gel Polymer Electrolytes and Applications in Lithium-Ion Battery. Gels 2024, 10(9), 563

(53) ⟨https://en.wikipedia.org/wiki/Plasticizer⟩ (Accessed 13 February 2025)

Buket Boz, Hunter O. Ford, Alberto Salvadori and Jennifer L. Schaefer. Porous Polymer Gel Electrolytes Influence Lithium Transference Number and Cycling in Lithium-Ion Batteries. Electron. Mater. 2021, 2, 154-173

(54) Wangyu Li, Ying Pang, Jingyuan Liu, Guanghui Liu, Yonggang Wang and Yongyao Xia. A PEO-based gel polymer electrolyte for lithium ion batteries. RSC Adv., 2017, 7, 23494

⟨https://pslc.ws/macrog/ionomer.htm⟩ (Accessed 08 April 2025)

(55) R. Mahon, Y. Balogun, G. Oluyemi, and James Njuguna. Swelling performance of sodium polyacrylate and poly(acrylamide-co-acrylic acid) potassium salt. SN Appl. Sci. 2,

117 (2020)

〈https://en.wikipedia.org/wiki/Sodium_polyacrylate〉 (Accessed 09 February 2025)

〈https://www.cmu.edu/gelfand/lgc-educational-media/polymers/polymer-and-absorption/super-absorb-powder.html〉 (Accessed 09 February 2025)

(56) 〈https://www.sigmaaldrich.com/PH/en/products/materials-science/biomedical-materials/polyethylene-glycol〉 (Accessed 09 February 2025)

(57) 〈https://www.tobmachine.com/battery-separator-and-tape_c120〉 (Accessed 09 February 2025)

(58) 〈https://www.chemixguru.com/polar-molecules-based-material/〉 (Accessed 09 February 2025)

(59) 〈https://www.sigmaaldrich.com/PH/en/products/materials-science/biomedical-materials/hydrophobic-polymers〉 (Accessed 09 February 2025)

〈https://www.rtprototype.com/what-is-polypropylene/#:~:text=Does%20polypropylene%20absorb%20water?%20Polypropylene%20has%20a,suitable%20for%20applications%20that%20require%20moisture%20resistance.〉 (Accessed 09 February 2025)

(60) Koichiro Kezuka, Tsuyonobu Hatazawa, Kaoru Nakajima. The Status of Sony Li-ion polymer battery. Journal of Power Sources, 97-98 (2001) 755-757

(61) Wangyu Li, Ying Pang, Jingyuan Liu, Guanghui Liu, Yonggang Wang and Yongyao Xia. A PEO-based gel polymer electrolyte for lithium ion batteries. RSC Adv., 2017, 7, 23494

(62) 〈https://www.sony.com/en/SonyInfo/News/Press/200412/04-060E/〉 (Accessed 09 February 2025)

(63) 〈https://www.batterypowertips.com/difference-between-lithium-ion-lithium-polymer-batteries-faq/〉 (Accessed 09 February 2025)

〈https://batteryuniversity.com/article/bu-206-lithium-polymer-substance-or-hype〉 (Accessed 09 February 2025)

(64) 〈https://patents.google.com/patent/US20160028110A1/en〉 (Accessed 10 February 2025)

〈https://blog.naver.com/whoaussy/100090230986〉 (Accessed 09 February 2025)

〈https://inside.lgensol.com/2023/09/%EB%B0%98%EA%B3%A0%EC%B2%B4-%EC%A0%84%EC%A7%80%EB%8A%94-%EC%9A%B0%EB%A6%AC-%EC%9D%BC%EC%83%81%EC%9D%84-%EC%96%B4%EB%96%BB%EA%B2%8C-

%EB%B0%94%EA%BF%80%EA%B9%8C/〉 (Accessed 09 February 2025)

(65) 〈https://www.transparencymarketresearch.com/gel-polymer-electrolytes-market.html〉 (Accessed 10 February 2025)

〈https://www.marketresearchfuture.com/reports/gel-polymer-electrolyte-market-25537〉 (Accessed 10 February 2025)

〈https://www.techtarget.com/whatis/definition/lithium-polymer-battery-LiPo#:~:text=A%20lithiu m%20polymer%20battery%20is,many%20other%20types%20of%20batteries.〉 (Accessed 10 February 2025)

〈https://www.businesswire.com/news/home/20200205005288/en/Global-Laminate-Lithium-Ion-B attery-Market-2019-2023-Evolving-Opportunities-with-BrightVolt-and-LG-Chem-Technavio〉 (Accessed 10 February 2025)

(66) Young-Soo Kim, Yoon-Gyo Cho, Dorj Odkhuu, Noejung Park and Hyun-Kon Song. A physical organogel electrolyte: characterized by thermo-irreversible gelation and single-ion-predominent conduction. Scientific Reports, 3, 1917

Seoha Nam, Hye Bin Son, Chi Keung Song, Chang-Dae Lee, Yeongseok Kim, Jin-Hyeok Jeong, Woo-Jin Song, Dong-Hwa Seo, Tae Sung Ha, Soojin Park. Mitigating Gas Evolution in Electron Beam-Induced Gel Polymer Electrolytes Through Bi-Functional Cross-Linkable Additives. Small 2024, 20, 2401426

(67) 〈https://spardbatt.com/products/lithium-polymer-battery/?gad_source=1&gclid=CjwKCAiAwaG9 BhAREiwAdhv6Y4qALwE8lNtLvDs7z1eouDlXu1oUH Jsmd-H1UA2R9PjW9QIt9me-fhoC0toQAvD_BwE〉 (Accessed 10 February 2025)

(68) Dong Zhou, Devaraj Shanmukaraj, Anastasia Tkacheva, Michel Armand, and Guoxiu Wang. Polymer Electrolytes for Lithium-Based Batteries: Advances and Prospects. Chem 5, 2326-2352, September 12, 2019

(69) 〈https://batteryuniversity.com/article/bu-206-lithium-polymer-substance-or-hype〉 (Accessed 11 February 2025)

(70) 〈https://chem.libretexts.org/Bookshelves/General_Chemistry/ChemPRIME_(Moore_et_al.)/08% 3A_Properties_of_Organic_Compounds/8.26%3A_Cross-Linking〉 (Accessed 11 February 2025)

(71) 〈https://www.britannica.com/science/Youngs-modulus〉 (Accessed 11 April 2025)

(72) Kyra D. Owensby, Ritu Sahore, Wan-Yu Tsai and X. Chelsea Chen. Understanding and controlling lithium morphology in solid polymer and gel polymer systems: mechanisms, strategies, and gaps. Mater. Adv., 2023, 4, 5867-5881

⟨https://www.doitpoms.ac.uk/tlplib/mechanical_properties/modulus_proof.php⟩ (Accessed 11 April 2025)

(73) ⟨https://en.wikipedia.org/wiki/Functional_group⟩ (Accessed 02 March 2025)

⟨https://bio.libretexts.org/Courses/University_of_California_Davis/BIS_2A%3A_ Introductory_Biolo gy_(Britt)/01%3A_Readings/1.09%3A_Functional_Groups⟩ (Accessed 02 March 2025)

⟨https://www.sydney.edu.au/science/chemistry/~george/intro.html⟩ (Accessed 09 April 2025)

(74) Xunzhi Miao, Jianhe Hong, Shuo Huang, Can Huang, Yushi Liu, Min Liu, Quanquan Zhang, Hongyun Jin. In-situ Gel Polymer Electrolyte with Rapid Li+ Transport Channels and Anchored Anion Sites for High-Current-Density Lithium-Ion Batteries. Advanced Functional Materials, Volume 35, Issue 1, January 2, 2025, 2411751

(75) Aiping Wang, Sanket Kadam, Hong Li, Siqi Shi and Yue Qi. Review on modeling of the anode solid electrolyte interphase (SEI) for lithium-ion batteries. npj Comput Mater 4, 15 (2018)

A. M. Andersson and K. Edström. Chemical Composition and Morphology of the Elevated Temperature SEI on Graphite. Journal of The Electrochemical Society, 148(10) A1100-A1109 2001

Kyra D. Owensby, Ritu Sahore, Wan-Yu Tsai and X. Chelsea Chen. Understanding and controlling lithium morphology in solid polymer and gel polymer systems: mechanisms, strategies, and gaps. Mater. Adv., 2023, 4, 5867-5881

(76) Wanyu Chen, Ziwei Ou, Haitao Tang, Hong Wang, Yajiang Yang. Study of the formation of a solid electrolyte interphase (SEI) in ionically crosslinked polyampholytic gel electrolytes. Electrochimica Acta, Volume 53, Issue 13, 20 May 2008, Pages 4414-4419

(77) Shuohan Liu, Wensheng Tian, Jieqing Shen, Zhikai Wang, Hui Pan, Xuchen Kuang, Cheng Yang, Shunwei Chen, Xiujun Han, Hengdao Quan and Shenmin Zhu. Bioinspired gel polymer electrolyte for wide temperature lithium metal battery. Nature

Communications volume 16, Article number: 2474 (2025)

Adriano Schommer, Miguel Orozco Corzo, Paul Henshall, Denise Morrey, Gordana Collier. Stack pressure on lithium-ion pouch cells: A comparative study of constant pressure and fixed displacement devices. Journal of Power Sources 629 (2025) 236019

(78) 〈https://artsandculture.google.com/entity/clay/m0975t?hl=en〉 (Accessed 13 February 2025)

〈https://www.atxfinearts.com/blogs/news/what-is-clay-art-called?srsltid=AfmBOop_IBw-SO5W7c wGc1ovHoGMg9Nf6-fMBNe8-s-6xQiYGr807yId〉 (Accessed 13 February 2025)

(79) Klaus Funke. Solid State Ionics: from Michael Faraday to green energy-the European dimension. Science and Technology of Advanced Materials. Volume 14, Issue 4, 2013

(80) Chris E. Mohn, Marcin Krynski, Walter Kob and Neil L. Allan. Cooperative excitations in superionic PbF. Phil. Trans. R. Soc. A 379:20190455

(81) Editor(s): Waldfried Plieth. Electrochemistry for Materials Science. Elsevier, 2008, pp. 1~26

(82) Jose Martinez Castro. Atomically Thin Stacks of Polar Insulators: A Route to Atomic-Scale Multiferroics. Thesis of Doctor of Philosopy, Department of Physics and Astronomy, University College London, University of London

(83) 〈https://en.wikipedia.org/wiki/Silver_chloride〉 (Accessed 14 April 2025)

(84) 〈https://chem.libretexts.org/Bookshelves/Inorganic_Chemistry/Supplemental_ Modules_and_ Websites_(Inorganic_Chemistry)/Crystal_Lattices/Lattice_Defects/ Frenkel_Defect〉 (Accessed 16 February 2025)

〈https://commons.wikimedia.org/wiki/File:NaCl_-_Frenkel_defect.jpg〉 (Accessed 16 February 2025)

(85) 〈https://www.youtube.com/watch?v=ajj3henEIEA〉 (Accessed 14 April 2025)

(86) 〈https://en.wikipedia.org/wiki/Schottky_defect〉 (Accessed 16 February 2025)

〈https://chem.libretexts.org/Courses/Douglas_College/DC%3A_Chem_2330_ (O'Connor)/6%3A_Solids/ 6.4%3A_Schottky_Defect〉 (Accessed 16 February 2025)

(87) 〈https://www.youtube.com/watch?v=ajj3henEIEA〉 (Accessed 14 April 2025)

(88) 〈https://www.sciencedirect.com/topics/earth-and-planetary-sciences/ frenkel-defect#:~:text= In%20subject%20area:%20Earth%20and%20Planetary%20

Sciences.,interstitial%20sites.%20From:%20Treatise%20on%20Geophysics%2C%202007.〉
(Accessed 17 February 2025)

〈https://www.purechemistry.org/number-of-schottky-defects/〉 (Accessed 17 February 2025)

P. Varotsos and M. Lazaridou. Chapter 8 - Thermodynamics of Point Defects. International Geophysics, Volume 76, 2001, Pages 231-259

〈https://chem.libretexts.org/Bookshelves/Inorganic_Chemistry/Supplemental_Modules_and_Webs ites_(Inorganic_Chemistry)/Crystal_Lattices/Lattice_Defects/Schottky_Defects〉 (Accessed 17 February 2025)

Robert Ter Bush. A Derivation for the Number of Frenkel Defects and Schottky Defects in a Solid at Thermal Equilibrium. Am. J. Phys. 37, 106-107 (1969)

(89) A.S. Nowick, W-K Lee and H. Jain. Survey and Interpretation of Pre-exponentials of Conductivity. Solid State Ionics 28-30 (1988) 89-94

M. Jebli, Ch. Rayssi, J. Dhahri, M. Ben Henda, Hafedh Belmabrouk and Abdullah Bajahzar. Structural and morphological studies, and temperature/frequency dependence of electrical conductivity of BaLaTi−NbO perovskite ceramics. RSC Adv., 2021, 11, 23664-23678

Can Cao, Zhuo-Bin Li, Xiao-LiangWang, Xin-Bing Zhao and Wei-Qiang Han. Recent advances in inorganic solid electrolytes for lithium batteries. Front. Energy Res., 27 June 2014

Shujahadeen B. Aziz1 and Zul Hazrin Z. Abidin. Electrical Conduction Mechanism in Solid Polymer Electrolytes: New Concepts to Arrhenius Equation. Journal of Soft Matter, Volume 2013, Article ID 323868

Du P, Zhu H, Braun A, Yelon A, Chen Q. Entropy and Isokinetic Temperature in Fast Ion Transport. Adv Sci (Weinh). 2024 Jan;11(2):e2305065

〈https://www.sciencedirect.com/topics/engineering/arrhenius〉 (Accessed 18 February 2025)

(90) Micha P. Fertig, Dr. Karl Skadell, Dr. Matthias Schulz, Cornelius Dirksen, Philipp Adelhelm, Michael Stelter. From High- to Low-Temperature: The Revival of Sodium-Beta Alumina for Sodium Solid-State Batteries. Batteries & Supercaps 2022, 5, e202100131

(91) 〈https://en.wikipedia.org/wiki/Sodium%E2%80%93sulfur_battery〉 (Accessed 17 February 2025)

〈https://www.huntkeyenergystorage.com/sodium-sulfur-batteries/〉 (Accessed 15 April 2025)

(92) 〈https://en.wikipedia.org/wiki/Sulfur〉 (Accessed 15 April 2025)

(93) 〈https://en.wikipedia.org/wiki/Sodium〉 (Accessed 15 April 2025)

(94) 〈https://www.ngk.co.jp/resource/pdf/info/economist.pdf〉 (Accessed 17 February 2025)

(95) 〈https://www.greentechmedia.com/articles/read/exploding-sodium-sulfur-batteries-from-ngk- energy-storage〉 (Accessed 17 February 2025)

(96) 〈https://www.ngk-global.com/100th/en/story/04.html〉 (Accessed 17 February 2025)

(97) Goodenough, J.B. How we made the Li-ion rechargeable battery. Nat Electron 1, 204 (2018)

(98) H.Y-P. Hong. Crystal structures and crystal chemistry in the system NaZrSiPO. Materials Research Bulletin Volume 11, Issue 2, February 1976, Pages 173-182

(99) 〈https://en.wikipedia.org/wiki/Chemical_formula〉 (Accessed 22 February 2025)

(100) Enrique R. Losilla, Miguel A. G. Aranda, Sebastián Bruque, Jesús Sanz, Miguel A. París, Javier Campo, Anthony R. West. odium Mobility in the NASICON Series NaZrIn(PO). Chemistry of Materials 2000, 12(8), 2134-2142

(101) H. Y-P. Hong. Crystal structure and ionic conductivity of LiZn(GeO) and other new Li superionic conductors. Mat. Res. Bul. Vol. 13, pp. 117-124, 1978

(102) 〈http://www.assb.iir.titech.ac.jp/en/member/kanno-suzuki-lab/〉 (Accessed 20 February 2025)

(103) 〈https://en.wikipedia.org/wiki/Thio-〉 (Accessed 19 February 2025)

(104) Ryoji Kanno and Masahiro Murayama. Lithium Ionic Conductor Thio-LISICON The LiS-GeS-PSSystem. Journal of The Electrochemical Society, 148 (7) A742-A746 2001

(105) Noriaki Kamaya, Kenji Homma, Yuichiro Yamakawa, Masaaki Hirayama, Ryoji Kanno, Masao Yonemura, Takashi Kamiyama, Yuki Kato, Shigenori Hama, Koji Kawamoto and Akio Mitsui. A lithium superionic conductor. Nature Materials, Vol 10, September 2011 (DOI: 10.1038/NMAT3066)

(106) Alexander Kuhn, Jürgen Köhler and Bettina V. Lotsch. Single-crystal X-ray structure analysis of the superionic conductor LiGePS. Phys. Chem. Chem. Phys., 2013, 15, 11620-11622

(107) 〈https://uwaterloo.ca/earth-sciences-museum/resources/detailed-rocks-and-minerals- articles/garnet〉 (Accessed 21 February 2024)

(108) Jianlong Zhao, Xinlu Wang, Tingting Wei, Zumin Zhang, Guixia Liu, Wensheng Yu, Xiangting Dong, Jinxian Wang. Current challenges and perspectives of garnet-based solid-state electrolytes. Journal of Energy Storage, Volume 68, 2023, 107693

Kannan Subramanian, George V. Alexander, K. Karthik, Srabani Patra, M.S. Indu, O.V. Sreejith, Raja Viswanathan, Janani Narayanasamy, Ramaswamy Murugan. A brief review of recent advances in garnet structured solid electrolyte based lithium metal batteries. Journal of Energy Storage, Volume 33, January 2021, 102157

(109) Xing Xiang, Yang Liu, Fei Chen, Wenyun Yang, Jinbo Yang, Xiaobai Ma, Dongfeng Chen, Kai Su, Qiang Shen, Lianmeng Zhang. Crystal structure and lithium ionic transport behavior of Li site doped LiLaZrO. Journal of the European Ceramic Society, Volume 40, Issue 8, July 2020, Pages 3065-3071

B. Cesare, F. Nestola, T. Johnson, E. Mugnaioli, G. Della Ventura, L. Peruzzo, O. Bartoli, C. Viti and T. Erickson. Garnet, the archetypal cubic mineral, grows tetragonal. Sci. Rep. 9, 14672 (2019)

(110) Venkataraman Thangadurai, Heiko Kaack and Werner J. F. Weppner. Novel Fast Lithium Ion Conduction in Garnet-Type LiLaMO(M = Nb, Ta). J. Am. Ceram. Soc., 86 [3] 437-440 (2003)

(111) Ramaswamy Murugan, Venkataraman Thangadurai and Werner Weppner. Fast Lithium Ion Conduction in Garnet-Type Li7La3Zr2O12. Angew. Chem. Int. Ed. 2007, 46, 7778-7781

(112) Maria Alfredsson, Furio Corà, David P. Dobson, James Davy, John P. Brodholt, Steve C. Parker, G. David Price. Dopant control over the crystal morphology of ceramic materials. Surface Science, Volume 601, Issue 21, 1 November 2007, Pages 4793-4800

(113) Jian-Fang Wu, En-Yi Chen, Yao Yu, Lin Liu, Yue Wu, Wei Kong Pang, Vanessa K. Peterson and Xin Guo. Gallium-Doped LiLaZrOGarnet-Type Electrolytes with High Lithium-Ion Conductivity. ACS Appl. Mater. Interfaces 2017, 9, 1542-1552

(114) 〈https://en.wikipedia.org/wiki/Albin_Weisbach〉 (Accessed 23 February 2025)

(115) 〈https://en.wikipedia.org/wiki/Argyrodite〉 (Accessed 23 February 2025)
〈https://www.britannica.com/science/argyrodite〉 (Accessed 23 February 2025)

(116) M.V. Chekailo, L.G. Akselrud, R.E. Gladyshevskii, N.A. Ukrainets. Temperature

dependence of the structures of β'- and χ-AgSnSeargyrodite. Journal of Solid State Chemistry, Volume 332, April 2024, 124541

(117) 〈https://www.chemie-biologie.uni-siegen.de/ac/hjd/?lang=de〉 (Accessed 17 April 2025)

(118) Shiao Tong Kong, Ozgul Gun, Barbara Koch, Hans Jorg Deiseroth, Hellmut Eckert and Christof Reiner. Structural Characterisation of the Li Argyrodites LiPSand LiPSe and their Solid Solutions: Quantification of Site Preferences by MAS-NMR Spectroscopy. Chem. Eur. J. 2010, 16, 5138-5147

R. P. Rao and S. Adams. Studies of lithium argyrodite solid electrolytes for all-solid-state batteries. Phys. Status Solidi A208, No. 8, 1804-1807 (2011)

R. Prasada Rao, N. Sharma, V.K. Peterson, S. Adams. Formation and conductivity studies of lithium argyrodite solid electrolytes using in-situ neutron diffraction. Solid State Ionics Volume 230, 10 January 2013, Pages 72-76

(119) William Arnold, Dominika A. Buchberger, Yang Li, Mahendra Sunkara, Thad Druffel, Hui Wang. Halide doping effect on solvent-synthesized lithium argyrodites LiPSX (X= Cl, Br, I) superionic conductors. Journal of Power Sources, Volume 464, 15 July 2020, 228158

(120) R. P. Rao and S. Adams. Studies of lithium argyrodite solid electrolytes for all-solid-state batteries. Phys. Status Solidi A 208, No. 8, 1804-1807 (2011)

William Arnold, Dominika A. Buchberger, Yang Li, Mahendra Sunkara, Thad Druffel, Hui Wang. Halide doping effect on solvent-synthesized lithium argyrodites LiPSX (X= Cl, Br, I) superionic conductors. Journal of Power Sources, Volume 464, 15 July 2020, 228158

(121) Nafeesa Sarfraz, Nosheen Kanwal, Muzahir Ali, Kashif Ali, Ali Hasnain, Muhammad Ashraf, Muhammad Ayaz, Jerosha Ifthikar, Shahid Ali, Abdulmajeed Hendi, Nadeem Baig, Muhammad Fahad Ehsan, Syed Shaheen Shah, Rizwan Khan, Ibrahim Khan. Materials advancements in solid-state inorganic electrolytes for highly anticipated all solid Li-ion batteries. Energy Storage Materials 71 (2024) 103619

(122) Jusef Hassoun, Roberta Verrelli, Priscilla Reale, Stefania Panero, Gino Mariotto, Steven Greenbaum, Bruno Scrosati. A structural, spectroscopic and electrochemical study of a lithium ion conducting LiGePS solid electrolyte. Journal of Power Sources,

Volume 229, 1 May 2013, Pages 117-122

Jialong Fu, Zhuo Li, Xiaoyan Zhou and Xin Guo. Ion transport in composite polymer electrolytes. Mater. Adv., 2022, 3, 3809-3819

(123) H. Michael, F. Iacoviello, T. M. M. Heenan, A. Llewellyn, J. S. Weaving, R. Jervis, D. J. L. Brett, and P. R. Shearing. A Dilatometric Study of Graphite Electrodes during Cycling with X-ray Computed Tomography. Journal of The Electrochemical Society, 2021, 168, 010507

(124) Tessa Krause, Daniel Nusko, Luciana Pitta Bauermann, Matthias Vetter, Marcel Schäfer and Carlo Holly. Methods for Quantifying Expansion in Lithium-Ion Battery Cells Resulting from Cycling: A Review. Energies 2024, 17, 1566

(125) Errui Wang, Xiangju Ye, Bentian Zhang, Bo Qu, Jiahao Guo and Shengbiao Zheng. Nanomaterials 2024, 14(2), 147

⟨https://www.on-hosokawa.com/performance-materials/graphite/⟩ (Accessed 21 April 2025)

P. Jeevan Kumarae, K. Nishimurab, M. Senna, A. Düveld, P. Heitjansd, T. Kawaguchib, N. Sakamotoab, N. Wakiyaab and H. Suzuki. A novel low-temperature solid-state route for nanostructured cubic garnet LiLaZrOand its application to Li-ion battery. RSC Adv., 2016, 6, 62656-6266

Jae Min Lee, Young Seon Park, Ji-Woong Moon, Haejin Hwang. Ionic and Electronic Conductivities of Lithium Argyrodite LiPSCl Electrolytes Prepared via Wet Milling and Post-Annealing. Front. Chem. 9:778057

(126) ⟨https://www.kritester.com/new/Composition-and-importance-of-contact-resistance-of-high- voltage-switches.html⟩ (Accessed 21 April 2025)

(127) Sebastian Puls, Elina Nazmutdinova, Fariza Kalyk, Henry M. Woolley, Jesper Frost Thomsen, Zhu Cheng, Adrien Fauchier-Magnan, Ajay Gautam, Michael Gockeln, So-Yeon Ham, Md Toukir Hasan, Min-Gi Jeong, Daiki Hiraoka, Jong Seok Kim, Tobias Kutsch, Barthélémy Lelotte, Philip Minnmann, Vanessa Miß, Kota Motohashi, Douglas Lars Nelson, Frans Ooms, Francesco Piccolo, Christian Plank, Maria Rosner, Stephanie E. Sandoval, Eva Schlautmann, Robin Schuster, Dominic Spencer-Jolly, Yipeng Sun, Bairav S. Vishnugopi, Ruizhuo Zhang, Huang Zheng, Philipp Adelhelm, Torsten Brezesinski, Peter G. Bruce, Michael Danzer, Mario El Kazzi, Hubert Gasteiger, Kelsey

B. Hatzell, Akitoshi Hayashi, Felix Hippauf, Jürgen Janek, Yoon Seok Jung, Matthew T. McDowell, Ying Shirley Meng, Partha P. Mukherjee, Saneyuki Ohno, Bernhard Roling, Atsushi Sakuda, Julian Schwenzel, Xueliang Sun, Claire Villevieille, Marnix Wagemaker, Wolfgang G. Zeier and Nella M. Vargas-Barbosa. Benchmarking the reproducibility of all-solid-state battery cell performance. Nat Energy 9, 1310-1320 (2024)

(128) Jingyang Wang, Tanjin He, Xiaochen Yang, Zijian Cai, Yan Wang, Valentina Lacivita, Haegyeom Kim, Bin Ouyang and Gerbrand Ceder. Design principles for NASICON super-ionic conductors. Nat. Commun. 14, 5210 (2023)

(129) Daiki Hayashi, Kota Suzuki, Satoshi Hori, Yuto Yamada, Masaaki Hirayama, Ryoji Kanno. Synthesis of LiGePS-type lithium superionic conductors under Ar gas flow. Journal of Power Sources 473 (2020) 228524

(130) ⟨https://www.msesupplies.com/products/mse-pro-ges-sub-2-sub-germanium-iv-disulfide- powder-99-99-purity-325-mesh?srsltid=AfmBOooBWjUKnPlZK8AerSeEs1dvu6cWS2mvesuo6L25fVkjfSriPUF2⟩ (Accessed 24 February 2025)

(131) ⟨https://www.msesupplies.com/products/li2s-lithium-sulfide-99-9-metals-basis-200-mesh- powder?srsltid=AfmBOoqTVuQ_waWI0fdhPIbzluOloCt7wBeaESjkZs-2ky3oPFxenoGu⟩ (Accessed 24 February 2025)

(132) Zhixia Zhang, Long Zhang, Yanyan Liu, Chuang Yu, Xinlin Yan, Bo Xu, Li-min Wang. Synthesis and characterization of argyrodite solid electrolytes for all-solid-state Li-ion batteries. Journal of Alloys and Compounds Volume 747, 30 May 2018, Pages 227-235

(133) ⟨https://en.wikipedia.org/wiki/Reproducibility⟩ (Accessed 24 February 2025)
Resnik DB, Shamoo AE. Reproducibility and Research Integrity. Account Res. 2017;24(2):116-123
⟨https://blog.ml.cmu.edu/2020/08/31/5-reproducibility/⟩ (Accessed 24 September 2025)

(134) Wenhao Xia, Biyi Xu, Huanan Duan, Xiaoyi Tang, Yiping Guo, Hongmei Kang, Hua Li, Hezhou Liu. Reaction mechanisms of lithium garnet pellets in ambient air: The effect of humidity and CO. J Am Ceram Soc. 2017;1-8
Ruijie Ye, Martin Ihrig, Nobuyuki Imanishi, Martin Finsterbusch, Egbert Figgemeier. A Review on Li/HExchange in Garnet Solid Electrolytes: From Instability against Humidity

to Sustainable Processing in Water. ChemSusChem 2021, 14, 4397-4407

(135) Wenhao Xia, Biyi Xu, Huanan Duan, Xiaoyi Tang, Yiping Guo, Hongmei Kang, Hua Li, Hezhou Liu. Reaction mechanisms of lithium garnet pellets in ambient air: The effect of humidity and CO. J Am Ceram Soc. 2017;1-8

Ruijie Ye, Martin Ihrig, Nobuyuki Imanishi, Martin Finsterbusch, Egbert Figgemeier. A Review on Li/HExchange in Garnet Solid Electrolytes: From Instability against Humidity to Sustainable Processing in Water. ChemSusChem 2021, 14, 4397-4407

(136) 〈https://emcochemicals.com/lithium-hydroxide/〉 (Accessed 01 March 2025)

(137) 〈https://www.chemspider.com/Chemical-Structure.558733.html〉 (Accessed 28 February 2025)

(138) Ze Ma, Huai-Guo Xue, Sheng-Ping Guo. Recent achievements on sulfide-type solid electrolytes: crystal structures and electrochemical performance. J Mater Sci 53, 3927-3938 (2018)

(139) Pushun Lu, Dengxu Wu, Liquan Chen, Hong Li, Fan Wu. Air Stability of Solid-State Sulfide Batteries and Electrolytes. Electrochemical Energy Reviews (2022) 5:3

(140) Timon Scharmann, Canel Özcelikman, Do Minh Nguyen, Carina Amata Heck, Christian Wacker, Peter Michalowski, Arno Kwade and Klaus Dröder. Atmospheric Influences on Li6PS5Cl Separators and the Resulting Ionic Conductivity for All-Solid-State Batteries. 2024 J. Electrochem. Soc. 171 080513

Hao Min Chen, Chen Maohua and Stefan Adams. Stability and ionic mobility in argyrodite-related lithium-ion solid electrolytes. Phys. Chem. Chem. Phys., 2015, 17, 16494

Jieru Xu, Yongxing Li, Pushun Lu, Wenlin Yan, Ming Yang, Hong Li, Liquan Chen and Fan Wu. Water-stable sulfide solid electrolyte membranes directly applicable in all-solid-state batteries enabled by superhydrophobic Li-conducting protection layer. Adv. Energy Mater., 2002, 12, 2102348

(141) 〈https://m.dongascience.com/news.php?idx=66366〉 (Accessed 02 March 2025)

(142) Yong Guo, Shichao Wu, Yan-Bing He, Feiyu Kang, Liquan Chen, Hong Li, Quan-Hong Yang. Solid-state lithium batteries: Safety and prospects. eScience 2 (2022) 138-163

(143) Bingbing Cheng, Zi-Jian Zheng and Xianze Yin. Recent Progress on the Air-Stable Battery Materials for Solid-State Lithium Metal Batteries. Adv. Sci. 2024, 11, 2307726

(144) 〈https://www.asm.com/our-technology-products/ald〉 (Accessed 04 March 2025)

〈https://www.sigmaaldrich.com/PH/en/technical-documents/technical-article/materials-science -and-engineering/chemical-vapor-deposition/ald-a-versatile?srsltid=AfmBOorhAOI99PJ-G9i2DyMvGVfIIFoGgjU65RrEHNp1pXTeiihkGdLO〉 (Accessed 04 March 2025)

(145) Chaochao Wei, Chuang Yu, Ru Wang, Linfeng Peng, Shaoqing Chen, Xuefei Miao, Shijie Cheng, Jia Xie. Sb and O dual doping of Chlorine-rich lithium argyrodite to improve air stability and lithium compatibility for all-solid-state batteries. Journal of Power Sources, Volume 559, 1 March 2023, 232659

Yosef Nikodimos, Shi-Kai Jiang, Shing-Jong Huang, Bereket Woldegbreal Taklu, Wei-Hsiang Huang, Gidey Bahre Desta, Teshager Mekonnen Tekaligne, Zabish Bilew Muche, Keseven Lakshmanan, Chia-Yu Chang, Teklay Mezgebe Hagos, Kassie Nigus Shitaw, Sheng-Chiang Yang, She-Huang Wu, Wei-Nien Su, Bing Joe Hwang. Moisture Robustness of Li6PS5Cl Argyrodite Sulfide Solid Electrolyte Improved by Nano-Level Treatment with Lewis Acid Additives. ACS Energy Lett. 2024, 9, 4, 1844-1852

〈https://chem.libretexts.org/Bookshelves/Physical_and_Theoretical_Chemistry_Textbook_Maps/S upplemental_Modules_(Physical_and_Theoretical_Chemistry)/Acids_and_Bases/Acid/Lewis_Concept_of_Acids_and_Bases〉 (Accessed 19 April 2025)

(146) 〈https://www.prnewswire.com/news-releases/prologium-the-world-leader-in-solid-state- battery-won-the-ces-2019-innovation-award-300767864.html〉 (Accessed 05 August 2025)

〈https://www.prnewswire.com/news-releases/prologium-sets-record-breaking-standards-in-batt ery-safety-and-energy-density-ahead-of-schedule-with-tuv-rheinland-certification-302330970.html〉 (Accessed 10 February 2025)

〈https://www.eenewseurope.com/en/prologium-details-solid-state-battery-as-it-readies- production/〉 (Accessed 05 August 2025)

〈https://prologium.com/prologiums-next-generation-lithium-ceramic-battery-shipments-surpas s-2-4-million-units-a-new-milestone-in-the-commercialization-of-green-energy-technologies/〉 (Accessed 05 August 2025)

〈https://theevreport.com/prologium-unveils-fully-inorganic-battery-at-ces-2025〉

(Accessed 05 August 2025)

(147) ⟨https://inside.lgensol.com/2023/09/%EB%B0%98%EA%B3%A0%EC%B2%B4-%EC%A0%84%EC%A7%80%EB%8A%94-%EC%9A%B0%EB%A6%AC-%EC%9D%BC%EC%83%81%EC%9D%84-%EC%96%B4%EB%96%BB%EA%B2%8C-%EB%B0%94%EA%BF%80%EA%B9%8C/⟩ (Accessed 09 February 2025)

(148) ⟨https://zdnet.co.kr/view/?no=20250803092730⟩ (Accessed 03 August 2025)

(149) ⟨https://www.mitsui.com/mgssi/en/report/detail/__icsFiles/afieldfile/2025/03/27/2501btf_zhao_ishiguro_e.pdf⟩ (Accessed 22 August 2025)

(150) Hongmei Liang, Li Wang, Aiping Wang, Youzhi Song, Yanzhou Wu, Yang Yang, Xiangming He. Tailoring Practically Accessible Polymer/Inorganic Composite Electrolytes for All₩_Solid₩_State Lithium Metal Batteries: A Review. Nano-Micro Lett. (2023) 15:42

Xingwen Yu, Arumugam Manthiram. A review of composite polymer-ceramic electrolytes for lithium batteries. Energy Storage Materials, Volume 34, January 2021, Pages 282-300

에필로그

(1) ⟨https://www.youtube.com/watch?v=oy4AFQzrcm8⟩ (Accessed 02 September 2025)
⟨https://www.trendforce.com/news/2025/02/27/news-samsung-sdi-hyundai-and-kia-join-forces -to-advance-robot-battery-technology/⟩ (Accessed 02 September 2025)
⟨https://dronelife.com/2025/07/22/lithium-ion-vs-solid-state-batteries-for-drones/⟩ (Accessed 02 September 2025)

(2) ⟨https://www.loopit.co/en-us/blog/why-electric-vehicles-are-stuck-in-the-chasm--and-how- subscription-models-can-rescue-them⟩ (Accessed 22 April 2025)
⟨https://www.businesskorea.co.kr/news/articleView.html?idxno=215287⟩ (Accessed 09 August 2025)
⟨https://www.sneresearch.com/en/insight/release_view/210/page/0⟩ (Accessed 09 August 2025)

(3) ⟨https://hbr.org/2024/03/why-has-the-ev-market-stalled⟩ (Accessed 22 April 2025)

(4) 〈https://www.mk.co.kr/en/economy/11032222〉 (Accessed 22 April 2025)

(5) 〈https://www.cnbc.com/2022/06/11/why-quantumscape-investors-are-still-waiting-for-new- ev-batteries.html〉 (Accessed 31 July 2025)

(6) 〈https://www.youtube.com/watch?v=Zt49j3yz4PQ〉 (Accessed 15 July 2025)
〈https://www.youtube.com/watch?v=oJgoe_CHTKM〉 (Accessed 31 July 2025)

(7) 〈https://www.quantumscape.com/resources/blog/solid-state-battery-landscape/〉 (Accessed 31 July 2025)
〈https://ts2.tech/en/quantumscape-2025-latest-news-solid-state-battery-breakthroughs-financi als-outlook/〉 (Accessed 31 July 2025)

(8) 〈https://www.quantumscape.com/company/〉 (Accessed 31 July 2025)
〈https://carboncredits.com/quantumscape-qs-stock-surges-35-as-ev-solid-state-battery-techno logy-drives-carbon-reduction/〉 (Accessed 31 July 2025)

(9) 〈https://www.youtube.com/watch?v=HpMmMvg1IxU〉 (Accessed 31 July 2025)

(10) 〈https://www.eenewseurope.com/en/factorial-launches-second-generation-sulfide-all-solid- state-battery/〉 (Accessed 05 August 2025)

(11) 〈https://www.youtube.com/watch?v=gG2_5GMWf1E〉 (Accessed 02 August 2025)
〈https://electrek.co/2025/09/08/quantumscape-powerco-first-live-solid-state-battery-demo- ducati-video/〉 (Accessed 12 September 2025)

(12) 〈https://electrek.co/2025/02/27/toyotas-all-solid-state-ev-batteries-just-got-a-lift/〉 (Accessed 05 August 2025)

(13) 〈https://www.electrive.com/2024/11/07/catl-start-trial-production-of-20-ah-solid-state-cells/〉 (Accessed 05 August 2025)

(14) 〈https://www.electrive.com/2025/02/17/byd-has-already-produced-its-first-solid-state-cells/〉 (Accessed 05 August 2025)
〈https://electrek.co/2025/06/23/byd-shuts-down-rumors-testing-seal-ev-with-solid-state- batteries/〉 (Accessed 05 August 2025)

(15) 〈https://biz.newdaily.co.kr/site/data/html/2025/08/04/2025080400133.html〉 (Accessed 05 August 2025)

(16) 〈https://news.samsungsdi.com/global/articleView?seq=203〉 (Accessed 05 August 2025)
〈https://www.rightknow.co.kr/news/articleView.html?idxno=31914〉 (Accessed 12

September 2025)

(17) 〈https://www.eenewseurope.com/en/uk-prepares-for-production-of-ev-solid-state-batteries/〉 (Accessed 06 August 2025)

(18) 〈https://www.linkedin.com/pulse/saic-motors-all-solid-state-battery-by8vc#:~:text=On%20July%2029%2C%20SAIC%20Motor%20held%20its,technology%20route%20will%20be%20mass%2Dproduced%20in%202026.〉 (Accessed 22 August 2025)
〈https://www.linkedin.com/pulse/saic-motor-has-decided-use-semi-solid-state-zjklc〉 (Accessed 22 August 2025)

보충 설명

(1) 〈https://en.wikipedia.org/wiki/Van_der_Waals_force〉 (Accessed 08 March 2025)

(2) 〈https://chem.libretexts.org/Bookshelves/General_Chemistry/Map%3A_A_Molecular_Approach_ (Tro)/09%3A_Chemical_Bonding_I-_Lewis_Structures_and_Determining_Molecular_Shapes/9.02%3A_Types_of_Chemical_Bonds〉 (Accessed 08 March 2025)

(3) 〈https://www.nobelprize.org/prizes/physics/1910/waals/facts/〉 (Accessed 05 September 2024)

(4) 〈https://en.wikipedia.org/wiki/Ideal_gas_law〉 (Accessed 05 September 2024)
〈https://www.chemeurope.com/en/encyclopedia/Ideal_gas_law.html〉 (Accessed 05 September 2024)

(5) 〈https://www.britannica.com/science/ideal-gas-law〉 (Accessed 05 September 2024)
〈https://chem.libretexts.org/Bookshelves/General_Chemistry/Map%3A_Chemistry_-_The_Central _Science_(Brown_et_al.)/10%3A_Gases/10.04%3A_The_Ideal_Gas_Equation〉 (Accessed 08 March 2025)

(6) 〈https://chem.libretexts.org/Bookshelves/Physical_and_Theoretical_Chemistry_Textbook_Maps/ Thermodynamics_and_Chemical_Equilibrium_(Ellgen)/02%3A_Gas_Laws/2.12%3A_Van_der_Waals'_Equation〉 (Accessed 08 March 2025)

(7) 〈https://www.columbia.edu/cu/biology/courses/c2005/lectures/lec2_10.html〉 (Accessed 10 October 2024)

(8) 〈https://www.geeksforgeeks.org/van-der-waals-force/〉 (Accessed 05 September 2024)

(9) 〈https://www.bbc.co.uk/bitesize/guides/zt9887h/revision/6〉 (Accessed 04 September 2024)

〈https://www.sciencedirect.com/topics/chemistry/van-der-waals-force〉 (Accessed 05 September 2024)

〈https://bio.libretexts.org/Bookshelves/Introductory_and_General_Biology/General_Biology_(Boun dless)/02%3A_The_Chemical_Foundation_of_Life/2.10%3A__Atoms_Isotopes_Ions_and_Molecules_-_Hydrogen_Bonding_and_Van_der_Waals_Forces〉 (Accessed 05 September 2024)

(10) 〈https://chem.libretexts.org/Bookshelves/Physical_and_Theoretical_Chemistry_Textbook_Maps/ Supplemental_Modules_(Physical_and_Theoretical_Chemistry)/Physical_Properties_of_Matter/Atomic_and_Molecular_Properties/Dipole_Moments〉 (Accessed 27 January 2025)

〈https://en.wikipedia.org/wiki/Dipole〉 (Accessed 27 January 2025)

(11) 〈https://curlyarrows.com/comparison/difference-between-ionic-covalent-metallic-vander- waal-forces〉 (Accessed 05 September 2024)

(12) 〈https://en.wikipedia.org/wiki/Van_der_Waals_force〉 (Accessed 05 September 2024)

(13) 〈https://www.youtube.com/watch?v=b05bPuT5wcw〉 (Accessed 12 October 2024)

(14) 〈https://www.mlb.com/royals/ballpark〉 (Accessed 12 October 2024)

(15) 〈https://pioneerpublishers.com/of-windy-weather-and-fly-balls/〉 (Accessed 12 October 2024)

(16) 〈https://en.wikipedia.org/wiki/Pegmatite〉 (Accessed 05 October 2024)

(17) 〈https://geophysics.earth.northwestern.edu/NU-Geopaths/MConnell/subpages/spodumene.html〉 (Accessed 04 October 2024)

(18) 〈https://blog.naver.com/kores_love/220056969733〉 (Accessed 04 October 2024)

(19) 〈https://pubchem.ncbi.nlm.nih.gov/compound/166597〉 (Accessed 04 October 2024)

(20) 〈https://www.sgs.com/-/media/sgscorp/documents/corporate/brochures/sgs-min-wa109- hard-rock-lithium-processing-en.cdn.en.pdf〉 (Accessed 04 October 2024)

(21) 〈https://pubchem.ncbi.nlm.nih.gov/compound/Petalite〉 (Accessed 04 October 2024)

(22) O. Sitando, P.L. Crouse. Processing of a Zimbabwean petalite to obtain lithium

carbonate. International Journal of Mineral Processing 102-103 (2012) 45-50

(23) Shilong Wang, Nathan J. Szymanski, Yuxing Fei, Wenming Dong, John N. Christensen, Yan Zeng, Michael Whittaker, and Gerbrand Ceder. Direct Lithium Extraction from α-Spodumene through Solid-State Reactions for Sustainable Li_2CO_3 Production. Inorg. Chem. 2024, 63, 13576-13584

⟨https://systems.carmeuse.com/en/industries/lithium-extraction/⟩ (Accessed 19 December 2024)

(24) ⟨https://www.energy.ca.gov/sites/default/files/2021-05/CEC-500-2020-020.pdf⟩ (Accessed 02 October 2024)

(25) ⟨https://percent.info/parts-per-million-to-percent/convert-2700-ppm-to-percent.html⟩ (Accessed 04 October 2024)

(26) ⟨https://www.saltworkconsultants.com/salar-de-atacama-chile/⟩ (Accessed 04 October 2024)

(27) ⟨https://manoa.hawaii.edu/exploringourfluidearth/chemical/chemistry-and-seawater/salty-sea/ traditional-ways-knowing-salt-harvesting⟩ (Accessed 19 December 2024)

(28) Xin Xu, Yongmei Chen, Pingyu Wan, Khaled Gasem, Kaiying Wang, Ting He, Hertanto Adidharma, Maohong Fan. Extraction of lithium with functionalized lithium ion-sieves. Progress in Materials Science 84 (2016) 276-313

⟨https://news.stanford.edu/stories/2024/08/new-technology-extracts-lithium-from-brines-inexp ensively-and-sustainably⟩ (Accessed 19 December 2024)

(29) Keivan Amiri Kasvayee. Synthesis of Li-ion battery cathode materials via freeze granulation. Diploma work in the Master program Advanced Engineering Materials, Diploma work No. 72/2011, Chalmers University Of Technology, Gothenburg, Sweden

(30) ⟨https://www.chem.purdue.edu/gchelp/liquids/hbond.html#:~:text=Hydrogen%20bonding%20is%20a%20special,and%20another%20very%20electronegative%20atom.⟩ (Accessed 24 March 2025)

(31) ⟨https://chem.libretexts.org/Bookshelves/Introductory_Chemistry/Book%3A_Introductory_ Chemistry_Online_(Young)/08%3A_Acids_Bases_and_pH/8.1%3A_Hydrogen_Bonding⟩ (Accessed 05 September 2024)

⟨https://chem.libretexts.org/Bookshelves/Introductory_Chemistry/Introductory_

Chemistry_(Libre Texts)/12%3A_Liquids_Solids_and_Intermolecular_Forces/12.06%3A_Intermolecular_Forces-_Dispersion_DipoleDipole_Hydrogen_Bonding_and_Ion-Dipole〉 (Accessed 27 January 2025)

(32) 〈https://chemistry.mcmaster.ca/esam/Chapter_6/section_4.html〉 (Accessed 10 October 2024)

(33) 〈https://water.lsbu.ac.uk/water/water_molecule.html〉 (Accessed 29 August 2024)

(34) 〈https://www.space.com/17816-earth-temperature.html〉 (Accessed 12 March 2025)

(35) 〈https://ecampusontario.pressbooks.pub/enhancedchemistry/chapter/water/〉 (Accessed 24 August 2024)

Rajat Srivastava and K. N. Khanna. Stokes-Einstein Relation in Two- and Three-Dimensional Fluids. J. Chem. Eng. Data 2009, 54, 1452-1456

(36) 〈https://en.wikipedia.org/wiki/Hexagonal_crystal_family〉 (Accessed 12 March 2025)

(37) 〈https://en.wikipedia.org/wiki/Ice〉 (Accessed 12 March 2025)

〈https://www.britannica.com/science/water/Structures-of-ice〉 (Accessed 01 September 2025)

(38) 〈https://www.sigmaaldrich.com/PH/en/technical-documents/technical-article/materials-scienc e-and-engineering/batteries-supercapacitors-and-fuel-cells/ionic-liquids-based-electrolytes-for-rechargeable-batteries?srsltid=AfmBOorqYAk-Z5Gex1WNMgEu5y_qhB4NfsejRuNdDSc05frxmKMVl1u9〉 (Accessed 26 September 2024)

〈https://en.wikipedia.org/wiki/Ionic_liquid〉 (Accessed 11 January 2025)

〈https://analyticalscience.wiley.com/content/article-do/ionic-liquids---odyssey〉 (Accessed 26 September 2024)

(39) 〈https://iolitec.de/en/node/40〉 (Accessed 24 September 2024)

(40) 〈https://analyticalscience.wiley.com/content/article-do/ionic-liquids---odyssey〉 (Accessed 26 September 2024)

(41) 〈https://en.wikipedia.org/wiki/Ethylammonium_nitrate〉 (Accessed 13 March 2025)

(42) Zachary P. Rosol, Natalie J. German and Stephen M. Gross. Solubility, ionic conductivity and viscosity of lithium salts in room temperature ionic liquids. Green Chem., 2009, 11, 1453-1457

E. R. Logan, Erin M. Tonita, K. L. Gering, Jing Li, Xiaowei Ma, L. Y. Beaulieu, and J. R. Dahn. A Study of the Physical Properties of Li-ion Battery Electrolytes Containing Esters.

Journal of The Electrochemical Society, 165 (2) A21-A30 (2018)

(43) 〈https://chemistry.stackexchange.com/questions/82810/what-is-the-difference-between- ignition-temperature-and-flash-point〉 (Accessed 28 July 2025)

(44) Zachary P. Rosol, Natalie J. German and Stephen M. Gross. Solubility, ionic conductivity and viscosity of lithium salts in room temperature ionic liquids. Green Chem., 2009, 11, 1453-1457

(45) 〈https://www.m-chemical.co.jp/en/products/departments/mcc/c2/product/1200981_7910.html〉 (Accessed 26 September 2024)

〈https://landtinst.com/battery-grade-dimethyl-carbonate-dmc/〉 (Accessed 27 September 2024)

〈https://www.sigmaaldrich.com/PH/en/product/aldrich/754935?srsltid=AfmBOoo2HAxEI TINRrMnl 49YtpvT21YLA3J1l-lQolVcCGIWO_VtTWFp〉 (Accessed 27 September 2024)

(46) 〈https://www.sciencedirect.com/topics/engineering/ethylene-carbonate〉 (Accessed 26 September 2024)

〈https://www.stenutz.eu/chem/solv6.php?name=ethylene+carbonate〉 (Accessed 26 September 2024)

A. Rodríguez, J. Canosa, A. Domínguez, and J. Tojo. Viscosities of Dimethyl Carbonate or Diethyl Carbonate with Alkanes at Four Temperatures. New UNIFAC-VISCO Parameters. J. Chem. Eng. Data 2003, 48, 146-151

E. R. Logan, Erin M. Tonita, K. L. Gering, Jing Li, Xiaowei Ma, L. Y. Beaulieu, and J. R. Dahn. A Study of the Physical Properties of Li-Ion Battery Electrolytes Containing Esters. Journal of The Electrochemical Society, 165 (2) A21-A30 (2018)

(47) 최재환. 전기투석을 이용한 RO 농축수의 농축. 대한환경공학회지 Vol. 24, pp. 410-416, 2004

(48) 〈https://www.homepages.ucl.ac.uk/~uceseug/Fluids2/Notes_Viscosity.pdf〉 (Accessed 19 August 2024)

〈https://www.britannica.com/science/viscosity〉 (Accessed 20 August 2024)

(49) Justus Masa, Stefan Barwe, Corina Andronescu, Wolfgang Schuhmann. On the Theory of Electrolytic Dissociation, the Greenhouse Effect, and Activation Energy in (Electro)Catalysis: A Tribute to Svante Augustus Arrhenius. Chemistry - A European

Journal (10. 1002/chem. 201805264)

(50) 〈https://chemed. chem. purdue. edu/genchem/topicreview/bp/ch20/faraday. php〉 (Accessed 26 September 2024)

(51) 〈https://www. youtube. com/watch?v=Y9qMR3GV7WA〉 (Accessed 30 September 2024)
〈https://www. quora. com/How-are-ions-able-to-conduct-electricity〉 (Accessed 30 September 2024)
〈https://chemistry. stackexchange. com/questions/104251/how-does-an-electrolyte-conduct-elect ricity-at-low-potential〉 (Accessed 30 September 2024)
〈https://en. wikipedia. org/wiki/Butler%E2%80%93Volmer_equation〉 (Accessed 30 September 2024)

(52) 〈https://www. aps. org/apsnews/2016/06/coulomb-measures-electric-force〉 (Accessed 25 September 2024)

(53) 〈https://physics. byu. edu/faculty/colton/docs/phy441-fall16/lecture-1-what-you-should- already-know-about-fields-and-potentials-phys-441. pdf〉 (Accessed 24 September 2024)
〈https://www2. tntech. edu/leap/murdock/books/v4chap2. pdf〉 (Accessed 24 September 2024)
〈https://www. youtube. com/watch?v=vYprvNih3Os〉 (Accessed 24 September 2024)
〈https://pressbooks-dev. oer. hawaii. edu/collegephysics/chapter/18-4-electric-field-concept-of-a -field-revisited/〉 (Accessed 24 September 2024)
〈https://spark. iop. org/gravitational-field〉 (Accessed 25 September 2024)

(54) 〈https://aplusphysics.com/wordpress/regents/page/145/〉 (Accessed 25 September 2024)

(55) 〈https://www. bbc. co. uk/bitesize/guides/zsrpfg8/revision/2〉 (Accessed 18 March 2025)

(56) Wei-Ping Ma, Sheng-Chung Tzeng, We-Ja Jwo. Flow resistance and forced convective heat transfer effects for various flow orientations in a packed channel. International Communications in Heat and Mass Transfer, Volume 33, Issue 3, March 2006, Pages 319-326

(57) 〈https://www. space. com/protons-facts-discovery-charge-mass〉 (Accessed 25 March 2025)
S. Y. Mei and Z. H. Mei. Theoretical Calculation and Proof of Electron and Proton

Radius. J Phys Astron. 2019;7(2):181

〈https://energywavetheory.com/physics-constants/proton-radius/〉 (Accessed 25 March 2025)

(58) 〈https://www.princeton.edu/~maelabs/mae324/glos324/lithium.htm〉 (Accessed 25 March 2025)

〈https://www.webelements.com/lithium/atom_sizes.html〉 (Accessed 25 March 2025)

(59) 〈https://en.wikipedia.org/wiki/Baseball_(ball)〉 (Accessed 15 January 2025)

(60) 〈http://abulafia.mt.ic.ac.uk/shannon/radius.php?Element=Li〉 (Accessed 25 March 2025)

(61) 〈https://www.britannica.com/science/absolute-zero〉 (Accessed 16 January 2025)

(62) Swalin. Thermodynamics of Solids, John Wiley & Sons, pp. 21~52, 1991

(63) 〈https://brilliant.org/wiki/daltons-atomic-model/〉 (Accessed 02 April 2025)

(64) 〈https://en.wikipedia.org/wiki/Global_surface_temperature〉 (Accessed 16 January 2025)

(65) 〈https://science.nasa.gov/climate-change/faq/is-the-sun-causing-global-warming/〉 (Accessed 16 January 2025)

(66) L. Artigues, B.T. Benkhaled, V. Chaudoy, L. Monconduit, V. Lapinte. Two routes for N-rich solid polymer electrolyte for all-solid-state lithium-ion batteries. Solid State Ionics, Vol. 388, 15 December 2022, 116086

Michel Armand. Polymer Solid Electrolytes - An Overview. Solid State tonics 9 & 10 (1983) 745-754

(67) 〈https://en.wikipedia.org/wiki/Lithium_polymer_battery〉 (Accessed 02 February 2025)

〈https://en.wikipedia.org/wiki/Bollor%C3%A9_Bluecar〉 (Accessed 02 February 2025)

〈https://www.bollore.com/en/activites-et-participations-2/stockage-delectricite-et-systemes/blue/〉 (Accessed 02 February 2025)

〈https://www.greencarcongress.com/2005/03/bolloreacute_gr.html〉 (Accessed 20 September 2025)

(68) 〈https://www.youtube.com/watch?v=NPaOJceBkJs〉 (Accessed 13 May 2025)

(69) 〈https://ease-storage.eu/wp-content/uploads/2016/07/EASE_TD_Electrochemical_LMP.pdf〉 (Accessed 02 February 2025)

〈https://www.istockphoto.com/kr/search/2/image?mediatype=illustration&phrase=poly ethylene+ molecular+structure〉 (Accessed 05 February 2025)

Irene Osada, Jan von Zamory, Elie Paillard, Stefano Passerini. Improved lithiummetal/vanadium pentoxide polymer battery incorporating crosslinked ternary polymer electrolyte with N-butylN-methylpyrrolidinium bis(perfluoromethanesulfonyl)imide. Journal of Power Sources 271 (2014) 334e341

(70) Ruiyang Li, Haiming Hua, Yuejing Zeng, Jin Yang, Zhiqiang Chen, Peng Zhang, Jinbao Zhao. Promote the conductivity of solid polymer electrolyte at room temperature by constructing a dual range ionic conduction path. Journal of Energy Chemistry, Volume 64, 2022, Pages 395-403

Raghavan Prasanth, Nageswaran Shubha, Huey Hoon Hng, Madhavi Srinivasan. Effect of poly(ethylene oxide) on ionic conductivity and electrochemical properties of poly(vinylidenefluoride) based polymer gel electrolytes prepared by electrospinning for lithium ion batteries. Journal of Power Sources, Volume 245, 2014, Pages 283-291

Paolo Ferloni, Gaetano Chiodelli, Aldo Magistris and Manlio Sanesi. Ion Transport and Thermal Properties of Poly(ethylene Oxide) - LiCIO Polymer Electrolyte. Solid State Ionics 18 & 19 (1986) 265-270

Zhigang Xue, Dan Heb and Xiaolin Xie. Poly(ethylene oxide)-based electrolytes for lithium-ion batteries. J. Mater. Chem. A, 2015, 3, 19218

(71) 박명구. 이토록 쓸모있는 리튬이온배터리 이야기. 맘에드림, pp. 152~156, 2004

(72) Xiangwen Gao, Ya-Nan Zhou, Duzhao Han, Jiangqi Zhou, Dezhong Zhou, Wei Tang and John B. Goodenough. Thermodynamic Understanding of Li-Dendrite Formation. Joule 4, 1864-1879, September 16, 2020

Xiaolong Xu, Suijun Wang, Hao Wang, Chen Hub, Yi Jin, Jingbing Liu, Hui Yan. Recent progresses in the suppression method based on the growth mechanism of lithium dendrite. Journal of Energy Chemistry 27 (2018) 513-527

Kevin N. Wood, Eric Kazyak, Alexander F. Chadwick, Kuan-Hung Chen, Ji-Guang Zhang, Katsuyo Thornton, and Neil P. Dasgupta. Dendrites and Pits: Untangling the Complex Behavior of LithiumMetal Anodes through Operando Video Microscopy. ACS Cent. Sci. 2016, 2, 790-801

(73) Philipp Roering, Gerrit Michael Overhoff, Kun Ling Liu, Martin Winter, and Gunther Brunklaus. External Pressure in Polymer-Based Lithium Metal Batteries: An Often-Neglected Criterion When Evaluating Cycling Performance? ACS Appl. Mater. Interfaces

2024, 16, 21932-21942

(74) 〈https://www.britannica.com/science/shear-modulus〉 (Accessed 11 April 2025)

(75) Glynos E, Pantazidis C, Sakellariou G. Designing All-Polymer Nanostructured Solid Electrolytes: Advances and Prospects. ACS Omega. 2020 Feb 10;5(6):2531-2540
Georgia Nikolakakou, Christos Pantazidis, Georgios Sakellariou and Emmanouil Glynos. Ion Conductivity-Shear Modulus Relationship of Single-Ion Solid Polymer Electrolytes Composed of Polyanionic Miktoarm Star Copolymers. Macromolecules 2022, 55, 14, 6131-6139

(76) 〈https://en.wikipedia.org/wiki/Bollor%C3%A9_Bluecar〉 (Accessed 10 April 2025)
〈https://insideevs.com/news/583324/paris-suspends-149-bollore-electric-buses-after-two-fires/〉 (Accessed 10 April 2025)
〈https://www.sustainable-bus.com/news/bluebus-buses-ratp-paris-back-service-fire/〉 (Accessed 10 April 2025)

(77) 〈https://www.doubtnut.com/qna/12007650〉 (Accessed 26 August 2024)
〈https://link.springer.com/referenceworkentry/10.1007/978-1-4020-5614-7_3417〉 (Accessed 26 August 2024)
〈https://en.wikipedia.org/wiki/Colloid〉 (Accessed 26 August 2024)
〈https://brainly.in/question/55066425〉 (Accessed 26 August 2024)
〈https://www.quora.com/Why-do-colloid-particles-remain-suspended-even-though-density-diffe rence-if-light-they-must-go-up-and-if-heavy-must-go-down-then-why-do-they-remain-suspended〉 (Accessed 26 August 2024)

(78) 〈https://byjus.com/question-answer/is-butter-an-emulsion/〉 (Accessed 24 October 2024)
〈https://chem.libretexts.org/Bookshelves/General_Chemistry/Chemistry_1e_(OpenSTAX)/11%3A_ Solutions_and_Colloids/11.06%3A_Colloids〉 (Accessed 24 October 2024)
〈https://www.vedantu.com/question-answer/cheese-is-an-example-of-a-aerosol-b-foam-c-solid -class-12-chemistry-cbse-5f74f1ca876f44210d8ba69c〉 (Accessed 24 October 2024)
〈https://earth.gsfc.nasa.gov/climate/data/deep-blue/aerosols〉 (Accessed 24 October 2024)
〈https://www.vedantu.com/question-answer/which-ones-are-examples-of-solid-sol-

this-class-1 2-chemistry-cbse-5f62645501faef2daa4e25f8⟩ (Accessed 24 October 2024)

⟨https://australian.museum/learn/minerals/gemstones/opal/⟩ (Accessed 24 October 2024)

(79) ⟨https://nanografi.com/carbon-nanotubes/multi-walled-carbon-nanotubes-water-dispersion-4- wt-purity-96-od-45-75-nm-length-8-18-m/⟩ (Accessed 28 October 2024)

⟨https://nanografi.com/carbon-nanotubes/multi-walled-carbon-nanotubes-ethanol-dispersion-4 -wt-purity-96-od-45-75-nm-length-8-28-m/⟩ (Accessed 28 October 2024)

⟨https://nanografi.com/carbon-nanotubes/multi-walled-carbon-nanotubes-n-butanol-dispersion -4-wt-purity-96-od-45-75-nm-length-8-28-m/⟩ (Accessed 28 October 2024)

(80) ⟨https://www.danenergy.com/blog-posts/lionvspolymer⟩ (Accessed 09 February 2025)

⟨https://www.youtube.com/watch?v=Q2Lczd7MjGc⟩ (Accessed 09 February 2025)

(81) ⟨https://www.xtal.iqf.csic.es/Cristalografia/parte_03_4-en.html⟩ (Accessed 23 February 2025)

⟨https://www.youtube.com/watch?v=NYVSI83KiKU⟩ (Accessed 23 February 2025)

⟨https://www.britannica.com/biography/Auguste-Bravais⟩ (Accessed 23 February 2025)

⟨https://www.globalsino.com/EM/page4548.html⟩ (Accessed 16 February 2025)

(82) ⟨https://www.chemicool.com/definition/lattice_crystal.html#google_vignette⟩ (Accessed 20 February 2025)

⟨https://www.shiksha.com/preparation/chemistry-atoms-and-molecules-lattice-points-4643-tp⟩ (Accessed 20 February 2025)

⟨https://chem.libretexts.org/Bookshelves/General_Chemistry/Chemistry_-_Atoms_First_1e_(Open STAX)/10%3A_Liquids_and_Solids/10.6%3A_Lattice_Structures_in_Crystalline_Solids⟩ (Accessed 20 February 2025)

(83) ⟨http://www.ktword.co.kr/test/view/view.php?no=4999⟩ (Accessed 16 April 2025)

⟨https://www.globalsino.com/EM/page4546.html⟩ (Accessed 16 April 2025)

(84) ⟨https://chem.libretexts.org/Bookshelves/Analytical_Chemistry/Physical_Methods_in_ Chemistry_and_Nano_Science_(Barron)/07%3A_Molecular_and_Solid_State_Structure/7.01%3A_Crystal_Structure⟩ (Accessed 20 February 2025)

⟨https://en.wikipedia.org/wiki/Crystal_structure⟩ (Accessed 23 February 2025)

(85) ⟨https://energyeducation.ca/encyclopedia/Thermal_energy#:~:text=Temperature%20is%20a%20 direct%20measurement,energy%2C%20for%20example%20using%20friction.⟩

(Accessed 19 February 2025)

(86) 〈https://chem.libretexts.org/Bookshelves/Physical_and_Theoretical_Chemistry_ Textbook_Maps/ Supplemental_Modules_(Physical_and_Theoretical_Chemistry)/ Kinetics/06%3A_Modeling_Reaction_Kinetics/6.02%3A_Temperature_Dependence_of_ Reaction_Rates/6.2.03%3A_The_Arrhenius_Law/6.2.3.01%3A_Arrhenius_Equation〉 (Accessed 18 February 2025)

Theodore L. Brown, H. Eugene LeMay, Jr., Bruce E. Bursten. Chemistry The Central Science 7 Edition. Prentice Hall, pp. 511~513, 1997

(87) Kristian Leš and Carmen-Simona Jordan. Ionic conductivity enhancement in solid polymer electrolytes by electrochemical in-situ formation of an interpenetrating network. RSC Adv., 2020, 10, 41296-41304

(88) John B. Goodenough. How we made the Li-ion rechargeable battery. Nature Electronics, Vol 1, March 2018, 204

(89) 〈https://terpconnect.umd.edu/~wbreslyn/chemistry/electron-configurations/ configurationSodium.html〉 (Accessed 15 April 2025)

(90) 〈https://terpconnect.umd.edu/~wbreslyn/chemistry/electron-configurations/ configuration Sulfur.html〉 (Accessed 15 April 2025)

(91) 〈https://en.wikipedia.org/wiki/Sodium_polysulfide〉 (Accessed 15 April 2025)
〈https://en.wikipedia.org/wiki/Sodium_sulfide〉 (Accessed 15 April 2025)

Hosuk Ryu, Taebum Kim, Kiwon Kim, Jou-Hyeon Ahn, Taehyun Nam, Guoxiu Wang, Hyo-Jun Ahn. Discharge reaction mechanism of room-temperature sodium-sulfur battery with tetra ethylene glycol dimethyl ether liquid electrolyte. Journal of Power Sources 196 (2011) 5186-5190

(92) 〈https://www.britannica.com/science/stoichiometry〉 (Accessed 19 February 2025)
〈https://chem.libretexts.org/Bookshelves/Inorganic_Chemistry/Supplemental_ Modules_and_Webs ites_(Inorganic_Chemistry)/Chemical_Reactions/Stoichiometry_ and_Balancing_Reactions〉 (Accessed 22 February 2025)

(93) Cormack, A.N. (1989). Defect Interactions, Extended Defects and Non-Stoichiometry in Ceramic Oxides. In: Nowotny, J., Weppner, W. (eds) Non-Stoichiometric Compounds. NATO ASI Series, Vol. 276, Springer, Dordrecht. (https://

doi.org/10.1007/978-94-009-0943-4_4)

Dubey P, Kaurav N. Stoichiometric and Nonstoichiometric Compounds [Internet]. Structure Processing Properties Relationships in Stoichiometric and Nonstoichiometric Oxides. IntechOpen; 2020 (http://dx.doi.org/10.5772/intechopen.89402) 〈https://unacademy.com/content/jee/study-material/chemistry/non-stoichiometric-compound/〉 (Accessed 22 February 2025)

(94) Shinichi Kikkawa, Akira Hosono, Yuji Masubuchi. Remarkable effects of local structure in tantalum and niobium oxynitrides. Progress in Solid State Chemistry Volume 51, September 2018, Pages 71-80

Jed LaCoste, Zhifei Li, Yun Xu, Zizhou He, Drew Matherne, Andriy Zakutayev, Ling Fei. Investigating the Effects of Lithium Phosphorous Oxynitride Coating on Blended Solid Polymer Electrolytes. ACS Appl Mater Interfaces. 2020 Sep 9;12(36):40749-40758

(95) Keiichi Kanehori, Yukio Ito, Fumiyoshi Kirino, Katsuki Miyauchi, Tetsuichi Kudo. Titanium disulfide films fabricated by plasma CVD. Solid State Ionics, Volumes 18-19, Part 2, January 1986, Pages 818-822

(96) Charles C. Liang and P. Bro. A High-Voltage Solid-State Battery System I. Design Considerations. 1969 J. Electrochem. Soc. 116 1322

(97) J.B. Bates, N.J. Dudney, G.R. Gruzalski, R.A. Zuhr, A. Choudhury, C.F. Luck and J.D. Robertson. Electrical properties of amorphous lithium electrolyte thin films. Solid State Ionics 53-56 (1992) 647-654

Christian M. Julien, Alain Mauger and Obili M. Hussain. Sputtered LiCoO2 Cathode Materials for All-Solid-State Thin-Film Lithium Microbatteries. Materials 2019, 12, 2687 〈https://en.wikipedia.org/wiki/Solid-state_battery〉 (Accessed 18 April 2025)

(98) Jos F. M. Oudenhoven, Loïc. Baggetto, and Peter H. L. Notten. All-Solid-State Lithium-Ion Microbatteries: A Review of Various Three-Dimensional Concepts. Adv. Energy Mater. 2011, 1, 10-33

Andam Deatama Refino, Calvin Eldona, Rahmandhika Firdauzha Hary Hernandha, Egy Adhitama, Afriyanti Sumboja, Erwin Peiner and Hutomo Suryo Wasisto. Advances in 3D silicon-based lithium-ion microbatteries. Communications Materials (2024) 5:22

(99) Seunghwan Lee, Sehun Jung, Sungeun Yang, Jong-Ho Lee, Hyunjung Shin, Joosun

Kim, Sangbaek Park. Revisiting the LiPON/Li thin film as a bifunctional interlayer for NASICON solid electrolyte-based lithium metal batteries. Applied Surface Science, Volume 586, 1 June 2022, 152790

(100) Albina Jetybayeva, Arman Umirzakov, Berik Uzakbaiuly, Zhumabay Bakenov, Aliya Mukanova. Towards Li-S microbatteries: A perspective review. Journal of Power Sources, Volume 573, 30 July 2023, 233158

(101) 〈https://www.ensurge.com/news-room/blogs/what-is-a-microbattery-〉 (Accessed 18 April 2025)

이토록 쓸모 있는
전고체전지 이야기

ⓒ 박명구, 2026

초판 1쇄 발행 2026년 1월 29일

지은이   박명구
펴낸이   이기봉
편집   좋은땅 편집팀
펴낸곳   도서출판 좋은땅
주소   서울특별시 마포구 양화로12길 26 지월드빌딩 (서교동 395-7)
전화   02)374-8616~7
팩스   02)374-8614
이메일   gworldbook@naver.com
홈페이지   www.g-world.co.kr

ISBN   979-11-388-5333-0 (03430)

- 가격은 뒤표지에 있습니다.
- 이 책은 저작권법에 의하여 보호를 받는 저작물이므로 무단 전재와 복제를 금합니다.
- 파본은 구입하신 서점에서 교환해 드립니다.